Funções Analíticas e Aplicações

Editora Livraria da Física

Edmundo Capelas de Oliveira
Waldyr Alves Rodrigues Jr.

Funções Analíticas e Aplicações

Editora Livraria da Física
São Paulo – 2006 – 1ª edição

Editor : José Roberto Marinho
Capa: Arte Ativa
Impressão: Gráfica Paym

Dados Internacionais de Catalogação na Publicação (CIP)
(Câmara Brasileira do Livro, SP, Brasil)

Oliveira, Edmundo Capelas de

Funções Analíticas e Aplicações / Edmundo Capelas de Oliveira ,
Waldyr Alves Rodrigues Jr. -- 1. ed. -- São Paulo :
Editora Livraria da Física, 2006

Bibliografia.
1. Funções analíticas I. Rodrigues Júnior, Waldyr Alves. II. Título

ISBN: 85-88325-53-5

06-1046 CDD-515

Índices para catálogo sistemático:
1. Funções analíticas : Matemática 515

Editora Livraria da Física

Telefone: 0xx11 – 3936 3413
Fax: 0xx11 – 3815 8688

Página na internet : www.livrariadafisica.com.br

Edmundo Capelas de Oliveira
Waldyr Alves Rodrigues Jr.

Funções Analíticas e Aplicações

Outubro de 2005

Departamento de Matemática Aplicada
Instituto de Matemática, Estatística e Computação Científica
Universidade Estadual de Campinas

Conteúdo

Prefácio

Os números complexos apareceram originalmente no livro *Ars Magna*, de G. Cardano, publicado em 1545, nas fórmulas para solução de equações de terceiro grau (Tartaglia–Cardano) no caso em que as três raízes são reais e não nulas. A idéia foi usada posteriormente por R. Bombeli, mas nenhum desses autores conseguiu formalizar o conceito de número complexo. Foi John Wallis, em sua *Algebra* (1673) que pela primeira vez interpretou um número complexo como um ponto no plano, mas sua descoberta passou despercebida, sendo reencontrada pelo topógrafo norueguês C. Wessel em 1797. O artigo de Wessel, publicado originalmente em dinamarquês, também permaneceu ignorado até que apareceu, um século mais tarde, uma tradução em francês. A idéia, contudo, acabou sendo atribuída a J. R. Argand, por este ter escrito sobre o assunto em 1806.

Gauss desenvolveu muitas idéias sobre os complexos, como pontos no plano, a partir de 1811, mas só publicou seus resultados em 1831. Foi W. R. Hamilton quem, em 1837, identificou $x + i\,y$ com suas coordenadas (x, y) e reescreveu as definições geométricas na forma algébrica, identificando o par $(x, 0)$ com o real x e $(0, 1)$ com i, chamado unidade imaginária, e estabelecendo as regras (i) $(x, y) + (u, v) = (x + u, y + v)$ e (ii) $(x, y)(u, v) = (xu - yv, xv + yu)$. A partir deste ponto inúmeros desenvolvimentos ocorreram na álgebra, com a invenção dos quatérnions por Hamilton e O. Rodrigues, e dos octônions por Cayley.

No século XVIII Euler apresentou a famosa fórmula $e^{ix} = \cos x + i \operatorname{sen} x$, mas o conceito de número complexo mostrou de fato sua importância com a criação, no século XIX, da teoria das funções de variável complexa, ditas analíticas, uma das mais belas criações da Matemática e que cujas generalizações ainda fazem parte da pesquisa matemática moderna. Matemáticos importantes como Gauss, Cauchy, Abel, Riemann, Weierstrass, Picard, Poincaré e Hilbert, dentre outros, participaram do desenvolvimento da teoria, o que acabou resultando em contribuições fundamentais para outras teorias matemáticas como, por exemplo, a teoria dos números e a geometria e topologia algébricas.

A teoria das funções de uma variável complexa também encontra aplicações em diversos ramos do conhecimento, além da Matemática, que apresentam problemas formalizados por teorias matemáticas, como é o caso da Física Teórica e diversas situações que ocorrem em problemas de Engenharia, especialmente em problemas modelados por equações diferenciais. O conceito de transformada integral, em particular as de Laplace e de Fourier, é de fundamental importância em tais situações. Com seu auxílio pode-se transformar uma equação diferencial dada em uma outra equação, em geral de resolução mais simples, recuperando-se, com o procedimento da transformada inversa, a solução da equação original. É na inversão das transformadas que se faz uso do chamado teorema dos resíduos, um resultado dos mais importantes da teoria das funções analíticas. Para uma apresentação de vários exemplos de aplicações nos quais as variáveis complexas desempenham papel importante, solicitamos ao leitor que consulte o material do último capítulo deste livro.

Este volume é destinado a ser um curso introdutório para estudantes das áreas de ciências exatas e tecnológicas. Assim pressupõe-se do leitor que tenha cursado as disciplinas referentes ao cálculo de funções reais de uma e duas variáveis reais, geometria analítica e introdução à álgebra linear. Obviamente, nosso tema, um clássico da Matemática, pode ser apresentado com um grau de grande sofisticação e rigor. Entretanto, não se teve a pretensão de elaborar uma apresentação rigorosa, que satisfaça um matemático profissional. Em particular, a seqüência, clássica dos textos de Matemática pura: axiomas, definições, proposições só foi utilizada quando tal mostrou ser a forma mais econômica de apresentação das idéias envolvidas. Em verdade, nossa intenção foi a de fornecer uma introdução que fosse efetivamente útil àqueles estudantes das áreas citadas acima, que em seus cursos se defrontam com problemas cuja solução depende fundamentalmente da teoria das funções analíticas.

Com base nesta idéia, optamos por começar cada seção dos cinco primeiros capítulos com uma *questão*, em geral simples. Apresentamos então a teoria relativa à questão proposta, que ao final da seção é discutida e resolvida com a teoria apresentada. Acreditamos que com esta metodologia o estudante, deparando-se sempre com uma questão que, em geral, envolve noções ainda não definidas anteriormente no texto (e que provavelmente não são de seu conhecimento) torne-se consciente da necessidade de investir seu tempo para obter os conhecimentos teóricos necessários para a sua solução.

O conteúdo deste livro está distribuído da seguinte forma: no primeiro capítulo fazemos uma revisão dos números complexos enfatizando a importância da forma trigonométrica. No segundo capítulo estudamos as funções analíticas e apresentamos as chamadas equações de Cauchy-Riemann, e no capítulo três, discutimos a diferenciação e a integração no plano complexo. No capítulo quatro, após uma revisão das séries de Taylor, apresentamos as séries de Laurent e introduzimos o conceito de resíduo para, no quinto capítulo apresentarmos o chamado teorema dos resíduos, ferramenta básica para uma série de aplicações discutidas no sexto capítulo. Este capítulo é concluído com o lema de Jordan que, junto com o teorema dos resíduos, se constitui em ferramenta necessária para, por exemplo, calcular integrais reais via funções e contornos, escolhidos convenientemente. Ao final de cada um destes cinco primeiros capítulos encontra-se uma série de exercícios, com sugestões e/ou respostas, ao final do texto.

No capítulo seis apresentamos inúmeras aplicações da teoria exposta, dentre as quais o uso do teorema dos resíduos e o lema de Jordan para o cálculo de várias integrais reais bem como para a inversão das transformadas de Laplace e Fourier. Também são discutidas as transformações conformes, a continuação analítica e as superfícies de Riemann. Ao final de cada seção desse capítulo encontra-se também uma série de exercícios, que o estudante deve se esforçar para resolver. Como é o caso dos capítulos anteriores, também para os exercícios do capítulo seis são apresentadas sugestões e/ou respostas.

Em geral, é difícil à maioria dos professores apresentar em uma disciplina semestral mais do que um ou dois dos tópicos contidos no Capítulo 6, que tem como finalidade mostrar aos estudantes das áreas de ciências exatas e tecnológicas a ampla gama de aplicações da teoria abstrata desenvolvida nos capítulos precedentes. Observamos entretanto que no estudo de alguns problemas do Capítulo 6, é conveniente que o leitor consulte textos mais avançados como, por exemplo, aqueles indicados com asterisco na lista de referências.

Gostaríamos de agradecer ao Prof. Dr. Márcio Antonio de Faria Rosa, do Departamento de Matemática do Imecc-Unicamp, pela leitura crítica e comentários efetuados através do tempo em que o livro foi escrito, ao Dr. José Emílio Maiorino pelo excelente trabalho envolvendo as figuras do texto bem como ao Dr. Quintino Augusto de Souza pela destreza em solucionar problemas advindos da parte computacional. Enfim, desde já, agradecemos ao leitor que nos aponte quaisquer falhas e/ou omissões que encontre.

Os autores

Capítulo 1

Números complexos

Discutimos neste capítulo, como uma breve introdução, os números complexos. Apresentamos as propriedades e as operações fundamentais de soma e produto entre esses números e introduzimos o chamado *plano complexo*.

A partir do conceito de complexo conjugado, discutimos a forma polar (ou trigonométrica) de um número complexo, e em seguida estudamos as operações de soma e produto quando os números complexos encontram-se na forma trigonométrica. Uma ênfase é dada na manipulação das operações de potenciação e radiação, que são operações derivadas daquelas básicas.

1.1 As formas algébricas

Questão Encontre o valor de x que torna verdadeira a seguinte equação:

$$x^2 - 4x + 5 = 0.$$

A questão, como colocada, pode ter ou não ter solução. Se considerarmos[1] que $x \in \mathbb{R}$ tal questão não tem solução; com efeito, subtraindo 1 de ambos os lados da equação temos

$$x^2 - 4x + 4 = -1,$$

que pode ser escrita como

$$(x - 2)^2 = -1,$$

de onde concluímos que não existe $x \in \mathbb{R}$ que resolva esta equação. Para que a questão tenha solução devemos ampliar de maneira conveniente o corpo dos reais. Será esta ampliação que nos permitirá resolvê-la.

[1] $\mathbb{R}$ denota, neste livro, o corpo dos números reais.

Definição 1. Um número complexo é um par ordenado (x, y) de números reais x e y e denotado por $z = (x, y)$.

O conjunto $\mathbb{C} = \{(x, y);\ x, y \in \mathbb{R}\}$, sujeito às regras de composição interna (operações de soma e produto) dadas por (i–iv), especificadas a seguir, é dito o corpo dos complexos; x é chamada a parte real de z, denotada por $\operatorname{Re} z = x$, e y é a parte imaginária de z, denotada por $\operatorname{Im} z = y$.

Exemplo: Dado o complexo $z = (3, -8)$, temos $\operatorname{Re} z = 3$ e $\operatorname{Im} z = -8$.

Especificaremos agora as regras e leis de operação satisfeitas pelos números $z \in \mathbb{C}$.

(i) **Parte real**

Um número complexo cuja parte imaginária é zero, tem a seguinte forma: $(x, 0)$. Este número é identificado com o número real x.

(ii) **Igualdade de dois números complexos**

Dados dois números complexos $z_1 = (x_1, y_1)$ e $z_2 = (x_2, y_2)$ dizemos que $z_1 = z_2$ se, e somente se, suas partes reais são iguais e suas partes imaginárias são iguais, isto é:

$$\operatorname{Re} z_1 = \operatorname{Re} z_2 \quad \text{e} \quad \operatorname{Im} z_1 = \operatorname{Im} z_2.$$

Exemplo: Determinar a e b a fim de que os números complexos $z_1 = (a + b, a - b)$ e $z_2 = (5, 3)$ sejam iguais. Temos

$$\begin{aligned} \operatorname{Re} z_1 &= a + b = \operatorname{Re} z_2 = 5; \\ \operatorname{Im} z_1 &= a - b = \operatorname{Im} z_2 = 3. \end{aligned}$$

Daqui concluímos que $a = 4$ e $b = 1$.

(iii) **Adição de dois números complexos**[2]

Dados dois números complexos $z_1 = (x_1, y_1)$ e $z_2 = (x_2, y_2)$ definimos a operação adição como

$$z_1 + z_2 = (x_1, y_1) + (x_2, y_2) = (x_1 + x_2, y_1 + y_2),$$

ou seja, adicionamos as partes reais e adicionamos as partes imaginárias.

Exemplo: Obtenha $z_1 + z_2$ onde $z_1 = (-4, 5)$ e $z_2 = (3, 2)$. Utilizando a definição acima temos

$$z_1 + z_2 = (-4, 5) + (3, 2) = (-4 + 3, 5 + 2) = (-1, 7).$$

(iv) **Multiplicação de números complexos**

[2] O procedimento é válido também para n números complexos.

A multiplicação de dois números complexos $z_1 = (x_1, y_1)$ e $z_2 = (x_2, y_2)$ é definida por

$$z_1 z_2 = (x_1, y_1)(x_2, y_2) = (x_1 x_2 - y_1 y_2, x_1 y_2 + x_2 y_1).$$

Exemplo: Calcule $z_1 z_2$ onde $z_1 = (1, 2)$ e $z_2 = (3, 4)$. Da definição obtemos

$$z_1 z_2 = (1, 2)(3, 4) = (1 \cdot 3 - 2 \cdot 4, 1 \cdot 4 + 2 \cdot 3) = (-5, 10).$$

As operações de adição e multiplicação de números complexos satisfazem às regras usuais de comutatividade, associatividade e distributividade da multiplicação em relação à soma, características das estruturas algébricas chamadas *corpos*. A verificação destas propriedades são exploradas no que se segue. Vamos agora introduzir uma representação conveniente para $z \in \mathbb{C}$.

1.1.1 Os imaginários puros

Consideremos agora os números complexos com parte real igual a zero, $z = (0, y)$. Tais números serão ditos imaginários puros e vamos, a partir das regras (iii) e (iv), calcular a soma e o produto de dois imaginários puros.

Exemplo: Dados $z_1 = (0, y_1)$ e $z_2 = (0, y_2)$, calcular a soma $z_1 + z_2$ e o produto $z_1 z_2$. Da regra (iii) temos

$$z_1 + z_2 = (0, y_1) + (0, y_2) = (0, y_1 + y_2),$$

e da regra (iv) temos

$$z_1 z_2 = (0, y_1)(0, y_2) = (-y_1 y_2, 0).$$

Vemos que o produto de dois imaginários puros é um número real enquanto a soma é um número imaginário puro.

Passemos agora a considerar um particular caso do exemplo anterior, ou seja, vamos calcular o produto $z_1 z_1$ para $z_1 = (0, 1)$. Denotaremos $z_1 z_1 = z_1^2$. Da definição do produto temos

$$z_1^2 = (0, 1)(0, 1) = (-1, 0) = -1$$

onde a última passagem é justificada pela consideração acima, ou seja, um número com parte imaginária nula é um número real.

Denotaremos o número complexo $z = (0, 1)$ por i, isto é:

$$i \equiv (0, 1)$$

que é a chamada unidade imaginária. É claro que $i^2 = -1$.

No que segue denotaremos, algumas vezes, $i = \sqrt{-1}$. Note que o número $(0, -1) = -i$ também satisfaz a igualdade $(-i)^2 = -1$.

Ainda mais, para todo número real y obtemos, a partir de (iv),

$$iy = (0, 1)(y, 0) = (0, y),$$

ou seja, todo imaginário puro é um múltiplo de i por um fator real.

Combinaremos o último resultado com aquele que diz que um número complexo com parte imaginária nula é um número real, utilizando a propriedade (iii) que define a adição de dois números complexos, para calcular $(x, 0) + (0, y)$. Então,

$$(x, 0) + (0, y) = (x, y) = x + iy.$$

Podemos portanto escrever para todo número complexo $z = (x, y)$ a seguinte expressão:

$$z = x + iy.$$

Resolução da Questão Estamos agora em condições de resolver a questão proposta no início da seção. Visto que $\pm i$ são as únicas raízes quadradas de -1, podemos escrever $(x - 2)^2 = -1$, de onde se segue que $(x - 2) = \pm i$ e portanto

$$x = 2 \pm i.$$

1.2 O plano complexo

Questão Representar graficamente os números complexos $z_1 - z_2$ e $z_1 z_2$. Considere os dados do Exemplo a seguir, isto é, $z_1 = 1 + 2i$ e $z_2 = 4 + 3i$.

Antes de apresentarmos a solução da questão proposta vamos introduzir a chamada representação geométrica de um número complexo $z = (x, y) = x + iy$.

Vamos escolher dois eixos coordenados perpendiculares, e em ambos a mesma unidade de medida. Chamamos o eixo horizontal, eixo x, de eixo real, e o eixo vertical, eixo y, de eixo imaginário. Este plano xy no qual representamos os números complexos é chamado de plano complexo ou ainda plano de Argand-Gauss (*1768 – Jean Robert Argand – 1822*) e (*1777 – Carl Friedrich Gauss – 1855*).

Notamos na Figura 1.1 que o ponto P representa o número complexo $z = x + iy$. Observe que z fica também completamente caracterizado se fornecemos a distância $\overline{OP}$ e o ângulo que $\overline{OP}$ forma, por exemplo, com o eixo real. Apresentaremos mais adiante esta representação de um número complexo, chamada forma polar. Para solucionar a questão proposta discutiremos como representar graficamente as quatro operações, adição, subtração, multiplicação e divisão de dois números complexos.

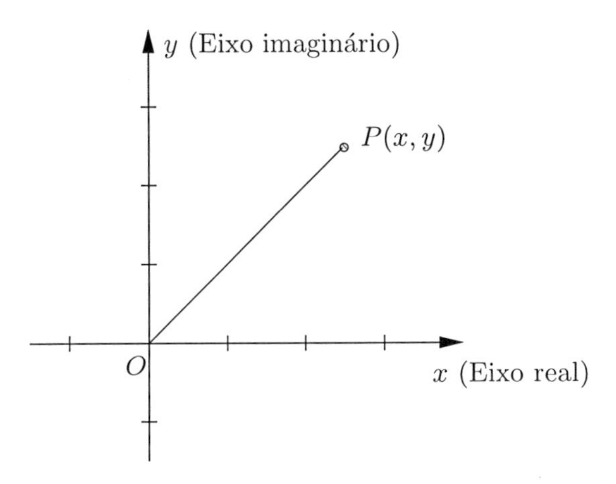

Figura 1.1: O plano complexo xy e a representação do ponto P.

1.2.1 Adição de dois números complexos

A soma de dois números complexos é obtida de acordo com a propriedade (iii) da Definição 1, isto é, somando-se parte real com parte real e parte imaginária com parte imaginária.

Sendo $z_1 = x_1 + iy_1$ e $z_2 = x_2 + iy_2$, temos

$$\begin{aligned} z_1 + z_2 &= (x_1 + iy_1) + (x_2 + iy_2) = \\ &= (x_1 + x_2) + i(y_1 + y_2). \end{aligned}$$

Como exemplo, analisemos graficamente a soma $z_1 + z_2$, com z_1 e z_2 dados.

Exemplo: Obter graficamente a soma de $z_1 = 1 + 2i$ com $z_2 = 4 + 3i$. Da Figura 1.2 notamos que somar dois números complexos significa encontrar um outro número complexo, cujas partes real e imaginária são iguais, respectivamente, à soma das partes reais e à soma das partes imaginárias dos números dados. Note-se também a analogia com a lei do paralelogramo para soma de dois vetores.

1.2.2 Subtração de dois números complexos.

A diferença de dois números complexos é um outro número complexo tal que, suas partes real e imaginária são dadas pelas diferenças entre as partes reais e imaginárias dos números dados, respectivamente.

Sendo $z_1 = x_1 + iy_1$ e $z_2 = x_2 + iy_2$, temos

$$\begin{aligned} z_1 - z_2 &= (x_1 + iy_1) - (x_2 + iy_2) \\ &= (x_1 - x_2) + i(y_1 - y_2). \end{aligned}$$

Estamos agora em condições de resolver a primeira parte do problema, ou seja, como representar graficamente $z_1 - z_2$. Como um exemplo numérico tomemos z_1 e z_2 dados no exemplo anterior.

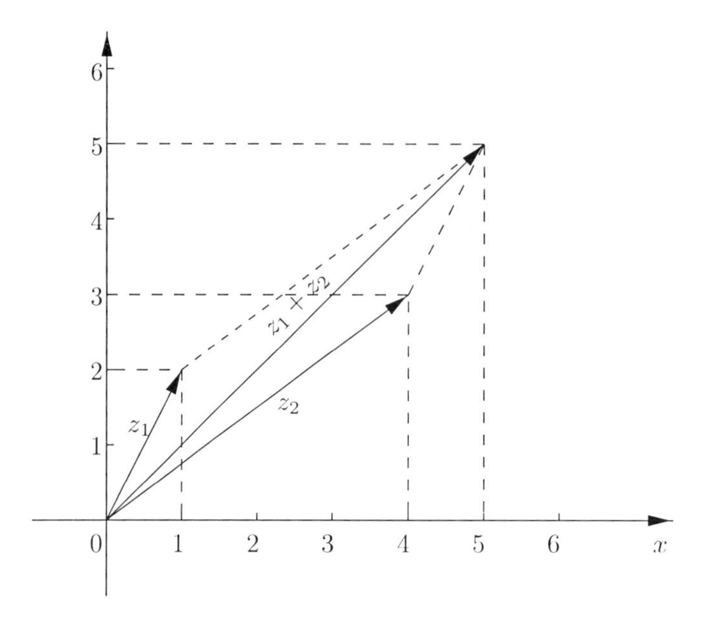

Figura 1.2: Adição de dois números complexos.

Note-se da Figura 1.3 que a subtração de dois números complexos é obtida como a adição do primeiro com o oposto do segundo. Novamente nota-se a analogia com a diferença de dois vetores.

1.2.3 Multiplicação de dois números complexos

O produto de dois números complexos é obtido da propriedade (iv) junto com a Definição 1, usando-se a representação $z = x + iy$ e tendo em mente que $i^2 = -1$.

Então, sendo $z_1 = x_1 + iy_1$ e $z_2 = x_2 + iy_2$, temos

$$\begin{aligned} z_1 z_2 &= (x_1 + iy_1)(x_2 + iy_2) \\ &= x_1 x_2 + ix_1 y_2 + iy_1 x_2 + i^2 y_1 y_2 \\ &= (x_1 x_2 - y_1 y_2) + i(x_1 y_2 + y_1 x_2) \end{aligned}$$

que constitui um número complexo com parte real $x_1 x_2 - y_1 y_2$ e parte imaginária dada por $x_1 y_2 + y_1 x_2$.

Tomando os números complexos dados no exemplo anterior, isto é, $z_1 = 1 + 2i$ e $z_2 = 4 + 3i$, obtemos para o produto:

$$\begin{aligned} z_1 z_2 &= (1 + 2i)(4 + 3i) \\ &= (1.4 - 2.3) + (2.4 + 1.3)i \\ &= -2 + 11i \end{aligned}$$

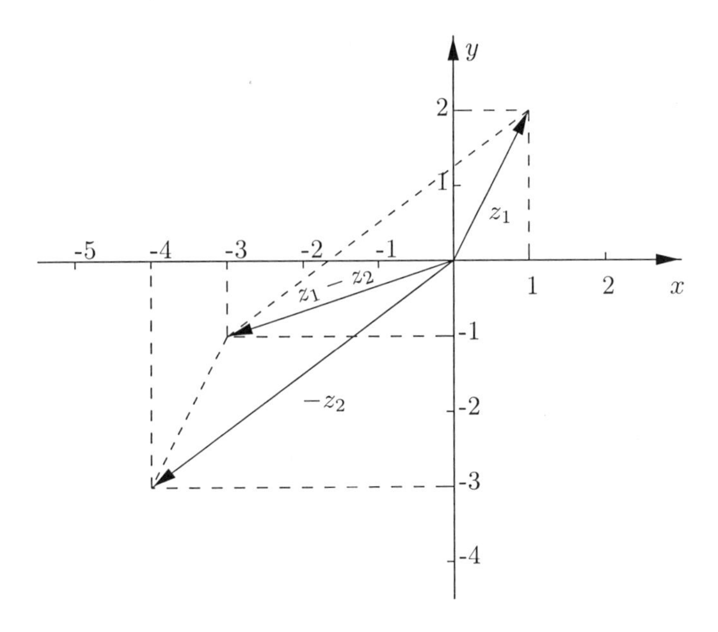

Figura 1.3: Subtração de dois números complexos.

Resolução da Questão A Figura 1.3 responde a primeira parte da questão proposta, enquanto que a segunda parte é respondida pela Figura 1.4, a seguir.

1.2.4 Divisão de dois números complexos

A operação de divisão de dois números complexos é interpretada como segue. Dados dois números complexos $z_1 = x_1 + iy_1$ e $z_2 = x_2 + iy_2 \neq (0, 0)$, o quociente $z_1/z_2 = z$ onde $z = x+iy$, é obtido efetuando-se o produto $z_2 z = z_1$ e identificando-se as partes reais e as partes imaginárias.

Temos, então

$$z_1 = x_1 + iy_1 = (x + iy)(x_2 + iy_2) = z_2 z.$$

Logo

$$x_1 + iy_1 = x_2 x + iy_2 x + ix_2 y - y_2 y$$

ou ainda, identificando-se parte real com parte real e parte imaginária com parte imaginária,

$$\begin{cases} x_1 &= x_2 x - y_2 y, \\ y_1 &= y_2 x + x_2 y. \end{cases}$$

Resolvendo o sistema nas incógnitas x e y temos

$$x = \frac{x_1 x_2 + y_1 y_2}{x_2^2 + y_2^2} \quad \text{e} \quad y = \frac{x_2 y_1 - x_1 y_2}{x_2^2 + y_2^2}.$$

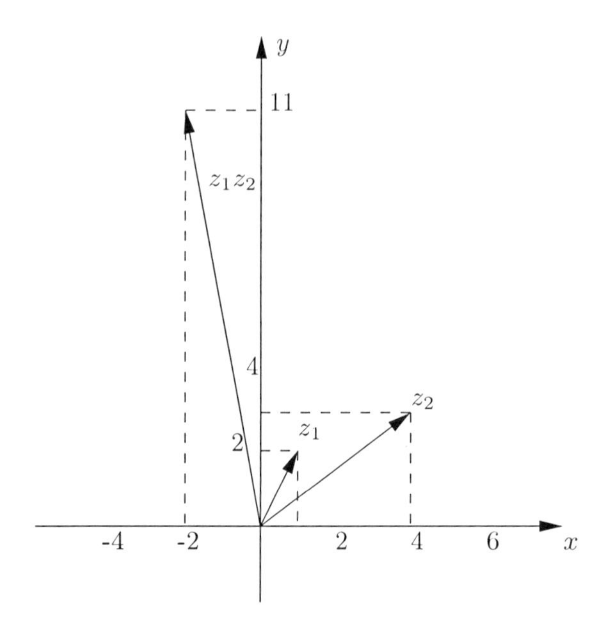

Figura 1.4: Multiplicação de z_1 por z_2.

Portanto

$$z = x + iy = \frac{x_1x_2 + y_1y_2}{x_2^2 + y_2^2} + i\frac{x_2y_1 - x_1y_2}{x_2^2 + y_2^2}.$$

Exemplo: Calcular z_1/z_2 onde $z_1 = 2 + i$ e $z_2 = 3 + 4i$. Sendo z tal quociente podemos escrever

$$z = \frac{2+i}{3+4i} = x + iy \quad \Rightarrow \quad 2 + i = (x + iy)(3 + 4i)$$

ou ainda

$$2 + i = 3x + 4xi + 3yi - 4y$$

de onde obtemos o seguinte sistema:

$$\begin{cases} 3x - 4y = 2, \\ 4x + 3y = 1. \end{cases}$$

Resolvendo o sistema encontramos

$$x = \frac{2}{5} \quad \text{e} \quad y = -\frac{1}{5}.$$

Finalmente podemos escrever para o quociente

$$z = \frac{z_1}{z_2} = \frac{2}{5} - i\frac{1}{5} = \frac{1}{5}(2 - i).$$

Mostramos mais adiante quando introduzirmos o conceito de número complexo conjugado a um número $z \in \mathbb{C}$, que existe um método bastante prático para efetuar o quociente de dois números complexos.

1.2.5 Comutatividade, associatividade e distributividade

Considere os números complexos z_1, z_2, z_3 e $z = x + iy$. Seja $-z$ o número $-x - iy$; valem as seguintes propriedades:

(a) Comutatividade em relação à adição e à multiplicação:

$$\begin{aligned} z_1 + z_2 &= z_2 + z_1, \\ z_1 z_2 &= z_2 z_1. \end{aligned}$$

(b) Associatividade em relação à adição e à multiplicação:

$$\begin{aligned} (z_1 + z_2) + z_3 &= z_1 + (z_2 + z_3), \\ (z_1 z_2) z_3 &= z_1 (z_2 z_3). \end{aligned}$$

(c) Distributividade do produto em relação à adição:

$$z_1(z_2 + z_3) = z_1 z_2 + z_1 z_3.$$

(d) O único elemento neutro, em relação à adição, é $0 \equiv (0, 0)$:

$$0 + z = z + 0 = z.$$

(e) O único elemento oposto a z na operação de adição é $-z$:

$$z + (-z) = (-z) + z = 0$$

(f) O único elemento neutro, em relação à multiplicação, é $1 \equiv (1, 0)$:

$$z\,1 = 1\,z = z.$$

Para concluirmos esta seção, deixaremos a cargo do leitor as demonstrações das propriedades acima, que fazem parte, como já dissemos, da definição de corpo.

1.3 Complexo conjugado

Questão Mostre que a soma e a diferença de dois números compexo conjugados são, respectivamente, um número real e um número imaginário.

Sendo $z = x + iy$ um número complexo, definimos como o seu complexo conjugado o número complexo, denotado por $\overline{z}$, tal que $\overline{z} = x - iy$.

Como dissemos, a regra prática para obter o quociente entre dois números complexos diferentes de (0,0) baseia-se no fato de que $z\overline{z} = x^2 + y^2$ é um número real e não nulo. Então, basta que multipliquemos numerador e denominador pelo complexo conjugado do denominador, ou seja,

$$\frac{z_1}{z_2} = \frac{x_1 + iy_1}{x_2 + iy_2}\frac{x_2 - iy_2}{x_2 - iy_2} = \frac{x_1x_2 + y_1y_2}{x_2^2 + y_2^2} + i\frac{x_2y_1 - x_1y_2}{x_2^2 + y_2^2},$$

que é exatamente o resultado obtido anteriormente.

Resolução da Questão Consideramos $z_1 = x_1 + iy_1$ e $z_2 = x_2 + iy_2$ dois números complexos, onde x_1, x_2, y_1 e y_2 são reais. Primeiramente temos que z_1 e z_2 em sendo um o complexo conjugado do outro impõe que $x_1 = x_2$ e $y_1 = -y_2$ de onde segue-se que $z_1 = x + iy$ e $z_2 = x - iy$. Calculemos a soma

$$z_1 + z_2 = (x + iy) + (x - iy) = 2x,$$

enquanto que a diferença é

$$z_1 - z_2 = (x + iy) - (x - iy) = 2iy,$$

isto é, a soma é real e a diferença é um imaginário puro.

Da resolução da questão acima podemos inferir que valem as seguintes expressões:

$$\text{Im}\, z \equiv y = \frac{1}{2i}(z - \overline{z})$$

e, analogamente

$$\text{Re}\, z \equiv x = \frac{1}{2}(z + \overline{z}).$$

Enfim, ao trabalhar com o complexo conjugado podemos verificar as seguintes propriedades:

(i) $\overline{(z_1 + z_2)} = \overline{z_1} + \overline{z_2}$

(ii) $\overline{(z_1 - z_2)} = \overline{z_1} - \overline{z_2}$

(iii) $\overline{(z_1 z_2)} = \overline{z_1}\;\overline{z_2}$

(iv) $\overline{(z_1/z_2)} = \overline{z_1}/\overline{z_2}$

Exemplo: Demonstrar a propriedade (iii) acima. Sejam $z_1 = x_1 + iy_1$ e $z_2 = x_2 + iy_2$; então:

$$\begin{aligned}
\overline{(z_1 z_2)} &= \overline{(x_1 + iy_1)(x_2 + iy_2)} \\
&= \overline{(x_1x_2 - y_1y_2 + iy_1x_2 + ix_1y_2)} \\
&= x_1x_2 - y_1y_2 - iy_1x_2 - ix_1y_2 \\
&= x_1(x_2 - iy_2) - iy_1(x_2 - iy_2) \\
&= (x_1 - iy_1)(x_2 - iy_2) = \overline{z_1}\ \overline{z_2}.
\end{aligned}$$

1.4 Forma polar de números complexos

Questão Calcule as raízes n-ésimas da unidade.

Antes de apresentarmos a solução do problema, vamos introduzir a chamada forma polar para um número complexo. Discutiremos também as operações de multiplicação, divisão, potenciação e radiciação, quando os complexos se encontram representados na forma polar.

1.4.1 Coordenadas polares no plano

As coordenadas polares $(R\ ,\ \Theta)$ e as coordenadas cartesianas (X, Y) de um ponto P do plano Euclideano $\mathbb{R}^2$, estão relacionadas através das expressões

$$X = R\cos\Theta \qquad \text{e} \qquad Y = R\,\text{sen}\,\Theta$$

onde $R \geq 0$ e $-\pi < \Theta \leq \pi$.

Já sabemos que um número complexo $z = (x, y) \in \mathbb{C}$ pode ser escrito como

$$z = x + iy,$$

e portanto identificando um número complexo como um ponto de $\mathbb{R}^2$, podemos escrever

$$z = r(\cos\theta + i\,\text{sen}\,\theta), \tag{1.1}$$

dita a *forma polar* (ou trigonométrica) de um número complexo z. Na equação anterior r é chamado *módulo* de z, denotado por $|z|$ e dado por

$$|z| = r = \sqrt{x^2 + y^2} = \sqrt{z\overline{z}}.$$

Note que quando $z = 0$, θ pode ser escolhido arbitrariamente. Quando $z \neq 0$ (diferentemente do caso da parametrização no plano Euclideano) não vamos impor que θ esteja *univocamente* determinado. De fato, dada a periodicidade das funções trigonométricas deixaremos θ determinado a menos de múltiplos inteiros de 2π. Chamaremos de *argumento* de z e denotaremos $[\arg z]$ qualquer valor de θ tal que a equação escrita na forma polar, seja válida, i.e.,

$$[\arg z] = \{\theta \in \mathbb{R} \mid z = r(\cos\theta + i \operatorname{sen}\theta)\}.$$

O valor de $[\arg z]$ dado por

$$\theta = \arccos\left(\frac{x}{\sqrt{x^2+y^2}}\right), \qquad -\pi < \theta \leq \pi$$

é dito valor principal do argumento de z e denotado por $\operatorname{Arg} z$, assim, podemos escrever.

$$[\arg z] = \{\operatorname{Arg} z + 2n\pi : n \in \mathbb{Z}\}.$$

Observação importante No que segue escreveremos algumas vezes $\arg z$ quando nos referirmos a um valor arbitrário fixo de $n \in \mathbb{Z}$ na equação acima.

Geometricamente os números reais, módulo de z, e argumento principal de z representam, respectivamente, a distância do ponto z até a origem e o ângulo que o 'vetor' (x, y) forma com o eixo x, tomado no sentido anti-horário. A Figura 1.5 ilustra a situação.

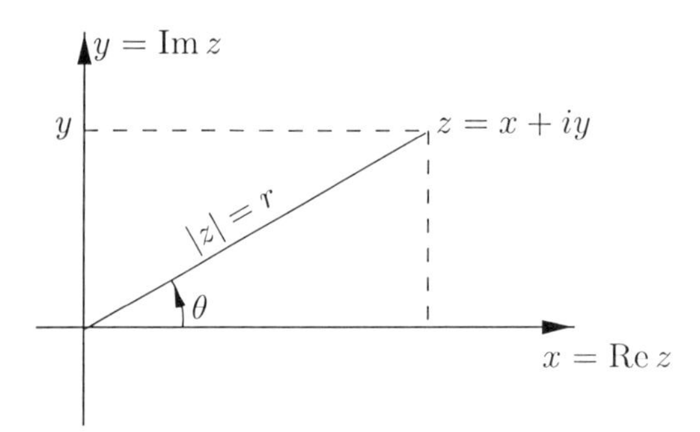

Figura 1.5: Forma polar de um número complexo.

Note que para $z \neq 0$ o ângulo θ é determinado a menos de um múltiplo inteiro de 2π.

Exemplo: Dado o número complexo $z = \sqrt{3} + i$, pede-se: (a) Obter o módulo de z. (b) Obter o argumento de z. (c) Obter o valor principal do argumento. (d) Escrever z na forma polar. (a) Para o módulo de z temos

$$|z| = \sqrt{(\sqrt{3})^2 + (1)^2} = \sqrt{3+1} = 2.$$

(b) Da definição de argumento temos

$$\theta = \arg z = \text{arctg}\frac{1}{\sqrt{3}} = \text{arctg}\frac{\sqrt{3}}{3}.$$

Logo

$$\arg z = \frac{\pi}{6} \pm k\pi, \qquad k = 0, 1, 2, \ldots$$

(c) O valor principal do argumento é obtido a partir do item anterior, tomando-se $k = 0$; logo

$$\text{Arg}\, z = \frac{\pi}{6}.$$

(d) Finalmente, para a forma polar obtemos

$$z = 2\left(\cos\frac{\pi}{6} + i\,\text{sen}\,\frac{\pi}{6}\right).$$

1.4.2 Multiplicação na forma polar

Consideremos dois números complexos escritos na forma polar,

$$\begin{aligned} z_1 &= r_1(\cos\theta_1 + i\,\text{sen}\,\theta_1) \\ z_2 &= r_2(\cos\theta_2 + i\,\text{sen}\,\theta_2) \end{aligned}$$

a fim de calcular o produto $z_1 z_2$. Então

$$\begin{aligned} z_1 z_2 &= r_1(\cos\theta_1 + i\,\text{sen}\,\theta_1)\, r_2(\cos\theta_2 + i\,\text{sen}\,\theta_2) \\ &= r_1 r_2[(\cos\theta_1\cos\theta_2 - \text{sen}\,\theta_1\,\text{sen}\,\theta_2) + i(\text{sen}\,\theta_1\cos\theta_2 + \text{sen}\,\theta_2\cos\theta_1)] \\ &= r_1 r_2[\cos(\theta_1 + \theta_2) + i(\text{sen}(\theta_1 + \theta_2)]. \end{aligned}$$

Da expressão anterior vemos que para efetuar o produto de dois números complexos na forma polar basta multiplicar os módulos,

$$|z_1 z_2| = |z_1||z_2|,$$

e adicionar os argumentos,

$$[\arg(z_1 z_2)] = [\arg z_1] + [\arg z_2].$$

Exemplo: Sejam $z_1 = \sqrt{3} + i$ e $z_2 = 3\sqrt{2}(1+i)/2$. Obtenha graficamente o número complexo $z_1 z_2$. Escrevamos, primeiramente, estes números complexos na forma polar, ou seja:

$$z_1 = 2\left(\cos\frac{\pi}{6} + i\ \text{sen}\,\frac{\pi}{6}\right)$$

$$z_2 = 3\left(\cos\frac{\pi}{4} + i\ \text{sen}\,\frac{\pi}{4}\right)$$

Note-se que para formar o produto $z_1 z_2$ devemos multiplicar os módulos e adicionar os argumentos, conforme a Figura 1.6. Se fizermos questão do argumento principal e a soma dos argumentos ultrapassar 2π radianos, devemos subtrair um múltiplo inteiro de 2π radianos do argumento $\theta_1 + \theta_2$. Para os valores dados de z_1 e z_2 o resultado é, portanto,

$$z_1 z_2 = 6\left(\cos\frac{5\pi}{12} + i\ \text{sen}\,\frac{5\pi}{12}\right).$$

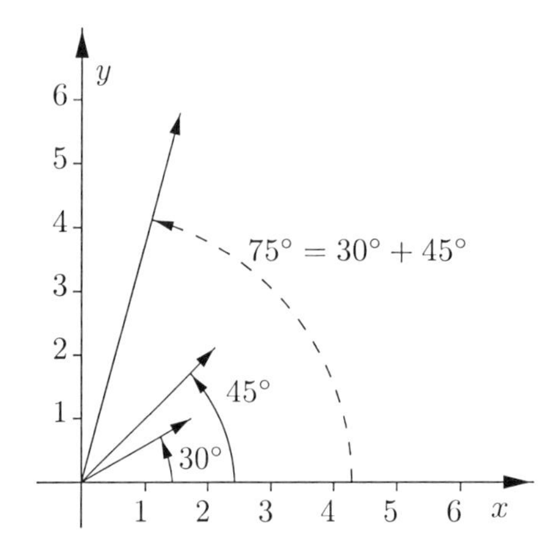

Figura 1.6: Multiplicação de dois números complexos na forma polar.

1.4.3 Divisão na forma polar

Em completa analogia à seção anterior, vamos obter o quociente de dois números complexos z_1/z_2 na forma polar. Escrevemos $z = z_1/z_2$, na forma trigonométrica e através do produto $z_2 z = z_1$ obtemos o quociente. Podemos escrever, sem dificuldades, que

$$\frac{z_1}{z_2} = \frac{r_1}{r_2}\left[\cos(\theta_1 - \theta_2) + i\,\text{sen}(\theta_1 - \theta_2)\right]$$

ou seja, para determinar r, dividimos os módulos

$$\left|\frac{z_1}{z_2}\right| = \frac{|z_1|}{|z_2|}$$

e, para encontrarmos o argumento $[\arg z]$, subtraímos os respectivos argumentos

$$[\arg z] \equiv [\arg(z_1/z_2)] = [\arg z_1] - [\arg z_2].$$

Exemplo: Escrever na forma $z = x + iy$ o quociente z_1/z_2 onde $z_1 = 3\left(\cos\frac{3\pi}{4} + i\ \operatorname{sen}\frac{3\pi}{4}\right)$ e $z_2 = \cos\frac{\pi}{2} + i\ \operatorname{sen}\frac{\pi}{2}$. Temos para o módulo $|z_1|/|z_2| = 3/1 = 3$ e, para o argumento, $\arg z_1 - \arg z_2 = \frac{3\pi}{4} - \frac{\pi}{2} = \frac{\pi}{4}$, de onde podemos escrever

$$z = \frac{z_1}{z_2} = 3\left(\cos\frac{\pi}{4} + i\operatorname{sen}\frac{\pi}{4}\right),$$

ou ainda, na forma algébrica

$$z = 3\sqrt{2}(1+i)/2.$$

1.4.4 Potenciação na forma trigonométrica

Consideremos $z_1 = z_2 = z$ na fórmula do produto de dois números complexos na forma polar. Ora, isto implica que $r_1 = r_2 = r$ e $\theta_1 = \theta_2 = \theta$, de onde

$$z^2 = r^2(\cos 2\theta + i\ \operatorname{sen} 2\theta).$$

Se multiplicarmos z^2 por z vamos obter

$$z^2 z = z^3 = r^2 r[\cos(2\theta + \theta) + i\operatorname{sen}(2\theta + \theta)] = r^3(\cos 3\theta + i\ \operatorname{sen} 3\theta).$$

Logo, para qualquer número inteiro n temos

$$z^n = r^n(\cos n\theta + i\ \operatorname{sen} n\theta).$$

Visto que $\cos\theta$ e $\operatorname{sen}\theta$ têm período 2π, sempre que fizermos questão do argumento principal, deveremos subtrair um número inteiro de voltas de maneira que $-\pi < n\theta \leq \pi$.

A expressão acima é chamada a "primeira fórmula de de Moivre" (*1667 - Abraham de Moivre - 1754*). No caso em que $r = n = 1$, esta é a parametrização de uma circunferência de raio unitário centrada na origem.

1.4.5 Radiciação na forma trigonométrica

Seja $z \in \mathbb{C}$ fixo. A equação $z = \mathrm{w}^n$, com $n = 1, 2, \ldots$, nos diz que para cada valor de w obtemos um valor de z. Podemos interpretá-la de outro modo, a saber: dado um z, com n fixo, temos n valores de w, onde cada um destes valores é chamado raiz n-ésima de z e denotado por[3]

$$\mathrm{w} = \sqrt[n]{z}.$$

[3]Esta inversão define uma função polídroma que será estudada na Seção 2.2.

Para determinarmos os w satisfazendo a equação acima façamos uso da fórmula de potenciação, ou seja, tomamos

$$\mathrm{w} = \rho(\cos\,\phi + i\ \mathrm{sen}\ \phi) \quad \mathrm{e} \quad z = r(\cos\,\theta + i\ \mathrm{sen}\ \theta).$$

Então, para $\mathrm{w}^n = z$ podemos escrever

$$\rho^n(\cos\,n\phi + i\ \mathrm{sen}\ n\phi) = r(\cos\theta + i\ \mathrm{sen}\ \theta)$$

de onde concluímos que $\rho^n = r$, o que implica em $\rho = \sqrt[n]{r}$, ou seja, para obter o módulo (note que é o mesmo para todas as raízes) basta extrair a raiz n-ésima de r. E, para os argumentos temos

$$n\phi = \theta + 2k\pi \qquad \Rightarrow \qquad \phi = \frac{\theta}{n} + \frac{2k\pi}{n}$$

sendo $k = 0, 1, \cdots, n-1$ de onde obtemos os n distintos valores de w.

Finalmente, temos

$$\mathrm{w} = \sqrt[n]{z} = \sqrt[n]{r}\left(\cos\frac{\theta + 2k\pi}{n} + i\ \mathrm{sen}\ \frac{\theta + 2k\pi}{n}\right)$$

com $k = 0, 1, \cdots, (n-1)$.

O valor de $\sqrt[n]{z}$ obtido tomando-se o valor principal de $\arg z$ e $k = 0$ na expressão anterior é chamado valor principal de $\mathrm{w} = \sqrt[n]{z}$. Para finalizarmos esta seção vamos resolver a questão proposta, ou seja, calcular as raízes n-ésimas da unidade.

Resolução da Questão Primeiramente, vamos escrever $z = 1$ na forma polar. Para tanto temos $|z| = r = 1$ e $\theta = \arg z = 0$, logo

$$z = \cos 0 + i\ \mathrm{sen}\ 0.$$

Utilizando a expressão mostrada acima temos

$$\begin{aligned} \mathrm{w} = \sqrt[n]{z} &= \sqrt[n]{1}\left(\cos\frac{0 + 2k\pi}{n} + i\ \mathrm{sen}\frac{0 + 2k\pi}{n}\right) \\ &= \cos\frac{2k\pi}{n} + i\ \mathrm{sen}\ \frac{2k\pi}{n} \end{aligned}$$

para $k = 0, 1, 2, \cdots, (n-1)$.

Note-se que os argumentos formam uma progressão aritmética com o primeiro termo igual a zero e razão $2\pi/n$. Os valores das raízes são vértices (chamados afixos) de um polígono regular de n lados inscrito na circunferência de raio unitário com centro na origem. É importante notar que a partir das raízes da unidade podemos determinar as raízes de um complexo qualquer.[4]

Finalmente, devemos observar que as n raízes de z definem uma função plurívoca ou polídroma, que será estudada na Seção 2.2.

[4] Ver Ex. 9.

1.5 Exercícios

1. Dados os números complexos $z_1 = -4+2i$ e $z_2 = 5-3i$, efetue as operações indicadas abaixo.

$$(a) \quad z_1 + z_2 \qquad (b) \quad z_1 - z_2 \qquad (c) \quad z_1 z_2 \qquad (d) \quad z_1/z_2$$

2. Seja $z = 1+i$. Calcule: (a) $\overline{z}$, (b) $z+\overline{z}$, (c) $z-\overline{z}$, (d) $z\,\overline{z}$.

3. Escreva na forma trigonométrica os seguintes números complexos:

$$(a) \quad z = 1+i \qquad (b) \quad z = 1-i \qquad (c) \quad z = 3+4i \qquad (d) \quad z = 3-4i$$

4. Represente no plano de Argand-Gauss os números complexos do exercício anterior.

5. Considere os seguintes números complexos:

$$z_1 = 2\left(\cos\frac{\pi}{6} + i\ \mathrm{sen}\ \frac{\pi}{6}\right) \qquad \text{e} \qquad z_2 = 5\left(\cos\frac{\pi}{3} + i\ \mathrm{sen}\ \frac{\pi}{3}\right).$$

Efetue as seguintes operações, apresentando os resultados na forma algébrica, esboçando um gráfico:

$$(a) \quad z_1 + z_2, \qquad (b) \quad z_1 - z_2, \qquad (c) \quad z_1 z_2, \qquad (d) \quad z_1/z_2.$$

6. Dado $z = i$ obtenha:

$$(a) \quad z^2, \qquad (b) \quad (\overline{z})^2, \qquad (c) \quad z^{100}, \qquad (d) \quad (\overline{z})^{100}.$$

7. Analogamente ao exercício anterior, para $z = \sqrt{3} + i$.

8. Calcule as raízes cúbicas de $z = i$.

9. Calcule as raízes quadradas dos seguintes números complexos:

$$(a) \quad z = 1+i, \qquad (b) \quad z = \sqrt{3} - i, \qquad (c) \quad z = \sqrt{2} + \sqrt{2}i.$$

10. Mostre que as raízes sextas da unidade são vértices de um hexágono regular de raio um. Obtenha o apótema.

11. Resolva as seguintes equações:

$$(a) \quad z^4 + 1 = 0, \qquad (b) \quad z^4 + 2z^2 + 1 = 0, \qquad (c) \quad z^3 + i = 0.$$

12. Existem números reais a e b tais que os números complexos $z_1 = \sqrt{a+i}$ e $z_2 = bi$ sejam iguais?

13. Obtenha um número complexo z tal que $z\overline{z} = 1$.

14. Mostre que os argumentos das raízes n-ésimas de $z \in \mathbb{C}$, $z \neq 0$, formam uma progressão aritmética onde θ/n é o primeiro termo e a razão é $2\pi/n$.

15. Sendo $z = -8 - 8i\sqrt{3}$ calcule $\sqrt[4]{z}$.

16. Determine o menor n natural positivo para o qual $(1+i)^n$ é um número real. Faça o mesmo para um número imaginário puro.

17. Represente no plano de Argand-Gauss os seguintes subconjuntos de $\mathbb{C}$:

$$(a) \quad \{z \in \mathbb{C} / \, |z| = 1\} \qquad (b) \quad \{z \in \mathbb{C} / \, |z| = 4\}$$
$$(c) \quad \{z \in \mathbb{C} / \, |z - i| = 3\} \qquad (d) \quad \{z \in \mathbb{C} / \, |z + 1| = 2\}$$

18. Em um triângulo, o comprimento de um lado não é maior do que a soma dos outros dois lados, nem menor que a diferença desses lados. Mostre que para dois números complexos quaisquer z_1 e z_2 valem as chamadas desigualdades triangulares

$$(a) \ |z_1 + z_2| \leq |z_1| + |z_2| \qquad (b) \ |z_1 - z_2| \geq |z_1| - |z_2|$$

19. Considere os números complexos $z_1 + z_2$ e $z_1 - z_2$. Tais números complexos são interpretados como sendo as diagonais maior e menor de um paralelogramo, respectivamente. Mostre a chamada igualdade do paralelogramo:

$$|z_1 + z_2|^2 + |z_1 - z_2|^2 = 2(|z_1|^2 + |z_2|^2)$$

20. Obtenha gráfica e analiticamente todas as soluções da equação

$$z^4 - 3(1+2i)z^2 = 8 - 6i$$

21. Verifique graficamente que a operação complexo conjugado tem simetria em relação ao eixo real.

22. Mostre que a distância entre dois pontos no plano complexo é dada por $|z_1 - z_2|$.

23. Tome $|z| = r = 1$ na expressão para a potenciação na forma polar para obter a chamada fórmula de de Moivre. A partir desta fórmula mostre que:

$$(a) \quad \cos 2\theta = \cos^2\theta - \operatorname{sen}^2\theta \qquad (b) \quad \operatorname{sen} 2\theta = 2 \ \operatorname{sen}\theta \ \cos\theta$$

24. Considere um polígono regular de cinco lados com vértices na circunferência unitária. Encontre o produto dos componentes dos quatro segmentos retos, vistos como números complexos, que têm um vértice do polígono unido aos outros quatro vértices.

25. Estenda o resultado do exercício anterior para um polígono de n lados.

26. Encontre as raízes quadradas do número complexo $z = a + bi$ onde a e b são reais, em coordenadas cartesianas.

27. Como caso particular do exercício anterior discuta o caso em que $a = \sqrt{3}$ e $b = 1$

28. Sejam z_1, z_2 e z_3 três números complexos. Mostre que a parte real do determinante da matriz

$$M = \begin{pmatrix} 1 & 1 & 1 \\ z_1 & z_2 & z_3 \\ \overline{z}_1 & \overline{z}_2 & \overline{z}_3 \end{pmatrix}$$

é igual a zero.

Capítulo 2

Funções analíticas

A partir do conceito de números complexos, apresentado no capítulo anterior, vamos introduzir, agora, o conceito de função analítica. Este conceito é de fundamental importância para o estudo das séries, bem como de integrais de funções analíticas definidas ao longo de caminhos no plano complexo.

Para discutirmos o conceito de analiticidade de uma função complexa necessitamos de alguns conceitos preliminares (e fundamentais), que são uma extensão ao caso complexo de conceitos que já foram vistos em análise real, tais como limite, continuidade e derivada. Portanto, iniciamos nosso estudo com uma revisão de alguns conceitos básicos de topologia, como vizinhança, sub-conjuntos, conjuntos abertos e fechados, domínio, etc...

Depois da revisão de tais conceitos, definiremos função analítica e demonstraremos as chamadas condições de Cauchy-Riemann (*1789 - Augustin Louis Cauchy - 1857* e *1826 - Bernhard Riemann - 1866*). Introduzimos a definição de funções harmônicas e apresentamos a equação de Laplace (*1749 - Pierre Simon de Laplace - 1827*) no plano. Esta equação é uma das mais importantes equações da Física, aparecendo, por exemplo, em eletrostática e na teoria newtoniana da gravitação. A equação de Laplace[1] em sua forma mais geral é uma equação diferencial parcial, linear e de segunda ordem, para uma função escalar $\varphi : \mathbb{R}^3 \to \mathbb{R}$.

Encerramos o capítulo com a apresentação das funções exponencial e logaritmo, bem como suas relações com as funções hiperbólicas, que desempenham um papel importante na discussão das chamadas superfícies de Riemann.

2.1 Noções básicas de topologia

Questão Esboce graficamente a região $\text{Im}\left(\frac{z+1}{z-1}\right) \geq 1$, para $z \neq 1$. Qual é a m-conexidade da região?

[1] Ver, por exemplo, ref. [4].

Nesta seção introduzimos algumas das noções de topologia que vamos utilizar no restante do texto para a caracterização de regiões[2] e caminhos do plano complexo $\mathbb{C}$.[3]

Iniciamos com a formalização dos conceitos de retas, segmentos de retas e circunferências em $\mathbb{C}$, pois estes subconjuntos simples permitem a caracterização de vários outros subconjuntos de $\mathbb{C}$ que são essenciais na formulação da teoria das funções analíticas.

Dois pontos $\alpha, \beta \in \mathbb{C}$ determinam um subconjunto $l^* \subset \mathbb{C}$ chamado *reta*. Mais precisamente, temos as definições:

Definição 1. Seja $l : \mathbb{R} \to \mathbb{C}, t \mapsto l(t)$. Então, $l^* \subset \mathbb{C}$ é a imagem de $\mathbb{R}$ sob a aplicação l, i.e.,

$$l^* = \{(1-t)\alpha + t\beta; t \in R\}.$$

Definição 2. Dados $\alpha, \beta \in \mathbb{C}$ definimos um *segmento de reta* com extremidades α e β como sendo o subconjunto $[\alpha, \beta] \subset l^* \subset \mathbb{C}$ tal que

$$[\alpha, \beta] = \{(1-t)\alpha + t\beta; 0 \leq t \leq 1\}.$$

Um segmento de reta é também chamado um caminho reto. Note então que podemos escrever para qualquer $l(t) \in l^*$,

$$l(t) = (x(t), y(t)) = x(t) + iy(t).$$

A derivada da função l em t é $l'(t) = \beta - \alpha = \operatorname{Re}(\beta - \alpha) + i \operatorname{Im}(\beta - \alpha)$ e define no plano complexo (identificado com o plano Euclideano bidimensional, i.e., $\mathbb{R}^2$) a direção do vetor $(\operatorname{Re}(\beta - \alpha), \operatorname{Im}(\beta - \alpha))$.

Note que os eixos real ($\operatorname{Im} z = 0$) e imaginário ($\operatorname{Re} z = 0$) do plano complexo que foram introduzidos no Capítulo 1 são retas.

Vimos no Exercício 22 do Capítulo 1 que a distância entre dois pontos $z, z_1 \in \mathbb{C}$ é dada por $|z - z_1|$. Podemos caracterizar uma *circunferência*[4] de raio R e centro em z_1 como o subconjunto de $\mathbb{C}$ definido por $\{z \in \mathbb{C}; |z - z_1| = R\}$. Geometricamente temos a situação mostrada na Figura 2.1.

Definição 3. A região do plano complexo definida por $|z - z_1| < R$ é chamada de *disco aberto* e será denotada por $\mathbf{D}(z_1; R)$.

Definição 4. A região do plano complexo definida por $|z - z_1| \leq R$ é dita *disco fechado* de origem z_1 e raio R e será denotada por $\bar{\mathbf{D}}(z_1; R)$.

[2]A palavra região significa neste texto um subconjunto qualquer do plano complexo.

[3]Outra noções topológicas serão introduzidas na próxima seção e no próximo capítulo como um prelúdio ao teorema de Cauchy.

[4]Uma circunferência é o protótipo de uma noção mais geral, um caminho fechado, que será introduzido no Capítulo 3. Ainda mais, se $z_1 = 0$ e $R = 1$ temos uma circunferência centrada na origem e de raio unitário, algumas vezes chamada de circunferência unitária.

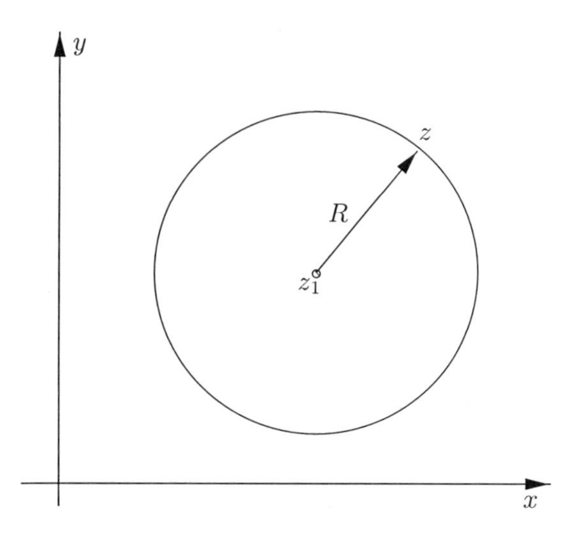

Figura 2.1: Circunferência com centro em z_1 e raio R, no plano complexo.

Definição 5. A região do plano complexo definida por $0 < |z_1 - z| < R$ é dita *disco furado* de origem z_1 e raio R e será denotada por $\mathbf{D}'(z_1; R)$.

Definição 6. Dado um ponto $z_1 \in \mathbb{C}$ um disco circular aberto $\mathbf{D}(z_1; R)$, $\forall R > 0$ é dito uma vizinhança de z_1.

Um subconjunto $S \subseteq \mathbb{C}$ é dito um *aberto* se $\forall z \in \mathbb{C}$ existe $R > 0$ (dependendo de z) tal que $\mathbf{D}(z; R) \subseteq \mathbb{C}$. Um disco aberto é um aberto e $\mathbb{C}$ é aberto.

Definição 7. Um subconjunto $S \subseteq \mathbb{C}$ é dito um *fechado* se seu complemento $\mathbb{C} \backslash S = \{z \in \mathbb{C}; z \notin S\}$ for aberto. Naturalmente, um disco fechado é um fechado.

Por definição, o conjunto vazio $\varnothing$ é *aberto*. Como seu complemento é $\mathbb{C}$, segue que $\mathbb{C}$ também é fechado. Como o complemento de $\mathbb{C}$ é $\varnothing$, temos que $\varnothing$ também é fechado. Assim, em topologia, diferentemente do caso da nossa linguagem coloquial os conceitos de subconjunto aberto e subconjunto fechado não são mutuamente contraditórios.

Para a formulação apropriada de alguns conceitos relativos à teoria de limites de funções complexas, será necessário estender o plano complexo com a introdução de um ponto adicional chamado ponto no infinito e denotado por ∞.

Definição 8. O conjunto $\mathfrak{C} = \mathbb{C} \cup \{\infty\}$ é dito plano complexo estendido, também conhecido pelo nome de esfera de Riemann.

O último nome é justificado em termos de uma interpretação geométrica, a projeção estereográfica. Tendo em mente a figura a seguir (Figura 2.2), consideramos a esfera (de Riemann) de raio $1/2$ cujo pólo sul tangencia o plano complexo $\mathbb{C}$ (identificado com o $\mathbb{R}^2$) na origem O do sistema de coordenadas.

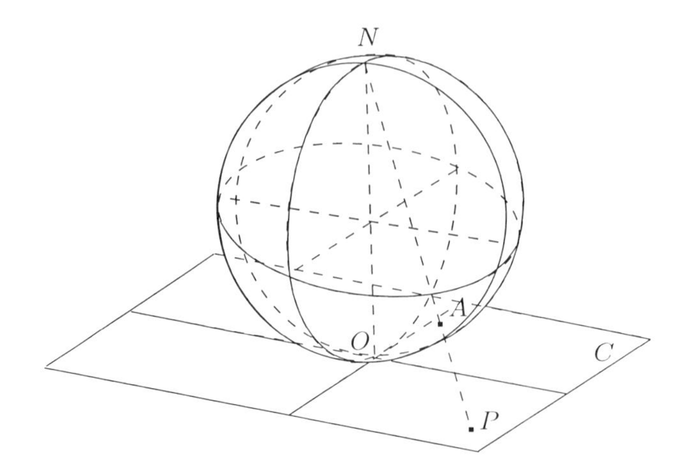

Figura 2.2: Esfera de Riemann.

O pólo norte da esfera de Riemann é denotado por N. Consideramos agora a aplicação

$$A : \mathbb{C} \rightarrow \mathfrak{C},$$

onde o ponto $A(z)$ é o ponto na esfera onde a reta que une os pontos P e N intercepta a esfera. Note que todos os pontos da esfera, com exceção de N podem ser postos em correspondência bijetora com os pontos do plano complexo. Ainda mais, quando $|z| \rightarrow \infty$ o ponto $A(z)$ se aproxima de N. Desta maneira dizemos que ao pólo norte da esfera de Riemann corresponde o ponto no infinito do plano complexo estendido. Podemos verificar as afirmações acima sem dificuldades como segue. Sejam (ξ, η, ζ) as coordenadas cartesianas do ponto $A(z)$ e (x, y) as coordenadas do ponto P correspondente ao número complexo $z = x + iy$. A esfera de Riemann tem no sistema de coordenadas escolhido (no $\mathbb{R}^3$) a equação

$$\xi^2 + \eta^2 + (\zeta - \frac{1}{2})^2 - \frac{1}{4} = 0.$$

Observamos primeiramente que devemos ter $\xi = ax, \eta = ay$ para algum $a \in \mathbb{R}$, que vamos determinar. Encontramos também ζ como função de $|z|$.

Considere os triângulos semelhantes $O\widehat{N}P$ $(= \alpha)$ e $A\widehat{O}P$ $(= \alpha)$. Podemos escrever;

$$\frac{\overline{ON}}{\overline{AO}} = \frac{\overline{OP}}{\overline{AP}}, \quad \text{e} \quad \frac{\overline{ON}}{\overline{AO}} = \frac{\overline{NP}}{\overline{OP}}.$$

Temos,

$$\overline{OP} = |z|, \qquad \overline{ON} = 1, \qquad \overline{NP} = \sqrt{1 + |z|^2},$$

de onde segue que $\zeta \equiv \overline{OA} = \frac{|z|^2}{1+|z|^2}$. Usando-se este resultado e a equação da esfera encontramos que $a = \frac{1}{1+|z|^2}$. Finalmente, podemos escrever,

$$\xi = \frac{x}{1+|z|^2}, \qquad \eta = \frac{y}{1+|z|^2}, \qquad \zeta = \frac{|z|^2}{1+|z|^2}.$$

Definição 9. *Dizemos que o conjunto $|z| > R$, $\forall R > 0$ é uma vizinhança do ponto no infinito.*

Antes de continuarmos com outras definições, que serão importantes no decorrer do texto, vamos apresentar alguns exemplos.

(i) A região entre duas circunferências concêntricas de raios R_1 e R_2, i.e., o subconjunto aberto $\{z \in \mathbb{C}; R_1 < |z - z_1| < R_2\}$ é dito uma região *anular*. Estes conjuntos são importantes na discussão das séries de Laurent (1813 – *Pierre Alfonse Laurent* – 1854) que vamos estudar no Capítulo 4.
(ii) Considere a região $S = \{z \in \mathbb{C} \; ; R_1 \leq |z - z_1| < R_2\}$. Para esta região não existe nenhum disco $\mathbf{D}(z = R_1; R) \subseteq S$ e não existe nenhum disco $\mathbf{D}(z = R_2; R) \subseteq \mathbb{C}\backslash S$ e portanto S é um exemplo de um subconjunto de $\mathbb{C}$ que não é nem aberto nem fechado.
(iii) A região $\{z \in \mathbb{C} \mid \mathrm{Im}\, z > 0\}$, i.e., o conjunto dos pontos que se encontram no semi-plano superior do pano complexo é um aberto. A região $\{z \in \mathbb{C} \mid \mathrm{Re}\, z \geq 0\}$ não é nem um conjunto aberto nem fechado.

Definição 10. O *fecho* (*ou aderência*) de $S \subseteq \mathbb{C}$ é o conjunto $\bar{S} = \{z \in \mathbb{C} \mid \forall R > 0$ tem-se $\mathbf{D}(z; R) \cap S \neq \varnothing\}$.

Definição 11. Um ponto $z_0 \in \mathbb{C}$ é dito um *ponto limite* (ou de acumulação) de $S \subseteq \mathbb{C}$ se $\forall R > 0$ tem-se $\mathbf{D}'(z_0; R) \cap S \neq \varnothing$. Um ponto $z_0 \in S$ é dito um *ponto isolado* de S se não for um ponto de acumulação.

Pode-se mostrar sem dificuldades que o *fecho* $\bar{S}$ de $S \subseteq \mathbb{C}$ é a união de S com seus pontos limites. Pode-se mostrar, também sem dificuldades, que um conjunto $S \subseteq \mathbb{C}$ é fechado se, e somente se, contém todos os seus pontos limites.

Definição 12. Um ponto $z \in \mathbb{C}$ é dito um *ponto interior* de $S \subseteq \mathbb{C}$ se possui uma vizinhança constituída inteiramente de pontos de S.

Definição 13. O *interior* de um conjunto $S \subseteq \mathbb{C}$ é o conjunto

$$int(S) = \{z \in \mathbb{C} \ \mid \exists R > 0 \text{ de maneira que } \mathbf{D}(z; R) \subset S\}.$$

Definição 14. Um ponto $z \in \mathbb{C}$ é dito um *ponto exterior* de $S \subseteq \mathbb{C}$ se possui uma vizinhança constituída inteiramente de pontos que não pertençam à S. O conjunto dos pontos exteriores à S é dito a região exterior à S.

Note que, todo conjunto aberto $S \subseteq \mathbb{C}$ só possui pontos interiores.

Definição 15. A *fronteira* (ou bordo) de um conjunto $S \subset \mathbb{C}$ é o conjunto

$$\partial S = \{z \in \mathbb{C} \ \mid R > 0 \text{ tem-se } \mathbf{D}(z; R) \cap S \neq \varnothing \text{ e } \mathbf{D}(z; R) \cap (\mathbb{C} \backslash S) \neq \varnothing\}.$$

Pode-se verificar sem dificuldades que $\partial S = \bar{S} - int(S)$.

Definição 16. Um subconjunto $S \subseteq \mathbb{C}$ é dito *discreto* se todos os seus pontos são pontos isolados.

Definição 17. Um exemplo de um conjunto discreto é o conjunto $\mathbb{Z} + i\mathbb{Z}$ onde, como usual, $\mathbb{Z}$ denota o conjunto dos inteiros.

Um *domínio*[5] D é um subconjunto não vazio de $\mathbb{C}$ que é *conexo*, i.e., $D \neq S_1 \cup S_2$ onde $S_1, S_2 \subseteq \mathbb{C}$ são abertos não vazios e $S_1 \cap S_2 = \varnothing$.

Da Definição 17 e das definições de disco aberto e de uma região anular, vemos imediatamente que estes conjuntos são exemplos de domínios. Entretanto estas regiões são intuitivamente diferentes, uma vez que diferentemente da primeira, a segunda possui um buraco. Estas regiões são diferenciadas topologicamente com a introdução do conceito de m-conexidade, que aqui introduzimos (ingenuamente) como segue.

Definição 18. Um domínio $D \subset \mathbb{C}$ é dito m-conexo se sua fronteira for a união de n subconjuntos conexos.

Assim, um domínio simplesmente conexo (1-conexo) possui uma fronteira que consiste de um único conjunto conexo, e neste caso deve ser uma curva ou um ponto[6]. Podemos imaginar um domínio m-conexo como a região que resulta de um domínio simplesmente conexo onde introduzimos $(m-1)$ buracos. A Figura 2.3 ilustra domínios simplesmente e multiplamente conexos.

Notamos aqui que, de acordo com a sua definição, um disco furado $\mathbf{D}'(z_1; R)$ não é simplesmente conexo. O furo, i.e., o ponto z_1 deve ser considerado como um buraco.

A caracterização rigorosa de domínios multiplamente conexos envolve uma teoria topológica dita *homologia*. O estudo de tal teoria está fora dos propósitos de nosso curso introdutório. Contudo, algumas noções simples de homotopia (necessários à teoria da integração de funções analíticas) que apresentamos no Capítulo 3 permitirão distinguir domínios simplesmente conexos de domínios m-conexos.

[5] É importante enfatizar aqui para aqueles estudantes que consultarem obras de autores anglo-saxões, ter em mente que eles usam a palavra *region* para denotar o que aqui chamamos de domínio.

[6] O ponto no infinito é o único ponto limite do conjunto $\mathbb{C}$ e portanto é sua fronteira. Nestas condições podemos dizer que $\mathbb{C}$ é simplesmente conexo.

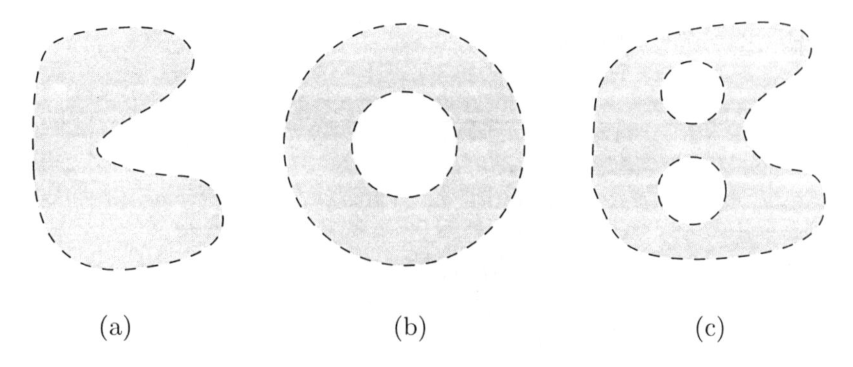

Figura 2.3: Domínios conexos: (a) Simplesmente. (b) Duplamente. (c) Triplamente.

Definição 19. Um subconjunto $S \subseteq \mathbb{C}$ é dito *limitado* se existe uma constante $M \in \mathbb{R}$ tal que $\forall z \in S$ temos que $|z| < M$.

Definição 20. Um subconjunto $S \subseteq \mathbb{C}$ é dito um *compacto* se for fechado e limitado.

Antes de apresentarmos a resolução da questão proposta ao início da seção, vamos concluir esta seção introduzindo os conceitos de abertos e fechados relativos.

Definição 21. Seja $S \subset \mathbb{C}$ e $X \subset S$. Dizemos que X é um *aberto relativo* de S se $X = A \cap S$ onde $A \subset \mathbb{C}$ é um aberto. Dizemos que X é um *fechado relativo* de S se $X = F \cap S$ onde $F \subset \mathbb{C}$ é um fechado.

Note que uma vez que $\mathbb{R} \subset \mathbb{C}$ os intervalos abertos (respectivamente, intervalos fechados) são os intervalos abertos relativos de $\mathbb{R}$ (respectivamente, os intervalos fechados relativos de $\mathbb{R}$).

Resolução da Questão Sendo $z = a + bi$ um número complexo, onde a e b são reais temos

$$\frac{z+1}{z-1} = \frac{a+bi+1}{a+bi-1} = \frac{(a+1)+bi}{(a-1)+bi}.$$

Logo, multiplicando numerador e denominador pelo complexo conjugado do denominador obtemos

$$\frac{z+1}{z-1} = \frac{(a+1)bi}{(a-1)+bi}\,\frac{(a-1)-bi}{(a-1)-bi} = \frac{a^2-1+b^2+(-2b)i}{(a-1)^2+b^2}.$$

Para a parte imaginária temos

$$\frac{-2b}{(a-1)^2+b^2} \geq 1,$$

ou ainda, uma vez que o denominador é sempre positivo, a seguinte desigualdade

$$(a-1)^2+b^2+2b \leq 0$$

que pode ser escrita na forma

$$(a-1)^2+(b+1)^2 \leq 1^2$$

que representa uma circunferência centrada em $(1,-1)$ e raio unitário, bem como o seu interior, excetuando-se o ponto $(1,0)$.
Em relação à conexidade, temos que a região é duplamente conexa ou ainda uma região 2-conexa.

2.2 Funções complexas

Questão Sendo $w = f(z) = 3\overline{z} - iz$, calcule as partes real e imaginária de w para $z = 1+i$. A função f é monódroma ou polídroma? Justifique.

Em estreita analogia com os números reais, passemos a definir uma função complexa. Recordamos primeiramente que os textos modernos de Matemática definem o conceito de aplicação como segue:

Definição 22. Sejam A e B dois conjuntos arbitrários. Uma *aplicação* $g: A \to B$ é uma regra que associa a cada elemento de A um *único* elemento de B. O conjunto arbitrário A é dito o *domínio*[7] de g e o conjunto B é dito o *contradomínio* de g. Quando B é um corpo, dize-se em geral que g é uma função.

Uma aplicação de um conjunto A em um conjunto B é chamada sobrejetora se todo elemento de B é a imagem de ao menos um elemento de A. A aplicação é dita injetora se diferentes elementos de A têm diferentes imagens em B. A aplicação é dita bijetora se é sobrejetora e injetora. Alguns autores preferem os termos sobrejetiva, injetiva e bijetiva ao invés de sobrejetora, injetora e bijetora, respectivamente. Eventualmente vamos usar também estas denominações.

No que se segue estamos interessados no caso em que o *domínio* da aplicação é um subconjunto de $\mathbb{C}$ que é um domínio do plano complexo como definido na

[7]Note que esta definição de domínio de uma aplicação, não é a mesma que a definição da região do plano complexo $\mathbb{C}$, que foi definida como sendo um domínio na Seção 2.1. É preciso tomar cuidado com estas denominações.

seção anterior (Definição 17). Neste caso, usamos a notação D para denotarmos um domínio arbitrário do plano complexo.

Investigamos dois tipos de aplicações envolvendo os complexos. No primeiro tipo o contradomínio $B = \mathbb{C}$ e no segundo tipo $B = 2^{\mathbb{C}}$, onde como usual $2^{\mathbb{C}}$ denota o conjunto potência de $\mathbb{C}$, i.e., o conjunto de todos os subconjuntos de $\mathbb{C}$.

Definição 23. Uma função complexa *monódroma* é uma aplicação $f : D \to \mathbb{C}$.

Note que f associa a cada ponto $z \in D$ um único ponto de $\mathbb{C}$ dito sua imagem e que denotamos por $w = f(z)$. O conjunto $f(D) = \{w \in \mathbb{C} \,|w = f(z), z \in D\}$ é dito a imagem de D sob f.

A próxima definição, embora possa parecer pedante à primeira vista, é, contudo, a forma mais simples e clara que se conhece para a introdução do conceito de função polídroma.

Definição 24. Uma função complexa *polídroma* é uma aplicação

$$[p] : D \to 2^{\mathbb{C}}, \quad [p](z) \equiv [p(z)].$$

Note que p, em geral, associa a cada ponto $z \in D$ um elemento de $2^{\mathbb{C}}$, i.e., $[p(z)]$ é um subconjunto de $\mathbb{C}$ dito a imagem de z sob $[p]$. As funções complexas polídromas que vamos estudar nos próximos capítulos são ainda caracterizadas pelo fato de $[p(z)]$ ser um conjunto enumerável, em geral discreto.

Em muitos textos clássicos de variáveis complexas as funções monódromas são também ditas funções univalentes. No restante deste capítulo, nos dedicamos ao estudo de funções complexas monódromas. Na Seção 2.5 vamos introduzir a importante classe das funções complexas monódromas *holomorfas* (analíticas). Nosso exemplo de uma função polídroma[8] (o logaritmo) será apresentado na Seção 2.9. A importante classe das funções polídromas *holomorfas* será estudada nos próximos capítulos.

Recordemos que no caso de uma função complexa monódroma $f : D \to \mathbb{C}$, escrevemos $w = f(z)$.

Note que podemos escrever

$$f = \operatorname{Re} f + i \operatorname{Im} f,$$

onde $\operatorname{Re} f$ e $\operatorname{Im} f$ são funções com valores reais definidas para $z \in D$ por

$$(\operatorname{Re} f)(z) = \operatorname{Re} f(z), \qquad (\operatorname{Im} f)(z) = \operatorname{Im} f(z).$$

A partir da identificação de $z \in \mathbb{C}$ como um par de reais $z = (x, y)$ é costume escrevermos

$$f(z) = u(x, y) + iv(x, y),$$

[8]Já mencionamos o termo função polídroma quando do estudo das raízes enésimas de z.

onde u e v são duas funções reais de duas variáveis reais tais que $u(x,y) = \text{Re}\, f(z)$ e $v(x,y) = \text{Im}\, f(z)$. É crucial distinguir-se a função f de $f(z)$, que é a imagem de z sob f. Ainda assim, dizemos certas vezes: 'seja a função $f(z)$', sempre que de tal prática (tradicional) não resultar confusão.

Resolução da Questão Para a questão proposta podemos escrever

$$\begin{aligned} \text{w} &= f(z) = u(x,y) + iv(x,y) = \\ &= 3(1-i) - i(1+i) = 4 - 4i \end{aligned}$$

de onde, temos $u(x,y) = 4$ e $v(x,y) = -4$. Aqui temos uma função monódroma uma vez que para cada valor de $z = x + i\,y$ obtemos apenas um valor de w.

2.3 Limite e continuidade

Questão Considere a seguinte função

$$f(z) = \text{w} = \frac{(\text{Im } z)^2}{|z|} \quad \text{e} \quad f(0) = 0.$$

Mostre que $f(z)$ é contínua na origem.

Definição 25. Uma função $f(z)$, definida num domínio D, possui um limite em z_0, se existe um número complexo L com a propriedade de que para todo número real $\epsilon > 0$, existe um número $\delta(\epsilon, z_0) > 0$, dependendo de z_0 e ϵ, tal que $|f(z) - L| < \epsilon$ sempre que $z \in D$ e $0 < |z - z_0| < \delta(\epsilon, z_0)$. Denominamos L o limite de $f(z)$ em z_0 e escrevemos

$$\lim_{z \to z_0} f(z) = L.$$

Formalmente, esta definição é análoga àquela do caso das funções de uma variável real, mas existe uma grande diferença, a saber: enquanto que no caso real x pode se aproximar de x_0 somente pela reta real, aqui, pela definição, z pode se aproximar de z_0 por qualquer direção no plano complexo. A Figura 2.4 ilustra os domínios usados na definição de limite.

Definição 26. Seja $f(z)$ uma função definida num domínio D e seja z_0 um ponto de D. Então, $f(z)$ é contínua em z_0 se $f(z)$ possui limite $f(z_0)$ em z_0. A função $f(z)$ é contínua em D se for contínua em todo ponto de D, ou ainda

$$\lim_{z \to z_0} f(z) = f(z_0).$$

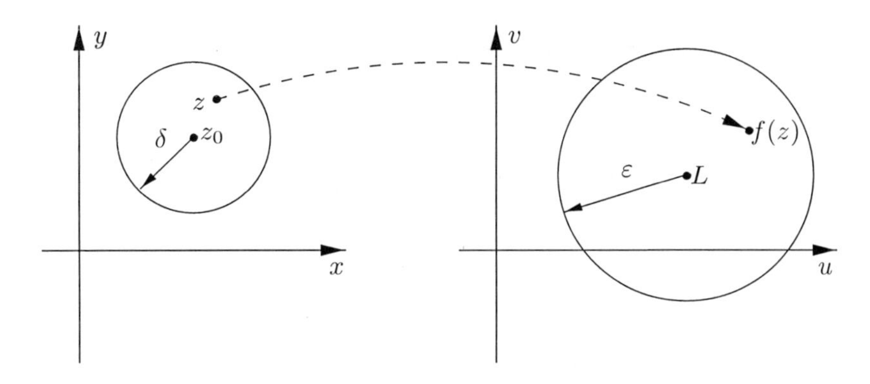

Figura 2.4: Limite de $f(z)$.

Note-se que $f(z)$ é contínua em z_0 se, e somente se, ambas as partes $\operatorname{Re} f(z)$ e $\operatorname{Im} f(z)$ forem contínuas em (x_0, y_0), isto é, contínuas como funções de duas variáveis reais.

Recordamos que na definição de limite (Definição 25) de uma função $f : D \to \mathbb{C}$ no ponto $z_0 \in \mathbb{C}$ não se exige que $z_0 \in D$. No caso da definição de continuidade de $f : D \to \mathbb{C}$ (Definição 26) só faz evidentemente sentido falar-se na continuidade de f no ponto z_0 se $z_0 \in D$.

Ainda assim, no caso em que z_0 é um ponto de acumulação de D é usual [13] dizermos que $f : D \to \mathbb{C}$ é contínua em z_0 se, e somente se, $\lim\limits_{z \to z_0} f(z) = f(z_0)$ o que, nestas condições, reduz a noção de função contínua àquela de limite. Assim, recordando-se novamente da definição de limite (Definição 25) vemos que é possível definir $\lim\limits_{z \to z_0} f(z) = L$ impondo-se a continuidade de uma função $g : D \cup \{z_0\} \to \mathbb{C}$, onde $g(z_0) = L$ e $f(z) = g(z)$, $\forall z \in D$.

Resolução da Questão Para $z = x + iy$ temos $\operatorname{Im} z = y$ e $|z| = \sqrt{x^2 + y^2}$. Então, tomando os limites, primeiramente em relação a x e depois em relação a y (também poderíamos considerar o inverso):

$$\lim_{z \to 0} f(z) = \lim_{\substack{x \to 0 \\ y \to 0}} f(z) = \lim_{\substack{x \to 0 \\ y \to 0}} \frac{y^2}{\sqrt{x^2 + y^2}}.$$

Uma vez que

$$0 \leq \frac{y^2}{\sqrt{x^2 + y^2}} \leq \frac{x^2 + y^2}{\sqrt{x^2 + y^2}} = (x^2 + y^2)^{1/2},$$

podemos escrever

$$\lim_{z \to 0} f(z) = \lim_{y \to 0} \frac{y^2}{y} = 0.$$

Visto que $f(0) = 0$ podemos escrever

$$\lim_{z \to 0} f(z) = 0 = f(0),$$

de onde concluímos que $f(z)$ é contínua na origem.

2.3.1 Limites infinitos

Para a introdução do conceito de *limite infinito* de uma função de variável complexa precisamos trabalhar como o plano complexo estendido, i.e., o conjunto $\mathfrak{C} = \mathbb{C} \cup \{\infty\}$ introduzido na Seção 2.1, (Definição 8).

Definição 27. Seja $f : D \to \mathfrak{C}$ e seja z_0 um ponto de acumulação de D. Dizemos que

$$\lim_{z \to z_0} f(z) = \infty,$$

se $\forall M > 0$ existe $\varepsilon > 0$ tal que $\forall z \in D$ e $0 < |z - z_0| < \varepsilon$ tenha-se $|f(z)| > M$.

Definição 28. Seja $D \subset \mathfrak{C}$ um domínio ilimitado e seja $f : D \to \mathfrak{C}$. Dizemos que

$$\lim_{z \to \infty} f(z) = c,$$

dado $\varepsilon > 0$ existe $R > 0$ tal que $\forall z \in D$ e $|z| > R$ tenha-se $|f(z) - c| < \varepsilon$. No caso em que $c = \infty$ escrevemos

$$\lim_{z \to \infty} f(z) = \infty,$$

o que significa que $\forall M > 0$ e $\forall R > 0$ tal que $\forall z \in D$ e $|z| > R$ tenha-se $|f(z)| > M$.

2.4 Derivada

Questão Calcule, se existir, a derivada de $f(z) = x + 2yi$ no ponto $z = 0$.

A derivada de uma função $f(z)$, complexa, no ponto z_0, denotada por $f'(z_0)$, é definida por

$$\frac{d}{dz} f(z)|_{z=z_0} \equiv f'(z_0) = \lim_{\Delta z \to 0} \frac{f(z_0 + \Delta z) - f(z_0)}{\Delta z}$$

desde que o limite exista. Se este for o caso $f(z)$ é dita diferenciável em z_0.

Se escrevermos $\Delta z = z - z_0$, então $z = z_0 + \Delta z$, de onde obtemos

$$f'(z_0) = \lim_{z \to z_0} \frac{f(z) - f(z_0)}{z - z_0}.$$

Lembramos que a definição do limite implica que $f(z)$ é definida na vizinhança de z_0. Também, pela definição, z pode se aproximar de z_0 por qualquer direção. Portanto, a diferenciabilidade em z_0 significa que, ao longo do caminho em que z se aproxima de z_0, o quociente acima sempre se aproxima de um certo valor e todos estes valores são iguais.

As regras de diferenciação são as mesmas que no cálculo real, a saber:

(i) Sendo c uma constante temos

$$\frac{d}{dz}[c\, f(z)] = c\frac{d}{dz}f(z),$$

(ii) Adição e subtração de duas funções

$$\frac{d}{dz}[f(z) \pm g(z)] = \frac{d}{dz}f(z) \pm \frac{d}{dz}g(z),$$

(iii) Produto de duas funções

$$\frac{d}{dz}[f(z)g(z)] = \left[\frac{d}{dz}f(z)\right] g(z) + f(z)\left[\frac{d}{dz}g(z)\right],$$

(iv) Quociente de duas funções

$$\frac{d}{dz}\left[\frac{f(z)}{g(z)}\right] = \frac{1}{[g(z)]^2}\left\{\left[\frac{d}{dz}f(z)\right] g(z) - f(z)\left[\frac{d}{dz}g(z)\right]\right\} \quad \text{com} \quad g(z) \neq 0,$$

(v) Sendo n um número inteiro

$$\frac{d}{dz}(z^n) = n\, z^{n-1},$$

(vi) Regra da cadeia (função composta)

$$\frac{d}{dz}\left\{f[g(z)]\right\} = \frac{d}{dz}\left\{f[g(z)]\right\}\frac{d}{dz}g(z).$$

Uma vez que as demonstrações das propriedades acima são uma extensão trivial das análogas que aparecem no cálculo das funções reais, elas serão deixadas como exercícios.

Resolução da Questão Da definição de derivada temos

$$\left[\frac{d}{dz}f(z)\right]_{z=0} = \lim_{\Delta z\to 0}\frac{f(\Delta z)-f(0)}{\Delta z} = \lim_{\substack{\Delta x\to 0\\ \Delta y\to 0}}\frac{\Delta x+2i\Delta y}{\Delta x+i\Delta y}.$$

Para encontrar o limite resultante, devemos escolher um caminho no plano z e aproximá-lo à origem, $z=0$ ao longo deste caminho. Se escolhemos o eixo x como nosso caminho $\Delta y = 0$ logo

$$\left[\frac{d}{dz}f(z)\right]_{z=0} = \lim_{\Delta x\to 0}\frac{\Delta x+0}{\Delta x+0} = 1.$$

Por outro lado, se escolhemos o eixo y como nosso caminho, $\Delta x = 0$, temos

$$\left[\frac{d}{dz}f(z)\right]_{z=0} = \lim_{\Delta y\to 0}\frac{0+2i\Delta y}{0+i\Delta y} = 2.$$

Em geral, para uma linha passando pela origem, digamos $y = mx$, o limite acima é dado por

$$\left[\frac{d}{dz}f(z)\right]_{z=0} = \lim_{\Delta x\to 0}\frac{\Delta x+2i(m\Delta x)}{\Delta x+im\Delta x} = \frac{1+2im}{1+im} = \frac{1+2m^2+im}{1+m^2}.$$

Isto nos diz que podemos obter infinitos valores para a derivada quando mudamos m arbitrariamente, assim esta derivada, em $z=0$, não existe.

2.5 Analiticidade e Condições de Cauchy-Riemann

Questão Encontrar uma função analítica $f(z)$ para a qual a parte real é dada pela função real de duas variáveis reais $u(x,y) = x^2 - y^2 - x$.

Definição 29. Uma função $f(z)$ é chamada *holomorfa* ou *analítica* num domínio D se $f(z)$ é definida e diferenciável em todos os pontos de D. A função $f(z)$ é dita analítica num ponto z_0 em D se $f(z)$ for analítica numa vizinhança de z_0.

As funções holomorfas são classicamente chamadas de funções analíticas e no que se segue aderimos a tal prática. A razão é dada pelo teorema a seguir.[9]

Teorema 1. Seja $A \subset \mathbb{C}$ um aberto. Uma função holomorfa $f : A \to \mathbb{C}$ é analítica em A, em analogia com o caso das funções reais.

[9] Para a prova ver ref. [16].

Ser analítica em $z_0 \in A \subset \mathbb{C}$ significa que $f(z)$ possui um desenvolvimento em série de potências (Seção 4.2) em um aberto contendo z_0. Mostra-se, também, o seguinte corolário:

Corolário 1. Uma função $f : A \to \mathbb{C}$ ($A \subset \mathbb{C}$, um aberto) é holomorfa em U se, e somente se, ela é analítica em A.

Uma vez que o conceito de analiticidade é de suma importância no estudo de funções complexas, antes de discutirmos propriamente algumas funções especiais, vamos responder a seguinte pergunta: Quando uma função de variável complexa é analítica? Tal questão é respondida pelas chamadas condições de Cauchy-Riemann.

Teorema 2. Seja $f(z) = u(x, y) + iv(x, y)$ uma função definida e contínua em alguma vizinhança do ponto $z = x + iy$ e diferenciável em z. Então, as derivadas parciais de primeira ordem de u e de v existem e satisfazem às equações

$$\frac{\partial}{\partial x}u(x, y) = \frac{\partial}{\partial y}v(x, y) \qquad \text{e} \qquad \frac{\partial}{\partial y}u(x, y) = -\frac{\partial}{\partial x}v(x, y),$$

conhecidas pelo nome de condições de Cauchy-Riemann. Então, se $f(z)$ é analítica num domínio D, suas derivadas parciais existem e satisfazem as equações acima em todos os pontos do domínio D.

Demonstração. A prova deste teorema está baseada no fato de que na definição de limite podemos usar qualquer direção para fazer z tender a z_0. Então, vamos escolher dois caminhos, o primeiro, paralelo ao eixo x, isto é com $\Delta y = 0$, e o segundo, paralelo ao eixo y, de onde $\Delta x = 0$, conforme a Figura 2.5.

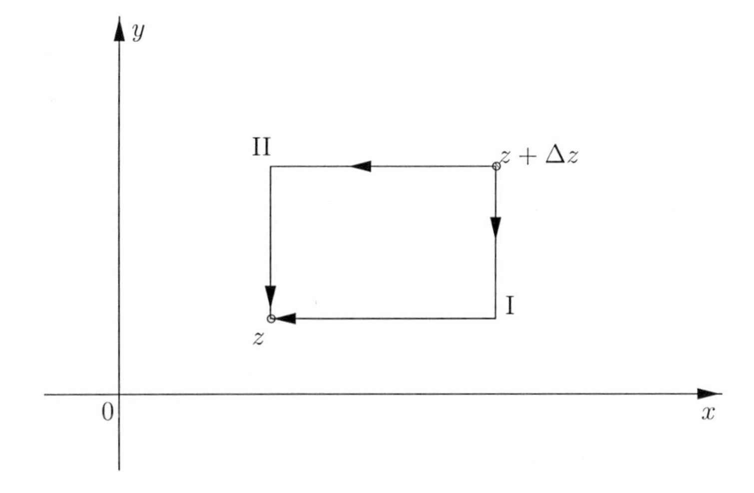

Figura 2.5: Dois possíveis caminhos de integração.

Da definição de derivada de uma função complexa podemos escrever para a função $f(x, y) = u(x, y) + iv(x, y)$

$$\left(\frac{df}{dz}\right)_{z=z_0} = \lim_{\substack{\Delta x \to 0 \\ \Delta y \to 0}} \left\{ \frac{u(x_0+\Delta x, y_0+\Delta y) - u(x_0,y_0)}{\Delta x + i\Delta y} \right.$$

$$\left. + \frac{i[v(x_0+\Delta x, y_0+\Delta y) - v(x_0,y_0)]}{\Delta x + i\Delta y} \right\}.$$

Logo, se este limite deve existir (e for o mesmo, quer se use qualquer um dos caminhos da figura precedente), então, para $\Delta y = 0$, obtemos

$$\left(\frac{df}{dz}\right)_{z=z_0} = \lim_{\Delta x \to 0} \frac{u(x_0+\Delta x, y_0) - u(x_0,y_0)}{\Delta x}$$

$$+ i \lim_{\Delta x \to 0} \frac{v(x_0+\Delta x, y_0) - v(x_0,y_0)}{\Delta x}.$$

Esses quocientes nada mais são que a definição da derivada parcial, logo

$$\left(\frac{df}{dz}\right)_{z=z_0} = \left(\frac{\partial u}{\partial x}\right)_{x_0,y_0} + i\left(\frac{\partial v}{\partial x}\right)_{x_0,y_0}.$$

Para o segundo caminho, $\Delta x = 0$, temos, em analogia ao anterior

$$\left(\frac{df}{dz}\right)_{z=z_0} = -i\left(\frac{\partial u}{\partial y}\right)_{x_0,y_0} + \left(\frac{\partial v}{\partial y}\right)_{x_0,y_0}.$$

Se $f(z)$ é diferenciável em z_0, as duas últimas equações devem ser iguais, logo

$$\left(\frac{\partial u}{\partial x}\right)_{z_0} + i\left(\frac{\partial v}{\partial x}\right)_{z_0} = -i\left(\frac{\partial u}{\partial y}\right)_{z_0} + \left(\frac{\partial v}{\partial y}\right)_{z_0}.$$

Igualando parte real com parte real e parte imaginária com parte imaginária, ignorando o ponto z_0 (é arbitrário) temos

$$\frac{\partial u}{\partial x} = \frac{\partial v}{\partial y} \qquad \text{e} \qquad \frac{\partial u}{\partial y} = -\frac{\partial v}{\partial x}$$

que constituem condições necessárias para a diferenciabilidade de $f(z)$.

□

Teorema 3. Se duas funções contínuas com valores reais $u(x,y)$ e $v(x,y)$ de duas variáveis reais x e y, têm derivadas parciais de primeira ordem contínuas que satisfazem as condições de Cauchy-Riemann em algum domínio D, então a função complexa $f(z) = u(x,y) + iv(x,y)$ é analítica em D.

Este teorema assegura que as condições de Cauchy-Riemann, mais a continuidade das derivadas parciais de primeira ordem tornam-se também suficientes para assegurar a analiticidade. A prova é deixada a cargo do leitor.

Um modo alternativo de se escrever as condições de Cauchy-Riemann é obtido fazendo-se as substituições

$$x = \frac{1}{2}(z + \overline{z}) \qquad \text{e} \qquad y = \frac{1}{2i}(z - \overline{z})$$

em $u(x, y)$ e $v(x, y)$. Usando a regra da cadeia para escrever as condições de Cauchy-Riemann em termos de z e $\overline{z}$, e substituindo-se em

$$\frac{\partial f}{\partial \overline{z}} = \frac{\partial u}{\partial \overline{z}} + i\frac{\partial v}{\partial \overline{z}}$$

mostra-se que as condições de Cauchy-Riemann são equivalentes à seguinte equação:

$$\frac{\partial f}{\partial \overline{z}} = 0.$$

A partir da equação acima podemos dizer que se $f(z)$ é uma função diferenciável, esta deve ser independente de $\overline{z}$.

Enfim, antes de passarmos à resolução da questão proposta, mencionamos outras duas definições, que serão utilizadas no próximo capítulo.

Definição 30. Um ponto em que $f(z)$ é analítica é chamado ponto *regular* de $f(z)$. Por outro lado, um ponto em que $f(z)$ não é analítica é chamado ponto *singular* ou singularidade da função $f(z)$.

Definição 31. Uma função para a qual todos os pontos de $\mathbb{C}$ são pontos regulares é chamada função *inteira*.

Resolução da Questão Desejamos obter uma função $f(z)$ analítica tal que sua parte real seja $u(x, y) = x^2 - y^2 - x$. Então, da primeira das equações de Cauchy-Riemann

$$\frac{\partial u}{\partial x} = \frac{\partial v}{\partial y}$$

obtemos, derivando em relação a x

$$\frac{\partial u}{\partial x} = 2x - 1 = \frac{\partial v}{\partial y}$$

e, integrando em relação a y, temos

$$v(x,y) = 2xy - y + c(x)$$

onde a constante pode depender da outra variável, no caso x. Agora, utilizando a segunda condição de Cauchy-Riemann

$$\frac{\partial u}{\partial y} = -\frac{\partial v}{\partial x}$$

podemos escrever

$$\frac{\partial u}{\partial y} = -\frac{\partial v}{\partial x} = -2y - \frac{d}{dx}c(x).$$

Por outro lado temos $u(x,y) = x^2 - y^2 - x$ de onde

$$\frac{\partial u}{\partial y} = -2y$$

e, comparando temos $\frac{d}{dx}c(x) = 0$ ou ainda $c(x) = k$ onde k é uma constante real, de onde podemos escrever para $v(x,y)$ a expressão $v(x,y) = 2xy - y + k$. Enfim, o resultado desejado é dado por

$$\begin{aligned} f(z) &= u(x,y) + iv(x,y) = \\ &= x^2 - y^2 - x + i(2xy - y + k), \end{aligned}$$

que em termos de z toma a forma

$$f(z) = z^2 - z + ik,$$

onde k é uma constante real.

Antes de finalizarmos esta seção vamos mostrar que se uma função $f(z)$ é analítica num domínio D e $|f(z)| = k$, (k constante) em D, então $f(z)$ é constante em D.

Sendo $f(z) = u(x,y) + iv(x,y)$ vamos escrever, omitindo as variáveis independentes,

$$u^2 + v^2 = k^2.$$

Diferenciando-se primeiramente em relação a x em seguida em relação a y obtemos

$$u\frac{\partial u}{\partial x} + v\frac{\partial v}{\partial x} = 0 \qquad \text{e} \qquad u\frac{\partial u}{\partial y} + v\frac{\partial v}{\partial y} = 0$$

e das condições de Cauchy-Riemann podemos escrever[10]

$$u\frac{\partial u}{\partial x} - v\frac{\partial u}{\partial y} = 0 \qquad \text{e} \qquad u\frac{\partial u}{\partial y} + v\frac{\partial u}{\partial x} = 0.$$

[10] Vide ref. [1].

Resolvendo-se o sistema para $\frac{\partial u}{\partial x}$ e $\frac{\partial u}{\partial y}$ obtemos

$$(u^2 + v^2)\frac{\partial u}{\partial x} = k^2\frac{\partial u}{\partial x} = 0,$$

$$(u^2 + v^2)\frac{\partial u}{\partial y} = k^2\frac{\partial u}{\partial y} = 0.$$

Temos, portanto, duas possibilidades, a primeira, se $k^2 = 0$ então $u = v = 0$ daqui, $f = 0$. No segundo caso, se $k \neq 0$, então $\frac{\partial u}{\partial x} = \frac{\partial u}{\partial y} = 0$ e das condições de Cauchy-Riemann, também $\frac{\partial v}{\partial x} = \frac{\partial v}{\partial y} = 0$. Logo, com $u =$ constante e $v =$ constante temos $f =$ constante.

2.6 Funções harmônicas

Questão Qual a relação existente entre as funções analíticas e a chamada teoria do potencial?

A chamada teoria geral do potencial [21] pode ser introduzida como segue. Dado $\rho : \mathbb{R}^3 \to \mathbb{R}$ e $\mathcal{D} \subseteq \mathbb{R}^3$ encontrar a solução da equação de Poisson (1781 – *Siméon Denis Poisson* – 1840) i.e., $\Phi : \mathbb{R}^3 \supseteq \mathcal{D} \to \mathbb{R}$ de classe C^2 , onde Φ ou $\nabla\Phi$ satisfazem condições de fronteira dadas em $\partial\mathcal{D}$ e tal que

$$\Delta\Phi \equiv \nabla^2\Phi = \rho,$$

onde ∇^2 é o Laplaciano. Quando as condições de fronteira são dadas para a função elas são ditas condições de Dirichlet (1805 – *Peter Gustav Lejeune Dircichlet* – 1859) enquanto que se as condições de fronteira são dadas na derivada da função elas são ditas condições de Neumann (1832 – *Carl Neumann* – 1925).

Obviamente, se trocamos $\mathbb{R}^3$ por $\mathbb{R}^2$ na definição acima, temos a equação de Poisson bidimensional, i.e.,

$$\left(\frac{\partial^2}{\partial x^2} + \frac{\partial^2}{\partial y^2}\right)\Phi = \rho.$$

Quando $\rho = 0$, equação de Poisson, chama-se equação de Laplace.

Agora, dada uma função analítica $f(z) = u(x, y) + iv(x, y)$ temos o seguinte teorema:

Teorema 4. Se $f(z) = u(x, y) + iv(x, y)$ é analítica num domínio D, então $u(x, y)$ e $v(x, y)$ satisfazem, respectivamente, as equações de Laplace em D e têm derivadas parciais de segunda ordem contínuas em D.

Demonstração. Consideramos as condições de Cauchy-Riemann,

$$\frac{\partial u}{\partial x} = \frac{\partial v}{\partial y} \qquad \text{e} \qquad \frac{\partial u}{\partial y} = -\frac{\partial v}{\partial x}.$$

Diferenciando-se a primeira em relação a x e a segunda em relação a y podemos escrever

$$\frac{\partial^2 u}{\partial x^2} = \frac{\partial^2 v}{\partial x \partial y} \qquad \text{e} \qquad \frac{\partial^2 u}{\partial y^2} = -\frac{\partial^2 v}{\partial x \partial y}.$$

Mostramos, no próximo capítulo, com o emprego da chamada fórmula integral de Cauchy que a derivada de uma função analítica também é analítica, fato que implica que $u(x, y)$ e $v(x, y)$ têm derivadas parciais de todas as ordens contínuas, em particular, as derivadas mistas, obtidas em qualquer ordem, são iguais, por exemplo:

$$\frac{\partial^2 u}{\partial x\, \partial y} = \frac{\partial^2 u}{\partial y\, \partial x}.$$

Então, adicionando-se as duas expressões para as derivadas de ordem dois, obtemos

$$\frac{\partial^2 u}{\partial x^2} + \frac{\partial^2 u}{\partial y^2} = 0.$$

De forma análoga, derivando-se a primeira equação de Cauchy-Riemann em relação a y e a segunda equação de Cauchy-Riemann em relação a x e adicionando os resultados obtemos uma outra equação de Laplace, agora para a variável dependente $v(x, y)$. □

Soluções da equação de Laplace tendo derivadas de segunda ordem contínuas são chamadas funções harmônicas e sua teoria é parte da chamada teoria do potencial. Do exposto anteriormente, é claro que as partes real e imaginária de uma função analítica são funções harmônicas.

Se duas funções harmônicas $u(x, y)$ e $v(x, y)$ satisfazem as equações de Cauchy-Riemann num domínio D, elas são as partes real e imaginária de uma função analítica $f(x, y)$ em D. Então $u(x, y)[v(x, y)]$ é dita função harmônica conjugada de $v(x, y)[u(x, y)]$ no domínio D.

Resolução da Questão Para estabelecermos qual relação existe entre as funções analíticas e a teoria do potencial, vamos considerar um caso particular, isto é: seja um filamento reto e longo de raio r_0 com densidade de carga linear λ constante.

Se $\vec{E}$ é o campo elétrico gerado pela distribuição estática de cargas, as equações de Maxwell (*1831 - James Clerk Maxwell - 1879*) estabelecem que, em situações estáticas, o campo elétrico satisfaz as equações:

$$\nabla \cdot \vec{E} = \rho \quad \text{e} \quad \nabla \times \vec{E} = 0.$$

A equação $\nabla \times \vec{E} = 0$ é satisfeita automaticamente se escrevemos $\vec{E} = -\nabla\phi$, onde ϕ é uma função escalar dita potencial eletrostático, que possui derivadas de segunda ordem contínuas. Para o nosso problema particular supomos que $\vec{E}$ e ϕ estão definidos na região $D = \mathbb{R}^3$ – cilíndro.[11] Para esta região as equações de Maxwell ficam

$$\nabla \cdot \vec{E} = 0, \quad \nabla \times \vec{E} = 0,$$

e

$$\left(\frac{\partial^2}{\partial x^2} + \frac{\partial^2}{\partial y^2} + \frac{\partial^2}{\partial z^2}\right)\phi = 0.$$

Dada a simetria do nosso problema, o campo $\vec{E}$ e o potencial ϕ têm simetria azimutal (sendo também independente da variável z) e assim nosso problema fica reduzido a um problema bidimensional na região $D' = \mathbb{R}^2$ – disco.[12]Pode-se verificar sem dificuldades que com uma transformação de coordenadas do tipo $x = r\cos\theta$ e $y = r\,\text{sen}\,\theta$, temos que a equação de Laplace toma a forma

$$\left(\frac{\partial^2}{\partial r^2} + \frac{1}{r}\frac{\partial}{\partial r} + \frac{1}{r^2}\frac{\partial^2}{\partial \theta^2}\right)\phi = 0.$$

Então, sendo $\vec{E}$ o vetor campo elétrico e ϕ o potencial, já em coordenadas cilíndricas, podemos escrever

$$\vec{E} = \frac{2\lambda}{r}\hat{e}_r \qquad \text{e} \qquad \phi = -2\lambda \ln r$$

onde r é a coordenada radial e $\hat{e}_r$ é o versor na direção de r. Podemos verificar que ϕ satisfaz a equação de Laplace, porém surge a pergunta: ϕ seria a parte real ou imaginária de uma função analítica? E qual função analítica?
Suponhamos que $u(x,y) = \phi$ seja a parte real de uma função analítica $f(x,y)$, logo

$$u(x,y) \equiv \phi = 2\lambda \ln(\sqrt{x^2 + y^2}).$$

Um problema para você se divertir é: quem é $v(x,y)$, a conjugada harmonica de $u(x,y)$?

Finalizamos esta seção, relativamente à resolução da questão proposta no início, lembrando que as condições de Cauchy-Riemann implicam numa família de curvas $u(x,y)$ = constante sendo perpendicular a uma família de curvas $v(x,y)$ = constante, em cada ponto na região do plano complexo onde $f(z) = u(x,y) + iv(x,y)$

é analítica. Em nosso caso, se $u(x, y)$ é constante isto implica que ϕ é constante que por sua vez implica em superfícies equipotenciais.

Estas superfícies equipotenciais são cilindros e suas intersecções com o plano xy são descritas por curvas com $u(x, y) =$ constante. Estas curvas são dadas por $x^2 + y^2 =$ constante, isto é, circunferências centradas na origem. Assim, a outra família de curvas deve ser formada por raios emanando da origem e são dados em coordenadas cilíndricas por

$$v(r, \varphi) = g(\varphi)$$

onde $g(\varphi)$ é uma função a ser determinada. Graficamente é como na Figura 2.6.

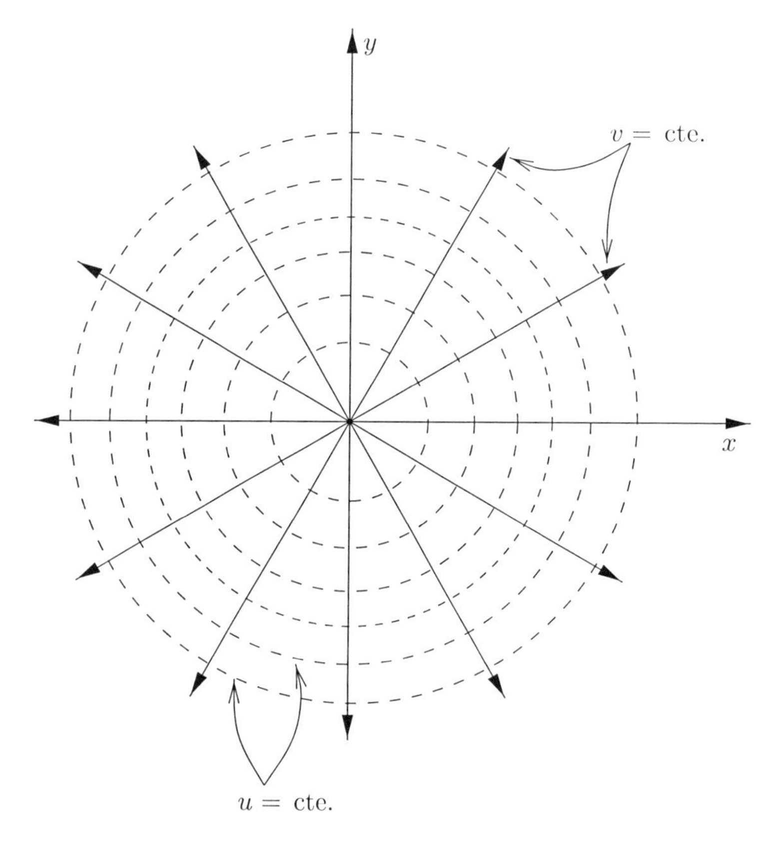

Figura 2.6: Curvas de u e v constantes.

Passemos a discutir agora algumas funções complexas importantes: a função exponencial, as funções hiperbólicas e a função logaritmo. Estas funções já se constituem em exemplos de funções plurívocas porém a atenção especial para esta classe de funções será dada na Seção 2.9, quando estudarmos a função logaritmo.

2.7 Função exponencial

Questão Mostre que o número complexo z pode ser escrito na forma $z = r\,e^{i\theta}$, chamada forma polar. Escreva $\overline{z}$, $-z$ e $-\overline{z}$ na forma polar.

Recordemos, da teoria das séries reais, que a função $f(x) = e^x$ é definida para qualquer número real x pela série

$$e^x = \sum_{n=0}^{\infty} \frac{1}{n!} x^n.$$

Tendo como inspiração as propriedade de multiplicação de duas exponenciais reais e usando a relação de Euler[13] (*1707 - Leonhard Euler - 1783*), definimos a função exponencial e^z, em termos das funções reais, e^x, $\cos y$ e $\operatorname{sen} y$, por

$$e^z = e^x(\cos\, y + i \operatorname{sen}\, y) \equiv \exp(z).$$

Observe que para $z = x$ real temos $y = 0$, e a fórmula para e^z se reduz exatamente à exponencial real.

Verifiquemos agora que, em analogia ao caso dos reais, a seguinte propriedade

$$e^{z_1+z_2} = e^{z_1}\, e^{z_2}$$

é verdadeira para quaisquer $z_1 = x_1 + iy_1$ e $z_2 = x_2 + iy_2$.

Da definição de função exponencial podemos escrever

$$e^{z_1}\, e^{z_2} = e^{x_1+x_2}[\cos(y_1 + y_2) + i\ \operatorname{sen}(y_1 + y_2)] = e^{z_1+z_2}$$

e, para o caso em que z_1 é real, isto é $z_1 = x$ e z_2 é imaginário puro, $z_2 = iy$ obtemos $x_2 = y_1 = 0$, de onde

$$e^x\, e^{iy} = e^{x+iy} = e^z\,.$$

Ainda mais, a partir da expressão anterior, no caso em que $z = iy$ e $x = 0$, recuperamos a relação de Euler, isto é

$$e^{iy} = \cos\, y + i\ \operatorname{sen}\, y.$$

Recordando a forma polar de um número complexo

$$z = r(\cos\, \theta + i\ \operatorname{sen}\, \theta)$$

podemos escrever, então, $z = r\, e^{i\theta}$.

[13] $e^{i\theta} = \cos\theta + i \operatorname{sen}\theta$.

E, da fórmula de Euler temos

$$|\,e^{iy}\,| = |\cos y + i \operatorname{sen} y| = \sqrt{\cos^2 y + \operatorname{sen}^2 y} = 1$$

isto é, para expoentes imaginários puros, a função exponencial tem módulo unitário, de onde $|\,e^z\,| = e^x$. Enfim, temos para o argumento $\arg(e^z) = y + 2n\pi$ com $n = 0, 1, 2, \ldots$ o que mostra que, a partir da definição, e^z é a forma polar da função exponencial.

Antes de passarmos à resolução da questão proposta, vamos discutir a periodicidade da função e^z. Temos

$$e^z = e^z\, e^{2\pi i} = e^{z+2\pi i}$$

para todo z. E, uma vez que as funções seno e co-seno têm período igual a 2π, temos que $2\pi i$ é o período da função e^z. Daqui, segue que todos os valores tais que $w = e^z$ estão sempre numa faixa de largura 2π.

A faixa infinita tal que $-\pi < y \leq \pi$ é chamada região fundamental para a função e^z. Graficamente é como na Figura 2.7.

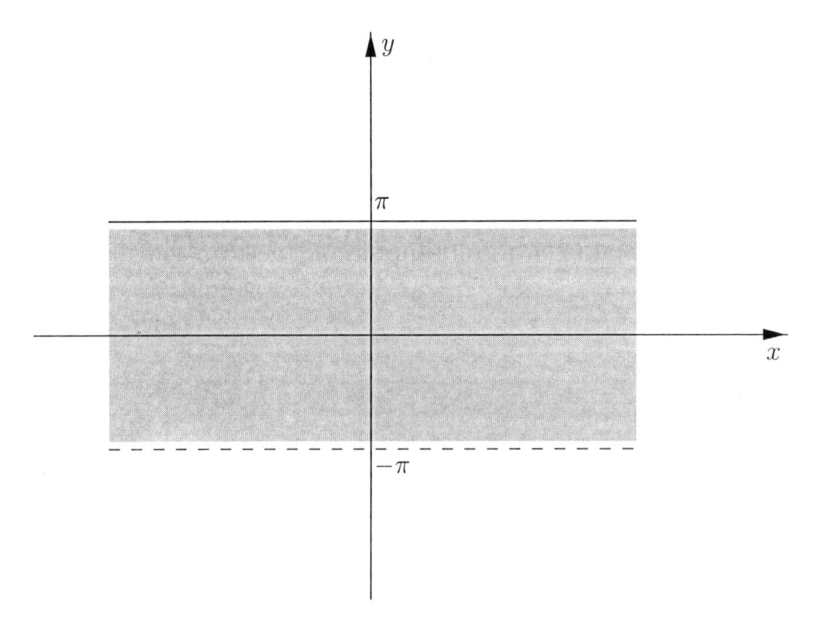

Figura 2.7: Região fundamental para e^z no plano z.

Enfim, concluímos esta seção com a resolução da questão proposta.

Resolução da Questão Vimos que um número complexo z pode ser escrito na forma polar como $z = r\,e^{i\theta}$. Então, da definição de complexo conjugado temos

$$\overline{z} = r\,e^{-i\theta}\,.$$

Agora, para $-z$ podemos escrever

$$-z = -r\,e^{i\theta} = r(-1)\,e^{i\theta} = r\,e^{i\pi}\,e^{i\theta} = r\,e^{i(\pi+\theta)}$$

ou seja $-z = r\,e^{i(\pi+\theta)}$ de onde, para o complexo conjugado, obtemos

$$-\overline{z} = r\,e^{-i(\pi+\theta)}\,.$$

2.8 Funções hiperbólicas

Questão Prove a seguinte regra de adição:

$$\cosh(z_1 + z_2) = \cosh z_1 \cosh z_2 + \operatorname{senh} z_1 \operatorname{senh} z_2.$$

Já estendemos o conceito de função exponencial real para os complexos, e é possível fazer o mesmo para as funções trigonométricas. Podemos mostrar que a relação de Euler

$$e^{iz} = \cos z + i \operatorname{sen} z$$

é válida para z complexo, bem como todas as regras de adição e subtração de arcos, dentre elas

$$\cos(z_1 \pm z_2) = \cos z_1 \cos z_2 \mp \operatorname{sen} z_1 \operatorname{sen} z_2$$

$$\operatorname{sen}(z_1 \pm z_2) = \operatorname{sen} z_1 \cos z_2 \pm \operatorname{sen} z_2 \cos z_1\,.$$

Uma vez que podemos expressar as funções trigonométricas em termos de exponenciais, vamos definir o seno e o co-seno hiperbólicos como

$$\operatorname{senh} z = \frac{1}{2}(e^{z} - e^{-z}) \qquad \text{e} \qquad \cosh z = \frac{1}{2}(e^{z} + e^{-z})$$

em completa analogia às definições, respectivamente,

$$\operatorname{sen} z = \frac{1}{2i}(e^{iz} - e^{-iz}) \qquad \text{e} \qquad \cos z = \frac{1}{2}(e^{iz} + e^{-iz}).$$

Ainda mais, todas as demais funções trigonométricas têm suas análogas hiperbólicas, como por exemplo:

$$\text{tgh}\, z = \frac{\text{senh}\, z}{\cosh z}, \qquad \coth z = \frac{\cosh z}{\text{senh}\, z},$$

$$\text{sech}\, z = \frac{1}{\cosh z}, \qquad \text{cosech}\, z = \frac{1}{\text{senh}\, z}.$$

Vamos obter agora a relação entre as funções seno trigonométrico e seno hiperbólico, isto é, entre $\text{sen}\, z$ e $\text{senh}\, z$. Consideramos a expressão

$$\text{senh}\, z = \frac{1}{2}(\mathrm{e}^{z} - \mathrm{e}^{-z})$$

e substituímos nela $z \to iz$. Temos,

$$\text{senh}\, iz = \frac{1}{2}(\mathrm{e}^{iz} - \mathrm{e}^{-iz}) = i\left[\frac{1}{2i}(\mathrm{e}^{iz} - \mathrm{e}^{-iz})\right] = i\, \text{sen}\, z$$

e, analogamente, podemos mostrar que

$$\cosh iz = \cos z.$$

As relações inversas são dadas por

$$\cos iz = \cosh z \qquad \text{e} \qquad \text{sen}\, iz = i\, \text{senh}\, z.$$

Da relação $\text{sen}^2 z + \cos^2 z = 1$ e das identidades acima obtemos

$$\text{sen}^2 z + \cos^2 z = \text{sen}^2(iz) + \cos^2(iz) = (i\, \text{senh}\, z)^2 + (\cosh z)^2 = 1$$

de onde, finalmente, obtemos

$$\cosh^2 z - \text{senh}^2 z = 1.$$

Resolução da Questão Partimos da relação conhecida para o co-seno trigonométrico da soma de dois arcos, isto é:

$$\cos(z_1 + z_2) = \cos z_1 \cos z_2 - \text{sen}\, z_1\, \text{sen}\, z_2$$

e introduzimos, nos lugares de z_1 e z_2 os correspondentes iz_1 e iz_2, logo

$$\cos[i(z_1 + z_2)] = \cos iz_1 \cos iz_2 - \text{sen}\, iz_1\, \text{sen}\, iz_2.$$

E, utilizando-se as relações envolvendo as funções trigonométricas e hiperbólicas podemos escrever

$$\cosh(z_1 + z_2) = \cosh z_1 \cosh z_2 - i\; \text{senh}\, z_1\, i\; \text{senh}\, z_2$$

de onde, finalmente,

$$\cosh(z_1 + z_2) = \cosh z_1 \cosh z_2 + \text{senh}\, z_1\, \text{senh}\, z_2.$$

2.9 Função logaritmo

Questão Mostre que a expressão que relaciona a função tangente hiperbólica inversa com a função logaritmo é dada por

$$\operatorname{arctgh} z = \frac{1}{2} \ln \left(\frac{1+z}{1-z} \right).$$

No caso das funções de uma variável real logaritmo (na base e) de $x \in \mathbb{R}$ é definido como sendo o número real $r \in (0, \infty) \subset \mathbb{R}$ tal que $\mathrm{e}^r \equiv \exp r = x$. Assim, escrevemos

$$r = \ln x,$$

e a função $\ln : \mathbb{R} \to (0, \infty)$ é naturalmente a *inversa* da função exponencial.

Suponhamos agora que $z, w \in \mathbb{C}$. Consideramos a equação

$$\mathrm{e}^w = z,$$

para a qual vamos procurar as soluções. Escrevendo $z = x + iy = r\mathrm{e}^{i[\arg z]}$ e $w = u(x, y) + iv(x, y)$ temos

$$\mathrm{e}^{u+iv} = r\mathrm{e}^{i[\arg z]}.$$

de onde segue-se

$$|z| = \mathrm{e}^u.$$

A multifunção $[\arg]$ é por definição

$$[\arg] : \mathbb{C} - \{0\} \to 2^{\mathbb{R}}, \quad [\arg](z) \equiv [\arg z] = \{\theta \in \mathbb{R} : z = r\mathrm{e}^{i\theta}\}.$$

Recordamos que o menor valor de θ no intervalo $(-\pi, \pi]$ é dito argumento principal e denotado por Arg z. Assim, das fórmulas acima temos no nosso caso,

$$[\arg z] = \{v + 2n\pi, n \in \mathbb{Z}\}.$$

Mostramos portanto que $\mathrm{e}^w = z$ se, e somente se,

$$w = \ln |z| + i\theta, \qquad \theta \in [\arg z].$$

Definimos então o logaritmo de um número complexo $z \neq 0$ como sendo a função polídroma

$$[\ln] : \mathbb{C} - \{0\} \to 2^{\mathbb{C}}, \quad [\ln](z) \equiv [\ln z] = \{\ln |z| + i\theta, \quad \theta \in \arg z\}.$$

Obviamente, se fixarmos um elemento no conjunto $\arg z$, digamos $\bar{\theta}$, a função

$$\ln z = \ln |z| + i\bar{\theta}$$

é monódroma. Ela define um *ramo*[14] da multifunção $[\ln]$. O ramo principal de $[\ln z]$ correspondente a $\text{Arg } z$ é usualmente denotada por $\text{Ln } z$ e temos

$$\text{Ln } z = \ln |z| + i\text{Arg } z.$$

No que segue aderimos a prática[15] de escrevermos para qualquer uma das funções monódromas, definida por *um* ramo de $[\ln]$ com $n \in \mathbb{Z} - \{0\}$ *fixo*,

$$\begin{aligned} \ln z &= \ln |z| + i\theta \\ &= \text{Ln } z + 2n\pi i. \end{aligned} \tag{2.1}$$

A unicidade de $\text{Arg}\, z$ para um dado $z \neq 0$ implica que $\text{Ln}\, z$ é unívoca[16], isto é, uma função monódroma. Desde que os outros valores de z diferem por um múltiplo inteiro de 2π, os outros valores de $\ln z$ são dados por

$$\ln z = \text{Ln}\, z \pm 2n\pi i$$

com $n = 1, 2, \cdots$. Todos eles têm a mesma parte real e suas partes imaginárias diferem por um múltiplo inteiro de 2π.

Note-se que se z é real e positivo temos $\text{Arg}\, z = 0$ e $\text{Ln}\, z$ é análogo à função logaritmo real. Porém, se z é real e negativo então $\text{Arg}\, z = \pi$ de onde

$$\text{Ln}\, z = \ln |z| + \pi i.$$

Para r real e positivo temos $e^{\ln z} = z$ e, desde que $\arg(e^z) = y \pm 2n\pi$ é plurívoca temos

$$\ln e^z = z \pm 2n\pi i.$$

Assim para todo $n \in \mathbb{Z}\backslash\{0\}$ *fixo*, recuperamos a equação associada à função monódroma. Mostramos, mais adiante, que cada um do infinitos ramos da função polídroma $[\ln]$ é uma função holomorfa em todo o plano complexo $\mathbb{C}$, exceto no semi-eixo real negativo. Vamos mostrar que para z real, não-negativo ou zero, tem-se:

$$\frac{d}{dz}(\ln z) = \frac{1}{z}.$$

Temos $\ln z = u + iv$ de onde podemos escrever[17]

$$u = \ln z = \ln |z| = \frac{1}{2}\ln(x^2 + y^2) \qquad \text{e} \qquad v = [\arg z] = \text{arctg}\,\frac{y}{x} + C$$

---

[14] Veja Definição 32 para o conceito geral de ramo de uma função polídroma.

[15] Adotamos a prática acima sempre que de seu uso não resultar confusão.

[16] Os termos univalente e monódroma também são utilizados.

[17] Note-se que u não tem derivada parcial em relação a y ao longo do semi-eixo negativo, que se encontra excluído do domínio. No caso geral devemos introduzir a chamada "função" delta de Dirac (*1902 - Paul Adrian Maurice Dirac - 1984*). Vide ref. [19].

onde C é constante, um múltiplo de $n\pi$. Calculando as derivadas parciais de u e v vemos que elas satisfazem as condições de Cauchy-Riemann

$$\frac{\partial u}{\partial x} = \frac{x}{x^2+y^2} = \frac{1}{1+(y/x)^2}\frac{1}{x} = \frac{\partial v}{\partial y}$$

e

$$\frac{\partial u}{\partial y} = \frac{y}{x^2+y^2} = \frac{-1}{1+(y/x)^2}\left(-\frac{y}{x^2}\right) = -\frac{\partial v}{\partial x}.$$

Temos, então, para a derivada

$$\frac{d}{dz}(\ln z) = \frac{\partial u}{\partial x} + i\frac{\partial v}{\partial x} = \frac{x}{x^2+y^2} + i\frac{1}{1+(y/x)^2}\left(-\frac{y}{x^2}\right) == \frac{x-iy}{x^2+y^2} = \frac{1}{x+iy} = \frac{1}{z}.$$

Antes de passarmos à resolução da questão proposta e encerrarmos o capítulo, vamos discutir alguns pontos concernentes as funções polídromas (ou plurívocas ou multivalentes).

Definição 32. Chama-se *ramo* F de uma função polídroma f, qualquer função unívoca que é analítica em algum domínio, e tal que em cada ponto z desse domínio o valor $F(z)$ coincida com um dos valores $f(z)$.

Em vista da definição acima, os valores principais do logaritmo, descritos através da equação

$$\operatorname{Ln} z = \ln r + i \operatorname{Arg} z$$

com $r > 0$ e $-\pi < \operatorname{Arg} z < \pi$ representam um ramo, chamado ramo principal da função polídroma $\ln z$. Por outro lado, para cada θ_0 fixado, a função definida pela equação

$$\ln z = \ln r + i\theta$$

com $r > 0$ e $\theta_0 < \theta < \theta_0 + 2\pi$, também é um ramo da mesma função plurívoca. Cada ponto do eixo real negativo, onde $\theta = \pi$, assim como a origem, é um ponto singular do ramo principal da função $\ln z$. O raio para $\theta = \pi$ é o corte de ramo, ou linha de corte para o ramo principal. O raio para $\theta = \theta_0$ é o corte de ramo para o ramo

$$\ln z = \ln r + i\theta$$

com $r > 0$ e $\theta_0 < \theta < \theta_0 + 2\pi$, da função logaritmo.

O ponto singular $z = 0$, comum para todos os cortes de ramo para a função plurívoca $\ln z$, é chamado nó de ramos, também conhecido como ponto de ramificação.

Então, escolhido um ramo para a função $\ln z$, todas as propriedades dos logaritmos são análogas às do logaritimo natural para z real e positivo, dentre elas, podemos citar as seguintes:

$$\ln(z_1 z_2) = \ln z_1 + \ln z_2, \qquad \ln(z_1/z_2) = \ln z_1 - \ln z_2 \qquad \text{e} \qquad \ln z^m = m \ln z.$$

Resolução da Questão Da seção anterior podemos escrever

$$\text{tgh}\, z = \frac{\text{senh}\, z}{\cosh z} = \frac{e^z - e^{-z}}{e^z + e^{-z}} = w.$$

Vamos então resolver a equação acima para z, ou seja,

$$e^z - e^{-z} = w(e^z + e^{-z})$$

de onde podemos escrever

$$e^{2z} = \frac{1+w}{1-w}.$$

Tomando-se o logaritmo de ambos os lados da última expressão temos

$$z = \frac{1}{2} \ln \left(\frac{1+w}{1-w} \right)$$

porém, da expressão $w = \text{tgh}\, z$ podemos escrever

$$z = \text{arctgh}\, w$$

logo, identificando-se temos

$$\text{arctgh}\, w = \frac{1}{2} \ln \left(\frac{1+z}{1-z} \right)$$

onde trocamos w por z e z por w.

2.10 Exercícios

1. Represente graficamente as seguintes regiões

$$(a) \quad |z+i| < 2 \qquad \text{e} \qquad (b) \quad \text{Im} \left(\frac{1-z}{1+z} \right) \leq 1.$$

2. Resolva a seguinte equação $z\overline{z} + (1+2i)z + (1-2i)\overline{z} = 4$.

3. Demonstre que os pontos $z = x + iy$ que satisfazem a desigualdade $|z+1| \leq 4 - |z-1|$ são os pontos interiores à elipse $3x^2 + 4y^2 = 12$ ou pertencentes a ela.

4. Verifique se $f(z)$ é contínua na origem, admitindo que $f(0) = 0$ e quando $f(z) \neq 0$, a função $f(z)$ é definida por

$$(a) \quad \text{Re} \left(\frac{z}{1+z} \right) \qquad \text{e} \qquad (b) \quad \text{Im} \left(\frac{z}{|z|} \right).$$

5. Encontre o valor da derivada de (a) $z^5 + z^2$ em $z = i$ e (b) z^{18} em $z = -i$.

6. Quais das funções abaixo são analíticas?

$$(a) \quad f(z) = (2+i)z^2, \qquad (b) \quad f(z) = z\overline{z}, \qquad (c) \quad f(z) = \ln|z| + i\,\mathrm{Arg}\,z.$$

7. Mostre que se $f(z)$ é analítica e $\mathrm{Re}\,f(z)$ é constante, então, em um domínio conexo, $f(z)$ é constante.

8. Utilize coordenadas polares no plano $x = r\cos\theta$ e $y = r\,\mathrm{sen}\,\theta$ para obter as condições de Cauchy-Riemann na forma polar.

9. Prove que cada uma das funções abaixo é inteira.

$$(a) \quad f(z) = x - y + i(y+x) \qquad \text{e} \qquad (b) \quad f(z) = \cos x\,\mathrm{senh}\,y - i\,\mathrm{sen}\,x\,\cosh y.$$

10. Mostre que $f(z) = \mathrm{e}^y(\cos x + i\,\mathrm{sen}\,x)$ não é analítica em nenhum ponto.

11. Verifique em que pontos as funções

$$(a) \quad f(z) = \frac{z+1}{z^2(z-1)} \qquad \text{e} \qquad (b) \quad f(z) = \frac{z^3 - i}{z^2 + 3z + 2}$$

não são analíticas.

12. Sendo $\mathrm{w}_1 = u + iv$ uma função analítica, verifique se também o é a função $\mathrm{w}_2 = -v + iu$.

13. Usando o fato que $f'(z) = \dfrac{\partial u}{\partial x} + i\dfrac{\partial v}{\partial x}$ e admitindo válida a regra de Schwarz (*1843 – Hermann Amandus Schwarz – 1921*) para a troca de ordem das derivadas parciais, mostre que uma função analítica da qual a derivada é nula é uma constante.

14. Quais das funções abaixo são harmônicas?

$$(a) \quad u = y^2 - x^2, \qquad (b) \quad u = x^2 + y^2, \qquad (c) \quad u = \mathrm{e}^x \cos y, \qquad (d) \quad u = \mathrm{sen}\,x\,\cosh y.$$

15. Utilizando-se o exercício anterior, encontre uma correspondente função analítica $f(z) = u(x,y) + iv(x,y)$, para aquelas que são harmônicas.

16. Determine condições nos parâmetros α e β tal que as funções abaixo sejam harmônicas

$$(a) \quad u = \alpha x + \beta y \qquad \text{e} \qquad (b) \quad u = \alpha x^2 + \beta y^2.$$

17. Determine as harmônicas conjugadas às funções obtidas no exercício anterior.

18. Mostre que se u é harmônica e v uma sua conjugada harmônica, então $-u$ é a conjugada harmônica de $-v$.

19. Esboçar o gráfico das famílias de curvas $u = c_1$ e $v = c_2$, para c_1 e c_2 constantes, quando $f(z) = 1/z$.

20. Resolva o exercício anterior utilizando coordenadas polares.

21. Suponha que D seja um domínio que não contém o ponto $(0,0)$ e que $u(x,y)$ é uma função a valores reais com derivadas parciais de segunda ordem contínuas em D. Mostre que o operador de Laplace (ou laplaciano) escrito em coordenadas polares $x = r\cos\theta$ e $y = r\,\text{sen}\,\theta$ é dado por

$$\nabla^2 u = \frac{\partial^2 u}{\partial r^2} + \frac{1}{r}\frac{\partial u}{\partial r} + \frac{1}{r^2}\frac{\partial^2 u}{\partial \theta^2}.$$

22. No domínio $r > 0$ e $0 < \theta < 2\pi$, mostre que a função $u = \ln r$ é harmônica e ache a sua conjugada harmônica.

23. Sendo uma função $f(z) = u + iv$ e a sua complexa conjugada $\overline{f}(z) = u - iv$ ambas analíticas num domínio, mostre que f é constante.

24. Mostre que (a) $\exp(2 + 5\pi i) = -\exp(2)$ e (b) $\exp[(2+\pi i)/4] = \sqrt{e}(1 + i)/\sqrt{2}$.

25. Mostre que $\exp(i\overline{z}) \neq \overline{\exp(iz)}$ a menos que $z = \pm n\pi$ onde $n = 0, 1, 2, \ldots$

26. Determine todos os valores de z tais que (a) $\exp(2z+1) = 1$ e (b) $\exp z = 1 + i\sqrt{3}$

27. Mostre que

$$\begin{array}{ll} (a) & 2\,\text{sen}(z_1+z_2)\,\text{sen}(z_1-z_2) = \cos 2z_2 - \cos 2z_1, \\ (b) & 2\,\cos(z_1+z_2)\,\text{sen}(z_1-z_2) = \text{sen}\,2z_1 - \text{sen}\,2z_2. \end{array}$$

28. Ache todas as raízes da equação $\cos z = 2$.

29. Mostre que $\cos(i\overline{z}) = \overline{\cos(iz)}$

30. Determine as raízes da equação $\text{senh}\, z = i$

31. Sendo $n = 0, 1, 2, \ldots$ mostre que (a) $\ln 1 = \pm 2n\pi i$ e (b) $\ln i = \frac{\pi i}{2} \pm 2n\pi i$.

32. Escreva $z = r\exp(i\theta)$ e $z - 1 = \rho\,\exp(i\phi)$ e mostre que, para $z \neq 1$, vale

$$\text{Re}[\ln(z-1)] = \frac{1}{2}\,\text{Ln}(1 + r^2 - 2r\cos\theta),$$

e verifique que satisfaz a equação de Laplace em coordenadas polares.

33. Calcule i^i.

34. Mostre que

$$(a)\quad \text{senh}^{-1} z = \ln(z + \sqrt{z^2+1}) \qquad \text{e} \qquad (b)\quad \cosh^{-1} z = \ln(z + \sqrt{z^2-1})$$

35. Obtenha os valores de $\text{arctg}(2i)$.

36. Encontre (a) $\text{Re}(\text{tg}\, z)$ e (b) $\text{Im}(\sec z)$.

Capítulo 3

Diferenciação e integração

O cálculo de certas integrais de funções reais que aparecem em muitos problemas da Física-Matemática como, por exemplo, a inversão de integrais definindo transformadas de Laplace, torna-se em geral um problema bem mais simples se estendemos a integração da extensão complexa destas funções a certos caminhos especiais de integração no plano complexo.

O resultado básico que permite essa extensão é a fórmula integral de Cauchy, que é uma conseqüência de um dos mais belos resultados da Matemática, o teorema integral de Cauchy. O teorema de Cauchy permite-nos também provar que se uma função é analítica, então ela possui as derivadas de todas as ordens.

Iniciamos o capítulo com a definição de integral no plano complexo. Em seguida discutimos o teorema da integral de Cauchy e logo após a existência da integral indefinida. Finalizamos o capítulo discutindo a fórmula integral de Cauchy e a fórmula para a derivada n-ésima de uma função analítica.

3.1 Integração no plano complexo

Questão Calcule a integral $\int_\Gamma \operatorname{senh} z\, dz$, onde Γ é um caminho arbitrário unindo os pontos 0 e $2i$.

Para introduzirmos o tipo de integral apropriada para as funções analíticas precisamos de alguns conceitos preliminares importantes, dentre eles o conceito de caminho.

3.1.1 Caminhos

Para uma função de duas variáveis reais $f : (x, y) \mapsto f(x, y) \in \mathbb{R}$ podemos definir integrais duplas e integrais de linha. Que tipo de integral é conveniente definirmos para funções analíticas?

A resposta é que a integral que permite derivarmos um sem número de resultados belíssimos é a de integral de uma função analítica ao longo de *caminhos* no plano complexo. Os caminhos apropriados são introduzidos com as definições que se seguem.

Definição 1. Uma curva suave em $\mathbb{C}$ é uma aplicação $\Gamma : \mathbb{R} \supseteq \mathbf{I} \to \mathbb{C}$, $t \mapsto \Gamma(t) \equiv z(t)$ com derivada contínua em todos os pontos de $\mathbf{I}$.

Definição 2. Um caminho suave é a restrição de uma curva suave a um dado intervalo $\mathbf{J} = [a, b] \subset \mathbf{I}$.

No que segue caminhos serão denotados por $C : \mathbf{J} \to \mathbb{C}$. Os pontos $C(a)$ e $C(b)$ são ditos os pontos inicial e final do caminho suave. Note que a imagem do caminho, i.e., o conjunto $C^* = C(\mathbf{J})$ é uma arco de curva em $\mathbb{C}$ que, por abuso de linguagem, também é usualmente chamado de caminho.

Definição 3. Um caminho suave por partes em $\mathbb{C}$ é uma coleção finita de caminhos suaves $C_i : [a_i, b_i] \to \mathbb{C}$, $i = 1, 2, ..., N$ tais que $C_j(b_j) = C_{j+1}(a_{j+1})$ para todo $1 \leq j \leq N - 1$.

Usamos a notação $\underset{i}{*} C_i = C_1 * C_2 * ... * C_N$ para denotar um dado caminho suave por partes.

Definição 4. Um caminho suave por partes $\underset{i}{*} C_i$ é dito fechado se $C_1(a_1) = C_n(a_n)$.

Dado um caminho suave por partes $\underset{i}{*} C_i : [a, b] \to \mathbb{C}$ é conveniente, em muitas aplicações, descrevê-lo como um caminho *normalizado* em $\mathbb{C}$, i.e., uma aplicação $C : [0, 1] \to \mathbb{C}$ tal que $C([0, 1]) = \underset{i}{*} C_i([a, b])$. Tal pode ser conseguido trivialmente dividindo-se primeiramente o intervalo $[0, 1]$ em N subintervalos

$$\left[0, \frac{1}{N}\right], \left[\frac{1}{N}, \frac{2}{N}\right], ..., \left[\frac{N-1}{N}, 1\right]$$

e definindo-se as bijeções suaves ditas renormalizações de caminho

$$\mathbf{r}_p : \left[\frac{p-1}{N}, \frac{p}{N}\right] \to [a_p, b_p], \quad p = 1, 2, ..., N$$

tais que

$$\mathbf{r}_p(t) = N(b_p - a_p)t - p(b_p - a_p) + b_p.$$

Definição 5. Um caminho suave fechado é *simples* se a aplicação $C : [0, 1] \to \mathbb{C}$ for injetora, i.e., $C(t_1) \neq C(t_2)$ quando $t_1 \neq t_2$ *exceto* nos pontos 0 e 1 onde devemos ter $C(0) = C(1)$. Dito em outras palavras, um caminho simples não possui auto interseções.

Definição 6. Uma curva de Jordan (1838 – *Camille Marie-Ennemond Jordan* – 1922) em $\mathbb{C}$, suave por partes, é um caminho suave por partes, fechado e simples.

Exemplos de caminhos encontram-se na Figura 3.1. A importância das curvas de Jordan reside no seguinte teorema, fácil de ser visualizado e difícil de ser provado.

Teorema 1. (Teorema de Jordan) Uma curva de Jordan em $\mathbb{C}$ divide o plano complexo em dois conjuntos abertos, tais que um é limitado e o outro ilimitado, sendo $\underset{i}{*}C_i$ a fronteira dos dois abertos.[1]

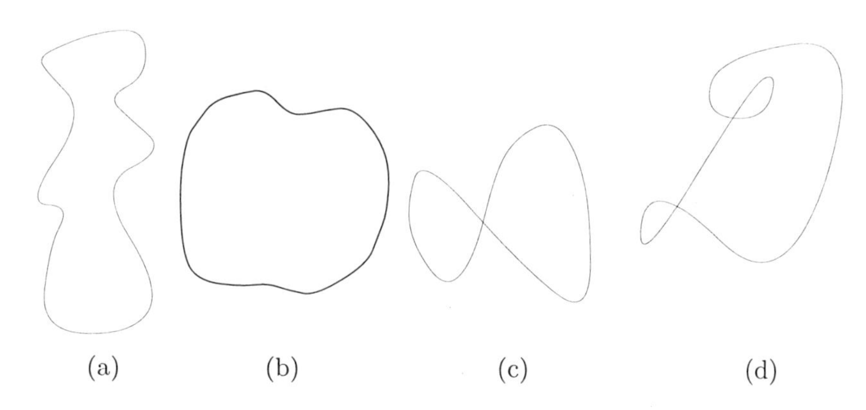

Figura 3.1: Caminhos fechados: (a) Simples. (b) Simples. (c) Não simples. (d) Não simples.

No cálculo real (de uma variável real) uma integral definida é executada sobre um segmento da linha real. No caso da integral definida complexa, integramos ao longo de uma curva C no plano complexo, que será chamada caminho de integração.

Qualquer caminho suave no plano complexo pode ser representado por suas funções coordenadas complexas, i.e., denotamos $C : [a, b] \to \mathbb{C}$ por

$$C(t) \equiv z\,(t) = x\,(t) + \mathrm{i}y(t)$$

e escrevemos

$$\dot{z}(t) = \frac{dz}{dt} = \dot{x}\,(t) + \mathrm{i}\dot{y}(t).$$

Passemos agora a definir uma integral de linha complexa. Seja C uma *curva suave* no plano complexo parametrizada como acima.

Seja $f(z)$ uma função contínua definida em cada ponto de C. Subdividimos o intervalo $a \leq t \leq b$ tal que

$$a \equiv t_0, t_1, \cdots, t_{n-1}, t_n \equiv b$$

[1] Uma prova pode ser encontrada tanto na ref. [8] quanto na ref. [13].

onde $t_0 < t_1 < \cdots < t_{n-1} < t_n$. Para esta subdivisão, corresponde uma subdivisão de C por pontos

$$z_0, z_1, \cdots, z_{n-1}, z_n \equiv z$$

onde $z_j = z(t_j)$. Para cada porção de uma subdivisão de C escolhemos um ponto arbitrário, digamos, um ponto ξ_1 entre z_0 e z_1, isto é, $\xi_1 = z(t)$ onde $t_0 \le t \le t_1$; um ponto ξ_2 entre z_1 e z_2, etc..., como na Figura 3.2.

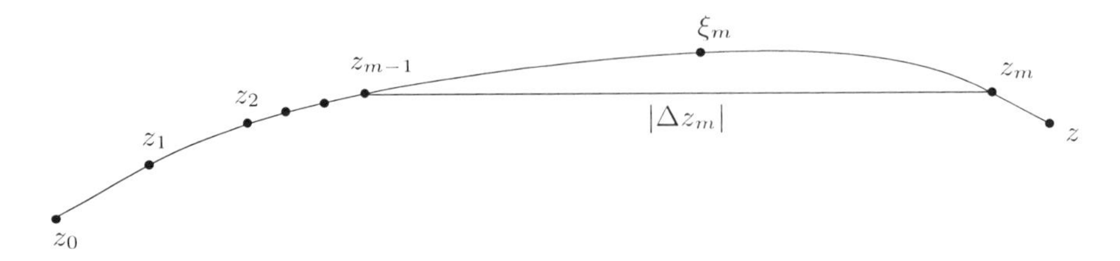

Figura 3.2: Integral de linha complexa.

Consideramos a seguinte soma

$$S_n = \sum_{m=1}^{n} f(\xi_m)\Delta z_m$$

onde $\Delta z_m = z_m - z_{m-1}$. Isto pode ser feito para $n = 2, 3, \ldots$ de modo completamente independente, porém de maneira tal que o maior $|\Delta z_m|$ se aproxime de zero quando n tende ao infinito. Este procedimento fornece uma seqüência de números complexos $S_2, S_3, \ldots$. O limite desta seqüência é chamado integral de linha (ou simplesmente integral) de $f(z)$ ao longo da curva orientada C e será denotado por

$$\int_C f(z)dz$$

onde C é o caminho de integração. Recordamos que a curva C é dita fechada se $z_0 = z$. Neste caso escrevemos

$$\oint_C f(z)dz$$

em lugar da expressão anterior.

Passemos agora a discutir, em analogia ao cálculo real, algumas das propriedades da integral complexa.

P.1 Linearidade A soma de duas (ou mais) funções pode ser integrada termo a termo, ou seja

$$\int_C [\alpha f_1(z) + \beta f_2(z)]dz = \alpha \int_C f_1(z)dz + \beta \int_C f_2(z)dz,$$

onde α e β são constantes arbitrárias.

P.2 Partição do caminho Seja $\underset{i}{*}C_i$ um caminho suave por pedaços. Então

$$\int_{\underset{i}{*}C_i} f(z)\,dz = \int_{C_1} f(z)\,dz + ... + \int_{C_N} f(z)\,dz$$

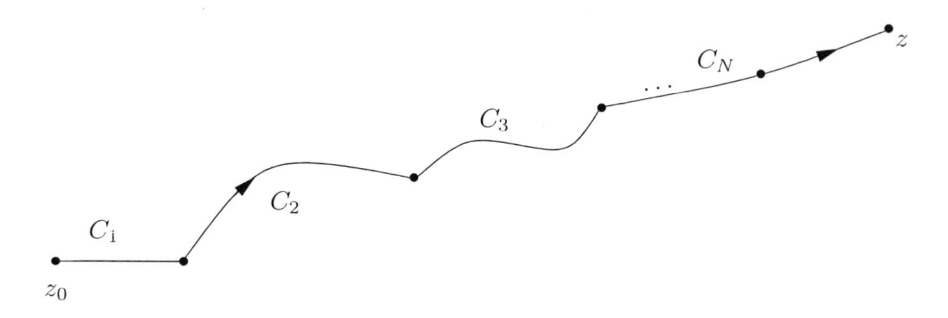

Figura 3.3: Partição de caminho.

Na noção de caminho suave $C : [a, b] \to \mathbb{C}$, está subentendida a noção de orientação ou sentido de percurso, i.e., o caminho é percorrido do ponto inicial $C(a) = z_i$ ao ponto final $C(b) = z_f$ a medida que $t \in [a, b]$ cresce.

Definição 7. O caminho *reverso* do caminho suave $C : [a, b] \to \mathbb{C}$ é o caminho que denotamos por $C^- : [b, a] \to \mathbb{C}$ que satisfaz

$$C^-(t) = C(a + b - t).$$

P.3 Inversão do sentido de integração

$$\int_C f(z)\,dz = -\int_{C^-} f(z)\,dz.$$

Algumas vezes, quando o caminho C e portanto C^- estiverem claros no contexto escrevemos a equação acima como

$$\int_{z_i}^{z_f} f(z)dz = -\int_{z_f}^{z_i} f(z)dz.$$

3.1.2 Deformação de Caminhos e Homotopia

Nesta seção investigamos a noção de deformação de caminhos e usamos o conceito de caminho, que acabamos de introduzir, para distinguirmos um disco aberto $\mathbf{D}(z_0, R)$ de um disco furado $\mathbf{D}'(z_0, R)$. Intuitivamente, a diferença é óbvia, $\mathbf{D}'(z_0, R)$ possui um buraco e $\mathbf{D}(z_0, R)$ não. Nestas condições, suponhamos que seja dado um caminho fechado $C : [a, b] \to \mathbf{D}'(z_0, R) \subset \mathbb{C}$ tal que o buraco de $\mathbf{D}'(z_0, R)$ esteja contido na região do plano complexo que se encontra no interior da imagem de C^* de C. Tal caminho não pode ser encolhido até se tornar um ponto na região $\mathbf{D}'(z_0, R)$. Por outro lado dado um caminho $C' : [a, b] \to \mathbf{D}(z_0, R) \subset \mathbb{C}$, ele pode ser deformado em um ponto em $\mathbf{D}(z_0, R)$.

Definição 8. Um domínio $D \subset \mathbb{C}$ é dito *convexo* se dados $a, b \in D$, o caminho reto (i.e., a reta) que une a e b está inteiramente contido em D.

Note que qualquer domínio convexo é poligonalmente conexo, uma vez que este último é um subconjunto $D \subset \mathbb{C}$ tal que dados quaisquer dois pontos $a, b \in D$ existe um caminho poligonal C em D tendo como extremidades os pontos $C(a)$ e $C(b)$.[2]

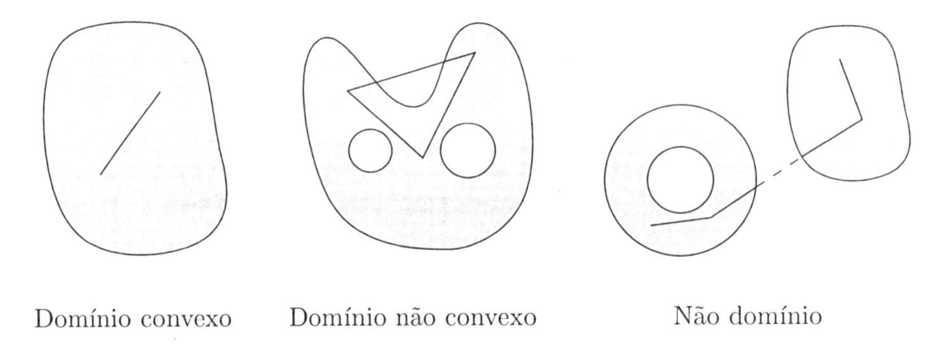

Figura 3.4: Exemplos de domínios convexos e não convexos e conjuntos que não são domínios.

Definição 9. Seja $D \subset \mathbb{C}$ um domínio e sejam C e C' dois caminhos fechados em $\mathbf{D}$. Dizemos que C' pode ser obtido por *deformação elementar* de C se existirem subconjuntos abertos convexos $D_0, D_1, ..., D_{N-1}$ de D tais que C possa ser escrito como $C = \underset{i}{*} C_i$, $i = 1, 2, ..., N-1$ e C' possa ser escrito como $C' = \underset{i}{*} C_i$, $i = 1, 2, ..., N-1$ e tal que as imagens de cada um dos C_i e cada um dos C_i' estejam contidas em D_i para todo $i = 1, 2, ..., N-1$.

Definição 10. Dois caminhos fechados C e C' em $D \subset \mathbb{C}$ são ditos *homotópicos* em D, se C' puder ser obtido de C por um número finito de deformações elementares.

Definição 11. Um caminho $C : [a, b] \to D \subseteq \mathbb{C}$ é dito *nulo* se a imagem $C([a, b])) = c \in D$, isto é, for um único ponto de D.

[2] É intuitivo, e de fato pode-se provar sem dificuldades, que um subconjunto aberto de $\mathbb{C}$ é um domínio se, e somente se, for poligonalmente conexo.

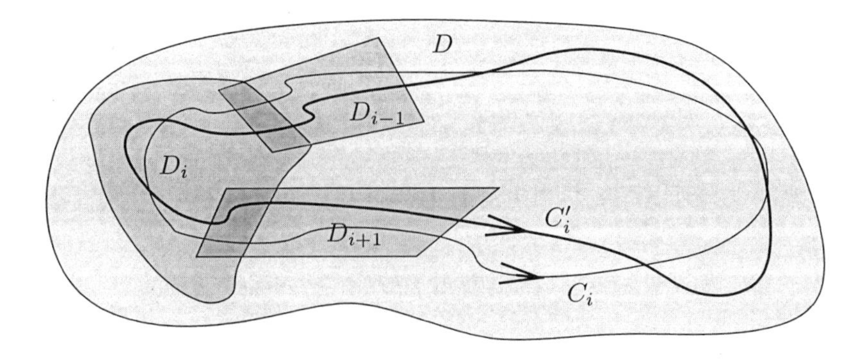

Figura 3.5: Deformação de caminhos.

Definição 12. Um domínio $D \subset \mathbb{C}$ é dito *simplesmente conexo* se cada caminho em D for homotópico a um caminho nulo em D.

Um domínio que não seja simplesmente conexo é dito multiplamente, ou mais precisamente, m-conexo. A multiplicidade m depende (falando sem muito rigor) do número de buracos dentro do domínio. Como dissemos no Capítulo 2 uma apresentação mais rigorosa do conceito de m-conexidade necessita da teoria topológica dita homologia, cuja apresentação não será dada em nosso curso introdutório.

3.1.3 Como Integrar?

Devemos agora desenvolver técnicas para o cálculo das integrais de funções complexas ao longo de caminhos suaves. Nossa tarefa é intuitivamente fácil, pois parece natural que o cálculo de $\int_C f(z)\,dz$ se reduza ao cálculo de integrais de linha reais. E, de fato, este é o caso, mas uma prova rigorosa é um tanto elaborada e será omitida [20]. Aqui dizemos simplesmente que dada a definição de $\int_C f(z)\,dz$ pode-se verificar sem muitas dificuldades que escrevendo-se:

$$z(t) = x(t) + iy(t),$$

para a equação paramétrica do caminho suave C com $a \leq t \leq b$ e

$$f(z(t)) = u(x(t), y(t)) + iv(x(t), y(t))$$

para a restrição da função contínua $f : D \to \mathbb{C}$ ao caminho suave C, então

$$\int_C f(z)dz = \int_a^b f[z(t)]\dot{z}(t)dt \tag{3.1}$$

onde $\dot{z} = dz/dt$.

Temos então que

$$\int_C f(z)\,dz = \int_C (udx - vdy) + i\int_C (vdx + udy). \tag{3.2}$$

De fato, o lado esquerdo da Eq.(3.1) pode ser escrito como

$$\begin{aligned}\int_C f(z)dz &= \int_C [u(x,y) + iv(x,y)](dx + idy)\\ &= \int_C u(x,y)dx - \int_C v(x,y)dy + i\left[\int_C u(x,y)dy + \int_C v(x,y)dx\right]\end{aligned}$$

ou seja, pode ser expresso em termos de integrais de linha reais.

No lado direito, tomamos $u \equiv u[x(t),y(t)]$ e $v \equiv v[x(t),y(t)]$ com $z = x + iy$. Então $\dot{z} = \dot{x} + i\dot{y}$, $dx = \dot{x}dt$ e $\dot{y}dt = dy$, e obtemos

$$\begin{aligned}\int_a^b f[z(t)]\dot{z}(t)dt &= \int_a^b (u + iv)(\dot{x} + i\dot{y})dt\\ &= \int_a^b (u\dot{x}dt - v\dot{y}dt) + i\int_a^b (v\dot{x}dt + u\dot{y}dt) \qquad (3.3)\\ &= \int_C [(udx - vdy) + i(udy + vdx)]\end{aligned}$$

que é exatamente o lado direito da Eq.(3.2).

Como um breve resumo deste método de integração destacamos quatro passagens principais; são elas:

(a) Representar o caminho C na forma $z(t)$ com $a \leq t \leq b$.

(b) Calcular a derivada $\dot{z}(t) = dz/dt$.

(c) Expressar $f(z)$ em termos do parâmetro t.

(d) Integrar $f(z)\dot{z} \equiv f[z(t)]\dot{z}(t)$ de a até b.

Exemplo: Consideramos uma circunferência unitária, centrada na origem, orientada no sentido anti-horário, como sendo o contorno C. Vamos mostrar que

$$\oint_C \frac{dz}{z} = 2\pi i.$$

Utilizando o passo (a), escrevemos a circunferência unitária C na seguinte forma parametrizada:

$$z(t) = \cos t + i \operatorname{sen} t, \quad \text{com} \quad 0 \leq t \leq 2\pi,$$

de onde temos que a integração, no sentido anti-horário, corresponde a um aumento de t de 0 a 2π. O passo (b) é o cálculo da derivada, ou seja,

$$\dot{z} \equiv \frac{dz}{dt} = -\operatorname{sen} t + i \cos t.$$

Para o passo (c) basta expressar $f(z) = 1/z$ em termos do parâmetro t, isto é,

$$\oint_C \frac{dz}{z} = \int_0^{2\pi} \frac{1}{\cos t + i \operatorname{sen} t}(-\operatorname{sen} t + i \cos t)dt.$$

Finalmente, após a integração, ou seja, o passo (d), obtemos

$$\oint_C \frac{dz}{z} = 2\pi i.$$

Antes de apresentarmos um segundo método para a integração, vamos destacar o seguinte fato: Se integramos uma função $f(z)$ de z_0 até z_1, ao longo de diversos caminhos, geralmente obtemos valores diferentes da integral. Em outras palavras, uma integral de linha complexa depende não somente dos pontos inicial e final de integração como também da forma geométrica do caminho.

O método de integração indefinida refere-se a uma extensão do resultado conhecido do cálculo real, e será apresentado a partir do seguinte teorema:

Teorema 2. Seja $f(z)$ uma função contínua num domínio D. Considere $F(z)$ uma função analítica em D de modo que $F'(z) = f(z)$. Então, para qualquer caminho C suave por pedaços em D, unindo os pontos z_0 e z_1, em D, temos

$$\int_{z_0}^{z_1} f(z)dz = F(z_1) - F(z_0).$$

Demonstração. Consideramos C um caminho suave (regular) qualquer unindo z_0 e z_1, representado por $z = z(t)$, com $a \leq t \leq b$. Temos $\dot{z} = dz/dt$, e visto que, por hipótese, $f(z) = F'(z)$, podemos escrever, usando a regra da cadeia

$$\int_C f(z)dz = \int_C F'(z)dz = \int_a^b \frac{dF}{dz}\frac{dz}{dt}dt = \int_a^b \frac{d}{dt}F[z(t)]dt$$
$$= F[z(b)] - F[z(a)] = F(z_1) - F(z_0),$$

que é o resultado desejado. □

Note que podemos escrever z_0 e z_1 em vez de C, desde que se obtenha o mesmo valor para todos os caminhos unindo z_0 e z_1. O teorema anterior implica que para um caminho fechado C, em D, que contém somente pontos em D, temos

$$\oint_C f(z)dz = 0.$$

Exemplo: Vamos calcular $\int_{a+\pi i}^{a-3\pi i} \exp(z/2)dz$ onde $a \geq 0$. Integrando-se em relação a z temos

$$\int_{a+\pi i}^{a-3\pi i} \exp(z/2)dz = 2\exp(z/2)\,|_{a+\pi i}^{a-3\pi i} =$$

$$= 2\exp(a/2)\left[\exp(-\frac{3\pi i}{2}) - \exp(\frac{\pi i}{2})\right] = 0,$$

uma vez que $\exp(iz)$ é periódica com período 2π.

Para concluir esta seção vamos resolver a questão, utilizando os dois métodos de integração que acabamos de discutir.

Resolução da Questão (i) Utilizamos primeiramente o método de parametrização. Como a função $\operatorname{senh} z$ é analítica em Γ, a integral terá o mesmo valor se for calculada ao longo de qualquer caminho suave unindo os pontos 0 e $2i$. Escolhamos $z = it$, para $0 \leq t \leq 2$. Logo

$$\int_\Gamma \operatorname{senh} z dz = \int_0^2 \operatorname{senh}(it)(idt) = i\frac{\cosh(it)}{i}|_0^2 = \cos 2 - 1\ .$$

(ii) Integrando formalmente temos:

$$\int_\Gamma \operatorname{senh} z dz = \int_0^{2i} \operatorname{senh} z dz = \cosh z|_0^{2i} = \cosh 2i - 1 = \cos 2 - 1.$$

3.2 Teorema integral de Cauchy

Questão Calcular a integral

$$\oint_C \frac{3z+4}{z^2-16}dz$$

onde o caminho C, tomado no sentido anti-horário, é dado por (a) $|z| = 1/2$ e (b) $|z| = 2$.

Teorema 3. Se $f(z)$ é uma função analítica em um domínio D, simplesmente conexo, então para todo caminho simples e fechado C, em D, temos

$$\oint_C f(z)dz = 0.$$

Demonstração. Aqui vamos provar este teorema utilizando a hipótese de que $f'(z)$ é contínua em D como originalmente feito por Cauchy. Goursat (1858 – *Edouard*

Goursat – 1936) provou o teorema sem impor esta condição, porém tal prova foge aos objetivos deste texto.[3] Da seção anterior temos que

$$\oint_C f(z)dz = \oint_C (udx - vdy) + i \oint_C (udy + vdx).$$

Uma vez que $f(z)$ é analítica em D, sua derivada $f'(z)$ existe em D. Desde que $f'(z)$ é contínua, (hipótese de Cauchy), sabemos que u e v têm derivadas parciais contínuas em D. Utilizando-se o teorema de Green (1793 – *George Green* – 1841) no plano

$$\int\int_R \left(\frac{\partial F_2}{\partial x} - \frac{\partial F_1}{\partial y} \right) dxdy = \oint_C (F_1 dx + F_2 dy)$$

obtemos

$$\oint_C (udx - vdy) = \int\int_R \left((-\frac{\partial v}{\partial x} - \frac{\partial u}{\partial y} \right) dxdy$$

onde R é a região delimitada por C.

A equação de Cauchy-Riemann $\partial v/\partial x = -\partial u/\partial y$ mostra que o integrando no lado direito é identicamente zero, e portanto a integral é nula. Analogamente para a integral

$$\oint_C (udy + vdx)$$

utilizando agora a outra das equações de Cauchy-Riemann, $\partial u/\partial x = \partial v/\partial y$. Assim, o teorema, com a hipótese de Cauchy está provado. □

Antes de passarmos à resolução da questão, vamos discutir em que condições o valor de uma integral entre dois pontos z_1 e z_2 ao longo de um certo caminho não se altera quando o mesmo é modificado, isto é deformado.

A resposta segue naturalmente do teorema integral de Cauchy. De fato, se f é analítica e se dividirmos o caminho C, no teorema de Cauchy, em dois arcos C_1' e C_2, conforme a Figura 3.6,

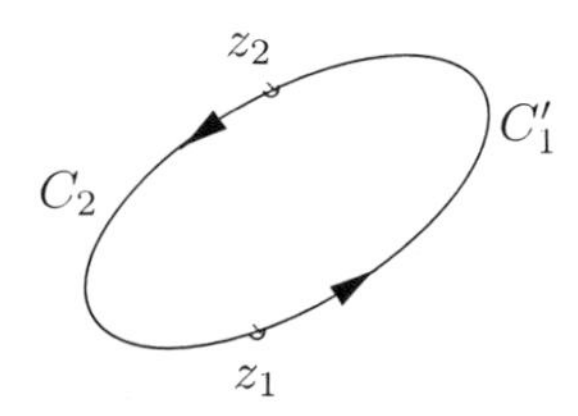

Figura 3.6: Caminho $C = C_1' + C_2$.

temos

$$\oint_C f(z)dz = \int_{C_1'} f(z)dz + \int_{C_2} f(z)dz = 0.$$

[3]Para a prova ver ref. [10].

Por outro lado, se invertermos o sentido de integração ao longo de C_1' então a integral sobre C_1' é multiplicada por menos um. Chamando-se C_1', com sua nova orientação, por C_1 obtemos

$$\int_{C_2} f(z)dz = \int_{C_1} f(z)dz$$

onde C_1 é como visto na Figura 3.7.

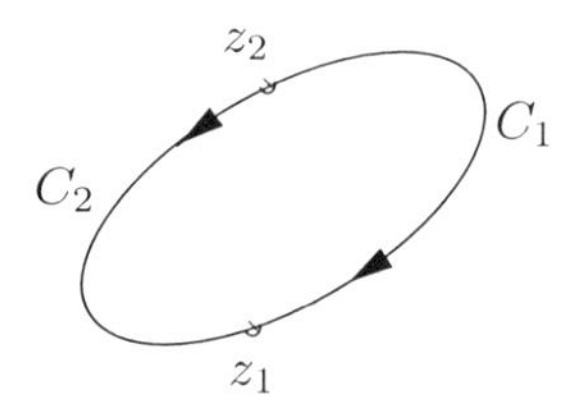

Figura 3.7: Caminho com sentido invertido.

Daqui, se $f(z)$ é analítica em D e C_1 e C_2 são dois caminhos quaisquer, em D, unindo dois pontos em D e não tendo nenhum ponto em comum,[4] então

$$\int_{C_2} f(z)dz = \int_{C_1} f(z)dz.$$

Esta expressão vale para qualquer caminho que une os pontos z_1 e z_2, inteiramente contido num domínio simplesmente conexo no qual $f(z)$ é analítica. Para expressar este resultado, dizemos que a integral de $f(z)$ é independente do caminho em D. Naturalmente o valor da integral depende da escolha de z_1 e z_2.

Podemos imaginar que o caminho C_2 na expressão anterior foi obtido de C_1 a partir de uma deformação, conforme Figura 3.8.

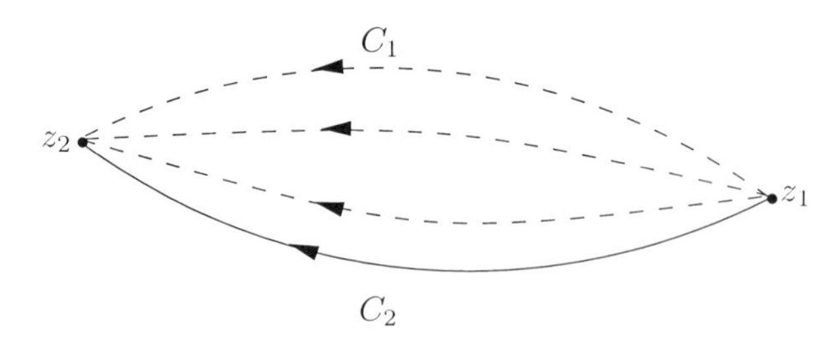

Figura 3.8: Deformação do caminho.

Segue que, para uma dada integral podemos impor uma deformação contínua no caminho de integração, mantendo fixos os extremos, contanto que não passemos

[4]Se os caminhos C_1 e C_2 têm muitos pontos (número finito) em comum então a expressão dada continua válida. Isto segue aplicando o resultado obtido às porções C_1 e C_2 entre cada par de pontos consecutivos de intersecção.

por um ponto onde $f(z)$ não é analítica. O valor da integral não mudará com tal deformação do caminho. Isto consiste no chamado princípio de deformação de caminho.

Enfim, para concluirmos esta seção vamos discutir o teorema de Cauchy para domínios multiplamente conexos.

Recordando a definição de domínios simplesmente conexos, vemos que é intuitivo que um domínio multiplamente conexo pode ser convenientemente cortado, de modo que o domínio resultante, que chamamos $D^\star$, torne-se simplesmente conexo. Note que o domínio $D^\star$ não possui naturalmente pontos de corte ou cortes. No caso de um domínio duplamente conexo $D^\star$, necessitamos de um corte, $\tilde{C}$, como na Figura 3.9, para transformá-lo em um domínio simplesmente conexo.

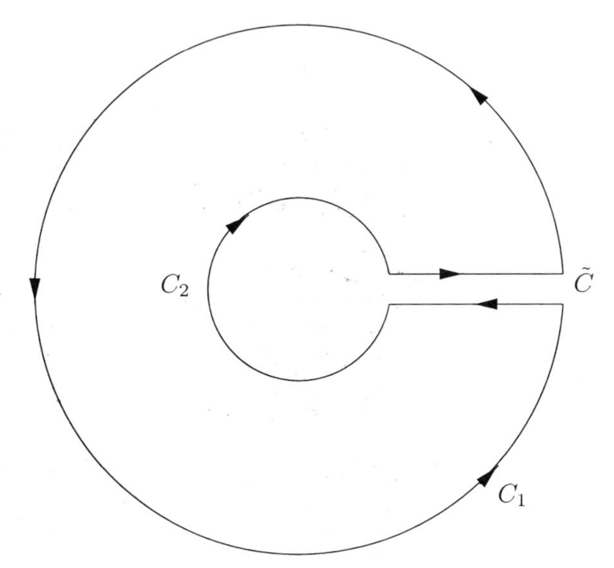

Figura 3.9: Domínio simplesmente conexo.

Se $f(z)$ é analítica em $D^\star$ e em cada ponto de C_1 e C_2 então, desde que C_1, C_2 e $\tilde{C}$ limitam um domínio simplesmente conexo, segue do teorema de Cauchy, que a integral de $f(z)$ tomada sobre C_1, $\tilde{C}$ e C_2, no sentido indicado tem valor zero. Desde que, integrando ao longo de $\tilde{C}$ em ambas as direções as integrais correspondentes se cancelam, obtemos

$$\int_{C_1} f(z)dz + \int_{C_2} f(z)dz = 0,$$

onde uma curva é tomada no sentido anti horário e a outra no sentido oposto. Invertendo o sentido de integração de uma das curvas podemos escrever

$$\int_{C_1} f(z)dz = \int_{C_2} f(z)dz$$

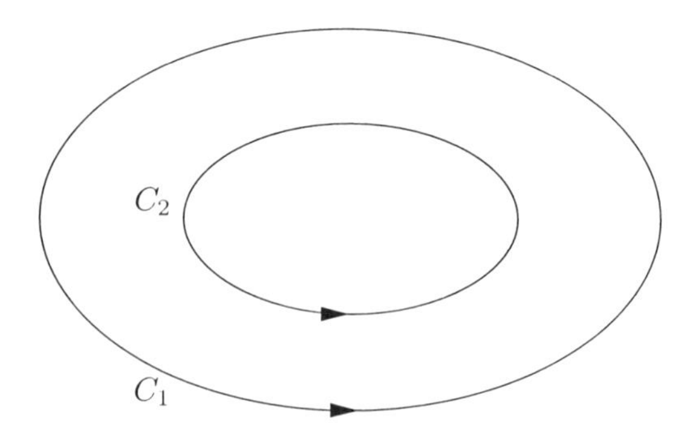

Figura 3.10: Orientação do sentido de percurso.

onde C_1 e C_2 são, agora, tomados no mesmo sentido, conforme Figura 3.10.

Lembramos que esta expressão vale quando $f(z)$ é uma função analítica no domínio[5] limitado por C_1 e C_2 e em cada ponto de C_1 e C_2.

Resolução da Questão Notamos que no item (a) o contorno considerado é uma circunferência centrada na origem com raio 1/2. Os zeros do denominador, isto é, os pontos que anulam o denominador são $z = 4$ e $z = -4$, e ambos estão fora do contorno.
O teorema de Cauchy [ver item (b) abaixo] fornece então

$$\oint_C \frac{3z+4}{z^2-16} dz = 0.$$

Para o item (b), o contorno continua sendo uma circunferência, ainda centrada na origem porém com raio 2. Logo, $z = 4$ e $z = -4$, pontos que anulam o denominador, estão fora de D.
Utilizando frações parciais, podemos escrever

$$\oint_C \frac{3z+4}{z^2-16} dz = 2\oint_C \frac{dz}{z-4} + \oint_C \frac{dz}{z+4}$$

e, pelo teorema de Cauchy

$$\oint_C \frac{3z+4}{z^2-16} dz = 0.$$

Note que apesar de as circunferências terem raios distintos, o importante é que tanto no item (a) quanto no item (b) os zeros do denominador encontram-se na parte exterior ao contorno.

[5] Para domínios mais complicados necessitamos de mais de um corte, porém a idéia é a mesma.

3.3 Existência da integral indefinida

Questão Mostre que
$$\int_C \frac{dz}{z} = \frac{\pi i}{2}$$
onde $C: z(t) = \mathrm{e}^{it}, 0 \le t \le \pi/2$.

A existência da integral indefinida é mais uma aplicação do teorema integral de Cauchy e está relacionada com o cálculo de integrais de linha por integração indefinida e substituição dos limites de integração,

$$\int_{z_0}^{z_1} f(z)dz = F(z_1) - F(z_0)$$

onde $F(z)$ é uma integral indefinida de $f(z)$ isto é $F'(z) = f(z)$.

Teorema 4. Se $f(z)$ é analítica num domínio simplesmente conexo, então existe uma primitiva $F(z)$ de $f(z)$ em D, que é analítica em D e satisfaz[6] $F'(z) = f(z)$.

Demonstração. As condições do teorema integral de Cauchy estão satisfeitas. Logo, a integral de linha de $f(z)$ de qualquer z_0, em D, até qualquer z, em D, é independente do caminho em D. Mantendo z_0 fixo, a integral permanece uma função de z que vamos denotar por $F(z)$, então

$$F(z) = \int_{z_0}^{z} f(\xi)d\xi.$$

Vamos mostrar que $F(z)$ é analítica e que $F'(z) = f(z)$. Para tal vamos considerar o seguinte quociente

$$\begin{aligned} \frac{F(z+\Delta z) - F(z)}{\Delta z} &= \frac{1}{\Delta z}\left\{\int_{z_0}^{z} f(\xi)d\xi - \int_{z_0}^{z+\Delta z} f(\xi)d\xi\right\} \\ &= \frac{1}{\Delta z}\int_{z}^{z+\Delta z} f(\xi)d\xi. \end{aligned}$$

Subtraímos $f(z)$ deste quociente e vamos mostrar que a expressão obtida vai a zero quando $\Delta z \to 0$; o que se segue pela continuidade de $f(z)$ que por sua vez é uma conseqüência da analiticidade de $f(z)$.

Mantemos z fixo e escolhemos $z+\Delta z$ de maneira que o segmento com extremos em z e $z+\Delta z$ está em D. Isto é possível desde que D seja um domínio que contenha

[6]Esta primitiva pode ser usada para calcular integrais de linha deste tipo.

uma vizinhança de z. Vamos subtrair $f(z)$ que é uma constante, visto que estamos mantendo z fixo, logo

$$\int_z^{z+\Delta z} f(\xi)d\xi = f(z)\int_z^{z+\Delta z} d\xi = f(z)\Delta z$$

assim que

$$f(z) = \frac{1}{\Delta z}\int_z^{z+\Delta z} f(\xi)d\xi.$$

O quociente toma a seguinte forma

$$\frac{F(z+\Delta z)-F(z)}{\Delta z} - f(z) = \frac{1}{\Delta z}\int_z^{z+\Delta z} [f(\xi)-f(z)]d\xi,$$

e como $f(z)$ é analítica, a continuidade está assegurada.

Então, sendo dado um $\epsilon > 0$ podemos encontrar um $\delta > 0$ tal que

$$|f(\xi) - f(z)| < \epsilon \qquad \text{quando} \qquad |\xi - z| < \delta.$$

Conseqüentemente, sendo $|\Delta z| < \delta$ temos que

$$\left|\frac{F(z+\Delta z)-F(z)}{\Delta z} - f(z)\right| = \frac{1}{|\Delta z|}\left|\int_z^{z+\Delta z} [f(\xi)-f(z)]d\xi\right| \leq$$

$$\leq \frac{1}{|\Delta z|}\epsilon|\Delta z| = \epsilon,$$

isto é, pela definição do limite e da derivada

$$F'(z) = \lim_{\Delta z\to 0}\frac{F(z+\Delta z)-F(z)}{\Delta z} = f(z).$$

Ora, desde que z é um ponto qualquer em D, isto prova que $F(z)$ é analítica em D e é uma primitiva (ou antiderivada) de $f(z)$ em D, ou seja

$$F(z) = \int f(z)dz,$$

que é o resultado desejado. □

Resolução da Questão Temos $z(t) = \mathrm{e}^{it}$ logo $\dot{z}(t) = i\,\mathrm{e}^{it}\,dt$ de onde

$$\int_C \frac{dz}{z} = \int_0^{\pi/2} i\frac{\mathrm{e}^{it}}{\mathrm{e}^{it}}dt = \frac{\pi}{2}i$$

ou ainda, integrando diretamente,

$$\int_C \frac{dz}{z} = \ln z\,\Big|_{z_0}^{z_1} = \ln \mathrm{e}^{it}\,\Big|_0^{\pi/2} = \frac{\pi}{2}i.$$

3.4 Fórmula integral de Cauchy

Esta talvez seja a conseqüência mais importante do teorema integral de Cauchy. Tal fórmula é a chave para o cálculo de várias integrais e serve, também, para provar que uma função analítica admite derivadas de qualquer ordem.

Questão Integre a função

$$f(z) = \frac{1}{2\pi i} \frac{\operatorname{tg} z}{z^2 - 1}$$

numa circunferência C orientada no sentido anti-horário, centrada na origem com raio igual a $3/2$ ou seja $|z| = 3/2$.

Antes de apresentarmos uma solução para este problema devemos discutir a chamada fórmula integral de Cauchy, que será introduzida pelo seguinte teorema:

Teorema 5. Seja $f(z)$ uma função analítica[7] num domínio D, simplesmente conexo. Então, para qualquer ponto z_0, em D, e qualquer caminho fechado simples C, em D, que encerra z_0 temos

$$\oint_C \frac{f(z)}{z - z_0} dz = 2\pi i \, f(z_0)$$

onde a integração é tomada no sentido anti-horário.

Demonstração. Vamos substituir $f(z)$ na expressão anterior por

$$f(z_0) + [f(z) - f(z_0)]$$

onde $f(z_0)$ é constante. Então, podemos escrever

$$\oint_C \frac{f(z)}{z - z_0} dz = f(z_0) \oint_C \frac{dz}{z - z_0} + \oint_C \frac{f(z) - f(z_0)}{z - z_0} dz.$$

Como já vimos, a primeira integral do lado direito é igual a $2\pi i$ e resta-nos mostrar que a segunda das integrais no segundo membro é nula.

O integrando da segunda integral do lado direito da expressão anterior é uma função analítica exceto em $z = z_0$. Pelo princípio da deformação do caminho podemos substituir a circunferência C por uma pequena circunferência C_0 de raio ρ e centro em z_0 sem que alteramos o valor da integral. Como $f(z)$ é analítica, ela é contínua, daí para um dado $\epsilon > 0$ podemos encontrar um $\delta > 0$ tal que

$$|f(z) - f(z_0)| < \epsilon \quad \text{para todo} \quad z \quad \text{em} \quad |z - z_0| < \delta.$$

Escolhendo o raio ρ de C_0 menor que δ podemos escrever

$$\left| \frac{f(z) - f(z_0)}{z - z_0} \right| < \frac{\epsilon}{\rho}$$

[7]Se a função $f(z)$ não é uma função analítica ver ref. [11].

em cada ponto de C_0. Ora, o comprimento de C_0 é $2\pi\rho$ logo

$$\left|\oint_{C_0} \frac{f(z) - f(z_0)}{z - z_0} dz\right| < \frac{\epsilon}{\rho} 2\pi\rho = 2\pi\epsilon.$$

Desde que $\epsilon > 0$ pode ser escolhido arbitrariamente pequeno, segue-se que a última integral do lado esquerdo é nula e o teorema está provado. □

No caso em que temos um domínio multiplamente conexo podemos manipulá-lo como visto anteriormente. Por exemplo, para o caso duplamente conexo, fazemos como mostrado na Figura 3.11.

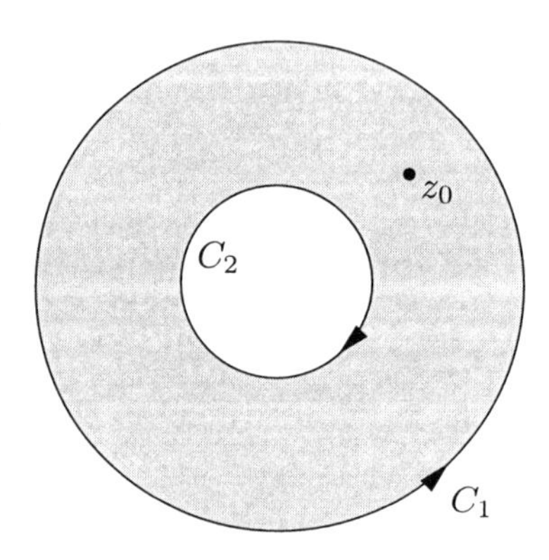

Figura 3.11: Domínio duplamente conexo.

Se $f(z)$ é analítica em C_1 e C_2 e seu domínio é a parte sombreada da figura, limitada por C_1 e C_2, e z_0 é um ponto qualquer do domínio, então

$$f(z_0) = \frac{1}{2\pi i} \oint_{C_1} \frac{f(z)}{z - z_0} dz + \frac{1}{2\pi i} \oint_{C_2} \frac{f(z)}{z - z_0} dz$$

onde a primeira integral é tomada no sentido anti-horário e a segunda integral, em C_2, é tomada no sentido horário, exatamente como quando discutimos o princípio da independência do caminho.

Resolução da Questão A função

$$f(z) = \frac{1}{2\pi i} \frac{\mathrm{tg} z}{z^2 - 1}$$

não é analítica para $z = \pm\frac{\pi}{2}, \pm\frac{3\pi}{2}, \cdots$ nem para $z = \pm 1$.

Note-se que os pontos em que tg z não é analítica estão todos fora do seu domínio. Vamos, então, reescrever $f(z)$, utilizando frações parciais, e aí aplicar o resultado do Teorema 5 para cada uma das frações. Escrevemos então,

$$-\frac{\text{tg}z}{z^2-1} = \frac{1}{2}\left(\frac{\text{tg}z}{z+1} - \frac{\text{tg}z}{z-1}\right).$$

Assim, para as integrais podemos escrever

$$\begin{aligned}\frac{1}{2\pi i}\oint_C \frac{\text{tg}z}{z^2-1}dz &= \tfrac{1}{2}\left(\frac{1}{2\pi i}\oint_C \frac{\text{tg}z}{z-1}dz - \frac{1}{2\pi i}\oint_C \frac{\text{tg}z}{z+1}dz\right) = \\ &= \frac{1}{2}\frac{1}{2\pi i}2\pi i[\text{tg}1 - \text{tg}(-1)] = \text{tg}1.\end{aligned}$$

3.5 Derivadas de funções analíticas

Questão Calcule a seguinte integral

$$\oint_C \frac{z^4 - 3z^2 + 6}{(z+i)^3}dz$$

onde C é um contorno que contém no seu interior o ponto $z = -i$ e é tomado no sentido anti-horário.

O fato de uma função real de uma variável real ser diferenciável não implica na existência de derivadas de ordem superior. Mostraremos que no caso das funções analíticas é exatamente isto que ocorre, isto é, se uma função analítica possui a derivada de primeira ordem em D, segue-se a existência das derivadas de todas as ordens, em D. Tal fato decorre do seguinte teorema:

Teorema 6. Se $f(z)$ é uma função analítica num domínio D então ela tem derivadas de todas as ordens em D, que também são funções analíticas em D. Os valores destas derivadas, num ponto $z = z_0$, são dados pelas seguintes expressões

(i) $$f'(z_0) = \frac{1}{2\pi i}\oint_C \frac{f(z)}{(z-z_0)^2}dz,$$

(ii) $$f''(z_0) = \frac{2!}{2\pi i}\oint_C \frac{f(z)}{(z-z_0)^3}dz$$

e, em geral,

$$f^{(n)}(z_0) = \frac{n!}{2\pi i}\oint_C \frac{f(z)}{(z-z_0)^{n+1}}dz$$

com $n = 1, 2, \ldots$ onde C é qualquer caminho fechado simples em D que encerre z_0 do qual a região interior está contida em D e é integrado no sentido anti-horário ao longo de C.

Demonstração. Vamos, primeiramente, provar (i). Começamos com a definição

$$f'(z_0) = \lim_{h \to 0} \frac{f(z_0 + h) - f(z_0)}{h}$$

e, utilizando a fórmula integral de Cauchy, podemos escrever para o quociente

$$\begin{aligned} \frac{f(z_0 + h) - f(z_0)}{h} &= \frac{1}{2\pi i h}\left[\oint_C \frac{f(z)}{z - (z_0 + h)} dz - \oint \frac{f(z)}{z - z_0} dz\right] = \\ &= \frac{1}{2\pi i} \oint_C \frac{f(z)}{(z - z_0 - h)(z - z_0)} dz \end{aligned}$$

com $h = z - z_0$, onde C é um contorno como dado na Figura 3.12.

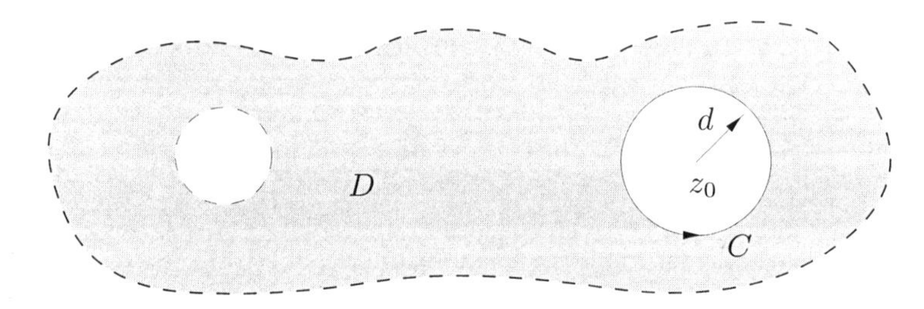

Figura 3.12: Contorno para o teorema das derivadas.

Ora, tomando o limite $h \to 0$ obtemos formalmente o segundo membro de (i). Para ver isto, consideramos a diferença entre as duas integrais como abaixo

$$\oint_C \frac{f(z)}{(z - z_0 - h)(z - z_0)} dz - \oint_C \frac{f(z)}{(z - z_0)^2} dz = \oint_C \frac{h f(z)}{(z - z_0 - h)(z - z_0)^2} dz$$

de onde vemos que quando $h \to 0$ a diferença se aproxima de zero.

Sendo analítica, a função $f(z)$ é contínua em C, e portanto limitada em valor absoluto, digamos, $|f(z)| \leq M$. Seja d a menor distância de z_0 a um ponto de C, como na Figura 3.12. Então, para todo $|z|$ em C temos

$$|z - z_0|^2 \geq d^2 \quad \text{daqui} \quad \frac{1}{|z - z_0|^2} \leq \frac{1}{d^2}.$$

Ainda mais, se $|h| \leq d/2$ então para todo z sobre C temos

$$|z - z_0 - h| \geq \frac{d}{2} \quad \text{daqui} \quad \frac{1}{|z - z_0 - h|} \leq \frac{2}{d}.$$

Então, temos para a integral

$$\left| \oint_C \frac{h\,f(z)}{(z-z_0-h)(z-z_0)^2} dz \right| \leq M\,|h|\,\frac{2}{d}\frac{1}{d^2}$$

que vai a zero quando $h \to 0$.

Para mostrar (ii) basta tomar $f'(z)$ no lugar de $f(z)$ e para a fórmula geral prova-se por indução. □

Antes de resolver a questão proposta, discutimos os teoremas de Morera (*1856 - Giacinto Morera - 1909*) e de Liouville (*1809 - Joseph Liouville - 1882*), que serão úteis mais adiante. Porém, antes de apresentar os teoremas, lembramos que é muito freqüente estimar o valor absoluto de uma integral complexa, como já foi feito por duas vezes. De uma maneira geral tal estimativa segue de uma fórmula básica. Esta é dada por

$$\left| \int_C f(z)dz \right| \leq ML$$

onde L é o comprimento de C e M é uma constante tal que $|f(z)| \leq M$ em todo C. Algumas vezes, a desigualdade acima é chamada desigualdade ML.

Passemos a discutir o teorema de Morera e logo após o teorema de Liouville.

Teorema 7. (Morera) Se $f(z)$ é contínua em um domínio D simplesmente conexo e se

$$\oint_C f(z)dz = 0$$

para todo caminho fechado C, em D, então $f(z)$ é analítica em D.

Demonstração. Já mostramos que se $f(z)$ é analítica em D então

$$F(z) = \int_{z_0}^{z} f(\xi)d\xi$$

é analítica em D e $F'(z) = f(z)$. Na prova deste resultado usamos somente a continuidade de $f(z)$ e a propriedade de que sua integral em torno de todo caminho fechado em D é zero; disto concluímos que $F'(z)$ é analítica. Pelo Teorema 6, a derivada de $F(z)$ é analítica, isto é, $f(z)$ é analítica em D, o que prova o teorema. □

Antes de discutirmos o teorema de Liouville, vamos verificar, como uma aplicação, a desigualdade ML para a fórmula da n-ésima derivada. Escolhendo-se o caminho C como sendo uma circunferência de raio r e centrada em z_0 temos

$$\left| f^{(n)}(z_0) \right| = \frac{n!}{2\pi} \left| \oint_C \frac{f(z)}{(z-z_0)^{n+1}} dz \right| = \frac{n!}{2\pi} M \frac{1}{r^{n+1}} 2\pi r$$

de onde, obtemos a chamada desigualdade de Cauchy

$$\left| f^{(n)}(z_0) \right| \leq \frac{n!M}{r^n}.$$

Teorema 8. (Liouville) Se uma função inteira, analítica em toda parte, $f(z)$ é limitada em valor absoluto para todo z, então $f(z)$ deve ser uma constante.

Demonstração. Do fato que $|f(z)|$ é limitada, consideramos $|f(z)| \leq k$ para todo z. Usando a desigualdade de Cauchy vemos que

$$|f'(z_0)| < \frac{k}{r}.$$

E, desde que é verdade para todo r, podemos tomar r bastante grande e concluir que $f'(z_0) = 0$. Visto que z_0 é arbitrário $f'(z) = 0$ para todo z de onde $f(z)$ é uma constante, o que prova o teorema. □

Finalizando este capítulo vamos resolver a questão proposta no início desta seção.

Resolução da Questão Tomando-se o contorno C de modo que contenha em seu interior o ponto $z = -i$ e utilizando-se a expressão (ii) para a derivada, podemos escrever

$$\oint_C \frac{z^4 - 3z^2 + 6}{(z+i)^3} dz = \pi i \frac{d^2}{dz^2}(z^4 - 3^2 + 6)\,|_{z=-i} = \pi i(12z^2 - 6)_{z=-i} = -18\pi i.$$

3.6 Exercícios

1. Mostre que $\displaystyle\int_0^{1+i} z^2\, dz = \frac{-2}{3} + \frac{2i}{3}$.

2. Mostre que $\displaystyle\frac{1}{2i}\int_{-\pi i}^{\pi i} \cos z\, dz = \text{senh}\pi$.

3. Encontre uma representação $z = z(t)$ dos segmentos com extremos dados por[8]

$$(a) \quad z = 0 \text{ e } z = 1 + 2i \qquad \text{e} \qquad (b) \quad z = -2 + i \text{ e } z = -2 + 4i.$$

4. Represente as curvas abaixo na forma $z = z(t)$, onde t é um parâmetro real:

$$(a) \quad |z - 1 + 2i| = 3 \qquad \text{e} \qquad (b) \quad 4(x-1)^2 + 9(y+2)^2 = 36.$$

5. Calcule $\int_C (z + z^{-1})dz$ onde C é uma circunferência de raio unitário e centrada na origem.

6. Calcule $\int_{1-i}^{1+i} \cos z\, dz$ ao longo de qualquer caminho.

[8]Sempre que não for dito o contrário, as orientações dos caminhos são tomados no sentido anti-horário, isto é, no sentido positivo.

7. Calcule $\int_C e^z\, dz$ onde C é um segmento de extremos 0 e $1 + \pi i/2$.

8. Calcule $\int_C \operatorname{Im}(z^2)dz$ de 0 até $2 + 4i$, ao longo

(a) do segmento $y = 2x$ de reta e (b) da parábola $y = x^2$

9. Calcule $\int_C \frac{dz}{\sqrt{z}}$ de 1 até -1 ao longo da semicircunferência: (a) superior $|z| = 1$ e (b) inferior $|z| = 1$, onde $\sqrt{z}$ é o valor principal da raiz quadrada.

10. Calcule $\int_C f(z)dz$ para

$$f(z) = \frac{1}{4z^4} + \frac{1}{2z^2} - \frac{1}{z} + 3z^4$$

com C uma circunferência tal que $|z| = 3$.

11. Calcule $\int_C f(z)dz$ onde

$$f(z) = \frac{1}{z-1} + \frac{2}{(z-1)^2}$$

e C é uma circunferência tal que $|z - 1| = 4$.

12. Qual deve ser um possível contorno C a fim de que

$$\oint_C \frac{e^{-z}}{z^5 - z}dz = 0\,?$$

13. Usando o princípio da deformação do caminho, mostre que

$$\int_C \frac{3z+5}{z^2+z}dz = 6\pi i$$

onde C é o contorno dado na Figura 3.13.

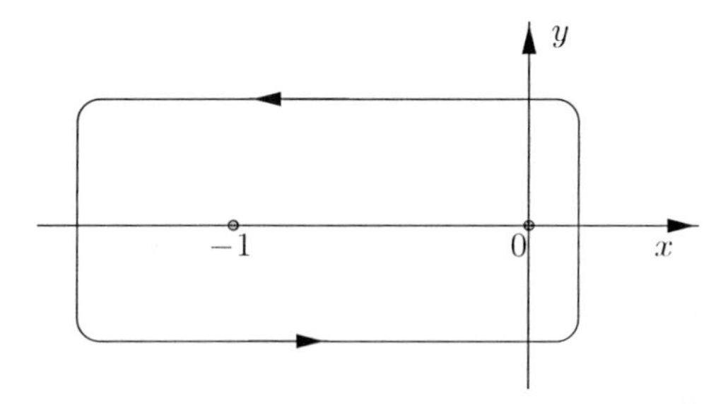

Figura 3.13: Contorno para a integral do Exercício 13.

14. Integre $f(z) = \overline{z}/|z|$ ao longo das circunferências: (a) $|z| = 2$ e (b) $|z| = 4$.

15. Pode o resultado em (b) do exercício anterior ser obtido de (a) pelo princípio da deformação do caminho? Justifique.

16. Calcule a integral

$$\oint_C \frac{z}{z^2+1}dz$$

ao longo dos seguintes caminhos: (a) $|z| = 2$ e (b) $|z+i| = 1$, no sentido positivo.

17. Considerando o contorno mostrado na Figura 3.14, calcule a seguinte integral:

$$\oint_C \frac{dz}{z^2-1}.$$

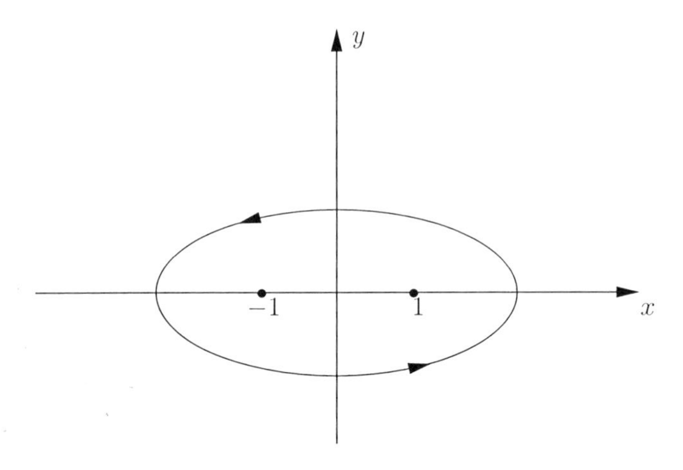

Figura 3.14: Contorno para a integral do Exercício 17.

18. Calcule a integral

$$\oint_C \frac{2z^3+z^2+4}{z^4+4z^2}dz$$

onde C é tal que $|z-2| = 4$

19. Calcule a integral $\oint_C \frac{e^z}{z}dz$ onde C é tal que: (a) $|z| = 2$ no sentido anti-horário e (b) $|z| = 1$ no sentido horário.

20. Calcule $\oint_C \text{Re}(z^2)dz$ onde C é o contorno do triângulo com vértices em 0, 2 e $2+i$.

21. Calcule $\oint_C \ln(1-z)dz$ onde C é o quadrado com vértices em $\pm 1/2$ e $\pm i/2$.

22. Calcule $\oint_C \text{Re}(z)dz$ onde C é a semi-circunferência superior de raio unitário e centrada na origem.

23. Calcule a integral $\oint_C \frac{dz}{z^2+4}$ onde C é a elipse $x^2 + 4(y-2)^2 = 4$.

24. Calcule $\oint_C \frac{2-\text{sen}\, z}{z^2-z}dz$ onde C é um retângulo com vértices $\pm i + 1/2$ e $\pm i - 1/2$.

25. Mostre que

$$\oint_C \frac{dz}{z-1-i} = 2\pi i$$

quando C é o contorno do quadrado $0 \leq x \leq 2$ e $0 \leq y \leq 2$.

26. Utilizando o contorno do exercício anterior, calcule

$$\oint_C (z-1-i)^{n-1} dz$$

onde $n = 1, 2, \ldots$.

27. Sendo C a circunferência $|z| = 3$ mostre que se

$$g(z) = \oint_C \frac{2\xi^2 - \xi - 1}{\xi - z} d\xi$$

onde $|z| \neq 3$, então $g(2) = 10\pi i$. Qual é o valor de $g(z)$ quando $|z| > 3$?

28. Mostre que quando $f(z)$ é uma função analítica e C é um contorno fechado simples e z_0 não está em C, então

$$\oint_C \frac{f'(z)}{z-z_0} dz = \oint_C \frac{f(z)}{(z-z_0)^2} dz.$$

29. Sendo C a circunferência $|z - i| = 3$ percorrida no sentido horário, calcule a integral

$$\oint_C \frac{z^2 - 3z + 4}{z^2 - 4z + 3} dz.$$

30. Sendo C o contorno de um quadrado ao longo das linhas $x = \pm 3$ e $y = \pm 3$, orientado no sentido positivo, calcule as integrais abaixo:

$$(a) \quad \oint_C \frac{\cos z}{z^3} dz \qquad \text{e} \qquad (b) \quad \oint_C \frac{z^2}{(z^2-10)(z-2)} dz.$$

31. Integre

$$\oint_C \frac{z^3 + \operatorname{sen} z}{(z-i)^3} dz$$

considerando C um triângulo com vértices em ± 2 e $2i$.

32. Integre

$$\oint_C \frac{e^{z^2}}{z(z-2i)^2} dz$$

onde o contorno C consiste em (i) um quadrado com vértices ± 3 e $\pm 3i$, orientado no sentido anti-horário e (ii) $|z| = 1$ no sentido horário.

33. Sendo C a circunferência unitária $z = \exp(i\theta)$ orientada de $\theta = -\pi$ a $\theta = \pi$, e k uma constante real qualquer, mostre que

$$\int_C \frac{e^{kz}}{z} dz = 2\pi i.$$

34. Utilizando o exercício anterior, escreva a integral em θ e mostre que

$$\frac{1}{\pi}\int_0^{\pi} \mathrm{e}^{k\,\cos\theta}\cos(k\,\mathrm{sen}\,\theta)d\theta = 1.$$

35. (i) Calcule a integral

$$\oint_C \frac{dz}{z^2+4}$$

ao longo do caminho $|z-i| = 2$, no sentido anti-horário. (ii) Calcule, com o mesmo contorno, a integral

$$\oint_C \frac{dz}{(z^2+4)^2}.$$

36. Seja C um caminho fechado. Calcule

$$\oint_C \frac{dz}{z^2+9}$$

quando: (i) os pontos $z = \pm 3i$ estão no interior de C, (ii) os pontos $z = \pm 3i$ estão no exterior de C e (iii) só o ponto $z = 3i$ está no interior de C.

37. Calcule a integral

$$\oint_{|z|=2} \frac{z\,\mathrm{e}^{z^2}}{(z-i)^2}dz.$$

38. Calcule a integral

$$\int_C |z|\,\overline{z}\,dz$$

onde C é o contorno fechado, orientado no sentido positivo, tal que: $|z| = 1$ no semi-plano superior e $-1 \le x \le 1$, $y = 0$.

39. Calcule a integral

$$\int_C \frac{dz}{\sqrt{z}}$$

para os seguintes contornos:

a) $|z| = 1, y \ge 0, \sqrt{1} = 1$
b) $|z| = 1, y \ge 0, \sqrt{1} = -1$
c) $|z| = 1, y \le 0, \sqrt{1} = 1$
d) $|z| = 1, \sqrt{1} = 1$
e) $|z| = 1, \sqrt{-1} = i$

40. (i) Calcule as derivadas

$$\frac{d^3}{dz^3}\left[\oint_C \frac{\mathrm{e}^{\xi^2}}{(\xi-z)^2}d\xi\right]$$

onde C é um caminho fechado contendo z em seu interior. (ii) Após a integração, substitua z por i, calculando a integral resultante.

Capítulo 4

Séries de Taylor e Laurent

No Capítulo 2 introduzimos o conceito de função holomorfa, enquanto que no capítulo anterior discutimos a integração no plano complexo. A partir de tais conceitos vamos, neste capítulo, introduzir as chamadas séries de Laurent, que representam funções complexas em certas regiões onde tais séries convergem.

O desenvolvimento de uma função analítica em série de Laurent é fundamental para o cálculo dos resíduos,[1] e este, por sua vez, é um conceito básico, por exemplo, no cálculo de várias integrais reais, que podem ser resolvidas a partir de integrais de certas funções analítica e contornos convenientemente escolhidos (vide Seção 6.1).

Como particularidade das séries de Laurent discutimos as chamadas singularidades essenciais e as removíveis. Também, a partir da série de Laurent, discutimos as singularidades chamadas pólos de uma função, uma vez que para este tipo de singularidade temos uma fórmula explícita para o cálculo do resíduo.

Antes de prosseguirmos, recordamos brevemente o conceito de convergência de seqüências de números complexos e os principais critérios de convergência. Fornecemos um breve resumo da teoria das séries de potências recordando as propriedades mais importantes para os nossos propósitos. Em seguida, estudamos as séries des de Taylor (*1685 - Brook Taylor - 1731*) e MacLaurin (*1689 - Colin MacLaurin - 1746*), bem como o conceito de convergência para séries complexas. Apresentamos alguns métodos para o cálculo de séries de potências, entre eles, método de substituição, método de integração, manipulações da série geométrica, método dos coeficientes indeterminados e o uso de uma equação diferencial ordinária.

Finalizamos o capítulo discutindo as séries de Laurent e o estudo das singularidades e zeros de uma função, associados a tais séries.

---

[1] Os resíduos serão discutidos no próximo capítulo.

4.1 Seqüências complexas

Começamos esta seção diferentemente das anteriores, isto é, sem propor uma questão específica, apresentando algumas definições e teoremas que nos serão úteis no decorrer do capítulo.

Definição 1. Uma seqüência de números complexos é uma aplicação $c : \mathbb{N} \to \mathbb{C}$. O número $c(n) \equiv c_n$ é dito o n-ésimo termo da série. Para simplificar a notação denotamos uma série complexa simplesmente por (c_n).

Definição 2. Dizemos que a seqüência (c_n) é limitada se existe uma constante $M > 0$ tal que $\forall n$ se tenha $|c_n| \leq M$.

Definição 3. Uma seqüência (c_n) converge para $b \in \mathbb{C}$, com $\lim_{n\to\infty} c_n = b$, se dado $\varepsilon > 0$ existe $N \in \mathbb{N}$ (N depende de ε) tal que para todo $n \geq N$ tem-se $|c_n - b| < \varepsilon$.

Definição 4. Uma seqüência (d_n) é uma subseqüência de uma seqüência (c_n) se existem $n_i \in \mathbb{N}$, $n_0 < n_1 < \ldots$ tais que $d_n = c_{n_k}$.

Teorema 1. Qualquer seqüência limitada em $\mathbb{C}$ possui uma subseqüência convergente.

Demonstração. Seja (c_n) tal que $|c_n| \leq M$, $\forall n$. É óbvio que qualquer seqüência complexa converge se, e somente se, as seqüências reais $(\operatorname{Re} c_n)$ e $(\operatorname{Im} c_n)$ forem convergentes. Assim, $|\operatorname{Re} c_n| \leq M$ é uma seqüência limitada em $\mathbb{R}$. Portanto, de um bem conhecido [13] resultado da teoria das seqüências reais existe $n_i \in \mathbb{N}$, $n_0 < n_1 < \ldots$ tal que a subseqüência $(\operatorname{Re} c_{n_i})$ converge. Por outro lado, a seqüência $(\operatorname{Im} c_n)$ também é limitada e assim, escolhendo-se $m_j \in \mathbb{N}$, $m_0 < m_1 < \ldots$ tais que $m_j = n_{k_i}$ resulta que $(\operatorname{Im} c_{n_j})$ é uma seqüência convergente. Como uma subseqüência de $(\operatorname{Re} c_{n_i})$ a seqüência $(\operatorname{Re} c_{m_j})$ é convergente. Assim, a seqüência (c_{m_j}) é uma subseqüência convergente de (c_n). □

Um corolário imediato do teorema acima é conhecido com o nome de teorema de Bolzano (*1781 - Bernard Bolzano - 1848*) - Weierstrass (*1815 - Karl Weierstrass - 1897*).

Teorema 2. (Bolzano-Weirstrass) Qualquer subconjunto $S \subset \mathbb{C}$ compacto e infinito possui um ponto de acumulação em S.

Demonstração. Da definição de compacto, S é limitado e fechado. Assim, selecionando-se uma seqüência (c_n) de pontos $c_n \in S$ distintos o teorema anterior garante que (c_n) possui uma subsqüência convergente. Se b é o ponto de acumulação desta subseqüência, b é um ponto de acumulação de S e como S é fechado ele contém b. □

Teorema 3. Seja $S \subset \mathbb{C}$ um compacto e seja $g : S \to \mathbb{C}$ uma função contínua. Então:

(i) Existe uma constante $M > 0$ tal que $|g(z)| \leq M$, $\forall z \in S$, i.e., g é limitada.

(ii) Existem $z_1, z_2 \in \mathbb{C}$ tais que $|g(z_1)| \leq |g(z)| \leq |g(z_2)|$, $\forall z \in S$, i.e., g atinge seu valor mínimo e seu valor máximo em S.

Não apresentamos a prova aqui, que é análoga ao caso real [13].

Recordamos que o critério mais importante para decidirmos se uma dada seqüência é ou não convergente é dada pelo seguinte teorema:

Teorema 4. (Cauchy) Uma seqüência (c_n) é convergente se, e somente se, dado $\varepsilon > 0$, existe $N \in \mathbb{N}$ tal que $\forall n, m \geq N$ tem-se $|c_m - c_n| < \varepsilon$ [2].

Definição 5. Dada uma seqüência numérica (c_n) designamos por (S_n) a seqüência das somas parciais de (c_n). Temos:

$$\begin{aligned} S_0 &= c_0, \\ S_1 &= S_0 + c_1, \\ &\vdots \quad \vdots \\ S_n &= S_{n-1} + c_n = \sum_{p=0}^{n} c_n. \end{aligned}$$

A seqüência (S_n) é dita uma série numérica associada a uma seqüência (c_n). Tal série é usualmente denotada também por $\sum_{p=0}^{n} c_n$.

Definição 6. Uma série numérica $\sum_{p=0}^{n} c_n$ é dita absolutamente convergente se a série $\sum_{p=0}^{n} |c_n|$ gerada pela seqüência $(|c_n|)$ for convergente.

A seguinte proposição desempenhará um papel importante no que se segue.

Proposição: Se a série $\sum_{p=0}^{n} c_n$ for absolutamente convergente, então ela é convergente.

A prova desta proposição é um exercício simples se se tem em mente o critério de Cauchy e deixamos a cargo do leitor.

[2]Este teorema de Cauchy é também conhecido como Princípio de Cauchy, ou critério de convergência de Cauchy. Sua demonstração pode ser encontrada na ref. [13].

4.2 Séries de potências

Questão Mostre que a série de potências

$$\frac{x}{1!} - \frac{x^3}{3!} + \frac{x^5}{5!} - \cdots \equiv \operatorname{sen} x$$

é convergente em uma certa região do plano complexo, dita região de convergência.

Chama-se série de potências a uma série do tipo

$$a_0 + a_1 z + a_2 z^2 + a_3 z^3 + \cdots$$

onde $a_0, a_1, a_2, \cdots$ são os coeficientes da série e são constantes quaisquer, reais ou complexas.

Uma das propriedades mais simples e mais importante de uma dada série de potências é que a região do plano complexo onde elas são convergentes é sempre um disco com centro na origem, com raio que pode variar (dependendo do caso) de zero ao infinito.

Mais precisamente, dada uma série do tipo anterior, existe sempre um número positivo ρ tal que $0 \leq \rho < \infty$ chamado raio de convergência da série, tal que esta resulta sempre convergente (absolutamente convergente) para cada z em módulo menor que ρ, enquanto nunca é convergente para $|z| > \rho$. Ainda mais, a mesma série converge uniformemente em cada domínio contido em $|z| < \rho$. Quanto ao comportamento da série sobre a circunferência $|z| = \rho$, que limita o disco de convergência, este deve ser estudado caso a caso.

Na Seção 4.4 definimos o que se entende por convergência uniforme de uma série de funções. Vamos ver então que as séries de potências são uniformemente convergentes em cada domínio D incluindo o contorno do domínio. Como conseqüência, estas séries são deriváveis e integráveis termo a termo no domínio D.

Resta-nos somente saber como calcular o raio de convergência e para tal temos o seguinte teorema devido a Cauchy e Hadamard (*1865 – Jacques Hadamard – 1963*).

Antes de prosseguirmos recordamos, para conveniência de nosso leitor, alguns resultados básicos sobre seqüências e séries de funções.

Teorema 5. O raio de convergência da série de potências

$$\sum_{n=1}^{\infty} a_n z^n$$

coincide com o inverso do limite superior da sucessão

$$|a_1|, \sqrt{|a_2|}, \sqrt[3]{|a_3|}, \ldots, \sqrt[n]{|a_n|}, \ldots$$

No caso em que este limite superior, isto é, o máximo do conjunto de pontos limites da sucessão, é nulo, o raio de convergência torna-se infinito, logo a série é convergente em todo o plano complexo.

Demonstração. De fato, para provarmos isto, seja L o limite superior, que por enquanto supomos não nulo, e z_0 um ponto qualquer do plano complexo tal que tenhamos

$$|z_0| < \frac{1}{L}.$$

Indiquemos com a letra r um número tal que $|z_0| < r < 1/L$. Observamos que, em conseqüência de $1/r > L$, somente um número finito de elementos da sucessão poderá ser maior que $1/r$, e, por isso, existirá certamente um número inteiro n_0 tal que $n > n_0$, sempre que

$$\sqrt[n]{|a_n|} \leq \frac{1}{r}.$$

Segue-se que para $n > n_0$ temos

$$|a_n z_0^n| = \left(\sqrt[n]{|a_n|}\, |z_0| \right)^n \leq \left(\frac{|z_0|}{r} \right)^n$$

porém, a série

$$\sum \left(\frac{|z_0|}{r} \right)^n$$

sendo uma série geométrica, compreendida entre zero e um, é convergente, por isso a série

$$\sum |a_n z_0^n|$$

convergirá, uma vez que para $n > n_0$ admite a série precedente, que é convergente, como majorante.

Se, por outro lado, temos

$$|z_0| > \frac{1}{L}$$

sendo agora $1/|z_0| < L$, existirão infinitos valores do índice n, digamos $n_1, n_2, n_3, \cdots$ tais que se tenha

$$\sqrt[n_k]{|a_{n_k}|} > \frac{1}{|z_0|}$$

e, conseqüentemente

$$|a_{n_k} z^{n_k}| > \frac{1}{|z_0|^{n_k}} |z_0|^{n_k} = 1.$$

É, portanto, impossível ter-se

$$\lim_{n \to \infty} |a_n z_0^n| = 0$$

como seria necessário para que a nossa série fosse convergente no ponto $z = z_0$.

Então, demonstramos que, supondo $L > 0$ a série dada é convergente, ou melhor, absolutamente convergente para $|z_0| < 1/L$ e não convergente (ou divergente) para $|z_0| > 1/L$, sendo o seu domínio de convergência o círculo com centro na origem e raio $\rho = 1/L$.

Quanto à convergência uniforme da série em cada domínio D, contido no disco de convergência $|z| < \rho$ é uma conseqüência do teorema de Weierstrass sobre convergência uniforme e absoluta de uma série de funções admitindo uma série de termos constantes como majorante e será discutida mais adiante.

Então, dado z_0 um ponto qualquer do plano tal que se tenha

$$\Delta < z_0 < \rho$$

onde Δ indica o máximo de $|z|$ no domínio D; em todo D temos

$$|a_n z^n| < |a_n z_0^n|$$

logo a série de potências admite como majorante a série de termos constantes

$$\sum |a_n z_0^n|$$

que é convergente porque, por hipótese, $|z_0| < \rho$.

Finalmente, se $L = 0$, isto é, se a sucessão tivesse como seu único ponto limite o zero, o que acontece se e só se

$$\lim_{n \to \infty} \sqrt[n]{|a_n|} = 0,$$

então, sendo z_0 um ponto qualquer do plano complexo, η um número positivo menor que $1/|z_0|$ e n_0 inteiro tal que para $n > n_0$ tenhamos sempre

$$\sqrt[n]{|a_n|} \leq \eta$$

de onde

$$|a_n z_0^n| \leq (\eta |z_0|)^n$$

o que, tendo em conta que $\eta |z_0| < 1$, leva a série a ser convergente em z_0. Por isso, neste caso, a série é convergente em toda a parte.

Se, pelo menos de um certo n para a frente, $a_n \neq 0$ e existe o limite

$$\lim_{n \to \infty} \frac{|a_n|}{|a_{n+1}|}$$

este será o raio de convergência da série $\sum a_n z^n$.

De fato, se indicamos por λ o limite anterior podemos escrever

$$\lim_{n \to \infty} \sqrt[n]{|a_n|} = \frac{1}{\lambda}$$

o que prova o teorema. □

Exemplo: As séries dadas a seguir

$$\sum_{n=0}^{\infty} z^n; \qquad \sum_{n=0}^{\infty} \frac{z^n}{n!}; \qquad \sum_{n=0}^{\infty} n!z^n;$$

têm como raios de convergência, respectivamente, um, infinito e zero. Certifique-se.

Do teorema de Cauchy-Hadamard segue que a série obtida derivando-se termo a termo uma série de potências tem o mesmo raio de convergência da série primitiva. É por isso que derivando (ou integrando) termo a termo a série, quantas vezes quisermos, obtemos novas séries de potências, todas com o mesmo raio de convergência.[3]

Então, concluindo, uma série de potências define, no interior do disco de convergência, uma função analítica regular, derivável (ou integrável) termo a termo quantas vezes se desejar.

Resolução da Questão A série de potências

$$\frac{x}{1!} - \frac{x^3}{3!} + \frac{x^5}{5!} - \cdots (-1)^n \frac{x^{2n+1}}{(2n+1)!} \cdots$$

pode ser escrita como

$$\sum_{k=0}^{\infty} (-1)^k \frac{x^{2k+1}}{(2k+1)!}$$

de onde temos que

$$a_k = \frac{(-1)^k}{(2k+1)!}$$

logo

$$\lim_{k\to\infty} \frac{1/(2k+1)!}{1/(2k+3)!} = \lim_{k\to\infty} (2k+3)(2k+2) = \infty$$

ou seja, o raio de convergência é infinito, logo a série converge para todo x.

4.3 Séries de Taylor

Questão Mostre que para $|z| < 1$ tem-se

$$\frac{1}{2} \ln\left(\frac{1+z}{1-z}\right) = z + \frac{z^3}{3} + \frac{z^5}{5} + \cdots$$

[3] Ver, por exemplo, ref. [10].

Por meio do Teorema 6 vamos discutir o seguinte resultado: toda função analítica pode ser representada pela chamada série de Taylor associada à função $f(z)$.

Teorema 6. Se a circunferência C de centro z_0 está contida numa região C', conforme Figura 4.1, na qual a função $f(z)$ é analítica, esta possui todas as derivadas de qualquer ordem $m, m = 1, 2 \ldots$ e é representável na região interna à circunferência mediante uma série de potências de $z - z_0$, então

$$f(z) = \sum_{n=0}^{\infty} \frac{f^{(n)}(z_0)}{n!}(z - z_0)^n$$

onde o contorno de C é excluído.

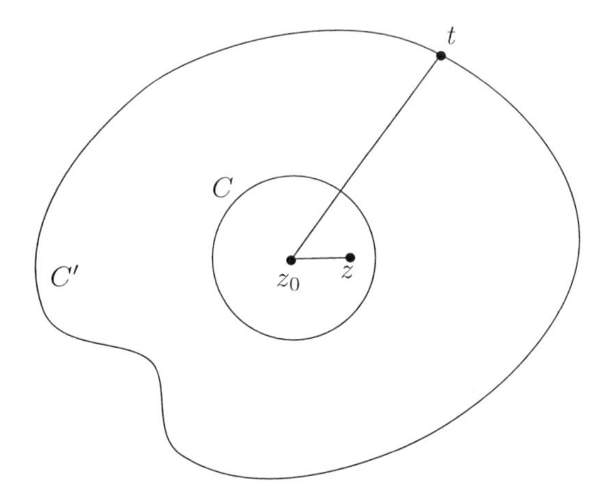

Figura 4.1: Expansão em Série de Taylor

Em analogia com o termo usado no caso das funções de variáveis reais, chamamos a série anterior de série de Taylor da função $f(z)$ no ponto z_0.[4]

Demonstração. Para demonstrar este teorema, vamos reduzir a função $f(z)$ à seguinte função $1/(t - z)$, onde t é tomado sobre o contorno, mediante a fórmula de Cauchy. Primeiramente, observamos que

$$\frac{1}{t - z} = \frac{1}{t - z_0}\left(1 - \frac{z - z_0}{t - z_0}\right)^{-1}$$

e, por outro lado, lembrando da fórmula da soma de uma série geométrica

$$\frac{1}{1 - x} = 1 + x + x^2 + \cdots \qquad |x| < 1$$

[4]Expansão em torno de um ponto regular z_0, o qual será definido mais adiante.

temos, em nosso específico caso,

$$\left|\frac{z-z_0}{t-z_0}\right| < 1$$

isto é, $|t-z_0| > |z-z_0|$, logo, podemos escrever

$$\left(1-\frac{z-z_0}{t-z_0}\right)^{-1} = 1+\frac{z-z_0}{t-z_0}+\left(\frac{z-z_0}{t-z_0}\right)^2+\cdots = \sum_{n=0}^{\infty}\left(\frac{z-z_0}{t-z_0}\right)^n.$$

Ora, sendo C o contorno em C', para z dentro da circunferência, contorno excluído, temos, em virtude da fórmula de Cauchy, a seguinte expressão

$$f(z) = \frac{1}{2\pi i}\oint_C \frac{f(t)}{t-z}dt = \frac{1}{2\pi i}\oint_C \frac{1}{t-z_0}\sum_{n=0}^{\infty}\left(\frac{z-z_0}{t-z_0}\right)^n f(t)dt$$

e, visto que a série geométrica converge uniformemente, podemos integrar termo a termo, e levando em conta que

$$f^{(n)}(z) = \frac{n!}{2\pi i}\oint_C \frac{f(t)}{(t-z)^{n+1}}dt,$$

com $n = 0, 1, 2, 3, \cdots$, podemos escrever

$$f(z) = \sum_{n=0}^{\infty}(z-z_0)^n \frac{1}{2\pi i}\oint_C \frac{f(t)}{(t-z_0)^{n+1}}dt = \sum_{n=0}^{\infty}\frac{f^{(n)}(z_0)}{n!}(z-z_0)^n,$$

e o teorema está provado. □

Este teorema fundamental deixa claro o significado do raio de convergência r da série de Taylor de uma função $f(z)$ em um ponto z_0, a saber, que r não é nada mais que a distância mínima de z_0 aos pontos singulares[5] da função.

Para vermos isso começamos mostrando que: sendo δ o extremo inferior das distâncias dos pontos singulares da função até z_0, temos necessariamente que $\delta = r$. De fato, se tivéssemos $\delta > r$ poderíamos construir uma circunferência C com centro em z_0 de raio maior que r, por outro lado, se tivéssemos $\delta < r$ pelo menos um ponto singular deveria estar no interior do círculo de convergência, contrariando o que estabelece o teorema de Taylor.

Vamos ver agora que δ não é só o extremo inferior das distâncias dos pontos singulares a z_0, é o seu mínimo, isto é, sobre a fronteira do disco de convergência de uma série de potências deve estar pelo menos um ponto singular da função, por esta definida.

De fato, se os pontos da fronteira γ do disco de convergência fossem todos pontos de analiticidade da função $f(z)$, denotando um dos pontos de γ por ξ, a

[5]Tais pontos serão discutidos adiante.

função teria um desenvolvimento em séries de potências de $z-\xi$, convergente para um círculo C_ξ, com centro no ponto $z=\xi$, cujo raio indicamos por $r(\xi)$. Levando em conta que $r(\xi)$ pode ser identificado com o extremo inferior das distâncias dos pontos singulares de $f(z)$ à ξ, é evidente que $r(\xi)$ é uma função contínua de ξ ou do arco da circunferência γ sobre o qual ξ pode se mover. Porém, pelo teorema de Weierstrass[6] que afirma que: cada função contínua em um domínio fechado e limitado alcança tanto o seu extremo inferior (que por isso torna-se um mínimo) quanto o seu extremo superior (máximo); temos que, o extremo inferior, digamos η de $r(\xi)$ sobre γ, deve coincidir com o valor de $r(\xi)$ em um certo ponto ξ_0 de γ.

Então, ao variar ξ, os círculos de convergência C_ξ cobrem ao menos toda a coroa circular compreendida entre γ e a circunferência concêntrica γ' de raio $r+\eta$ e por isso a função$f(z)$ é regular também dentro de γ' e, pelo teorema do desenvolvimento em série, tal implica que o seu desenvolvimento em série de potências de $z-z_0$ deveria ter como raio de convergência pelo menos $r+\eta$, enquanto foi suposto que o raio é r. Da contradição resultante de termos suposto que todos os pontos de γ fossem regulares para a função $f(z)$, conclui-se que entre esses deve existir pelo menos um ponto singular da função em questão.

Finalmente, notamos que o desenvolvimento em série de Taylor é único, isto é, se uma função $f(z)$ pode ser desenvolvida em série de Taylor, em torno de um ponto z_0, mediante uma série de potências do tipo

$$f(z)=a_0+a_1(z-z_0)+a_2(z-z_0)^2+\cdots$$

esta é necessariamente a série de Taylor, ou seja os coeficientes são dados por

$$a_n=\frac{1}{n!}f^{(n)}(z_0).$$

De fato, sendo a série de potências derivável termo a termo, quantas vezes se desejar, obtemos

$$f^{(n)}(z)=n!a_n+\frac{(n+1)!}{1!}a_{n+1}(z-z_0)+\frac{(n+2)!}{2!}a_{n+2}(z-z_0)^2+\cdots$$

Colocando $z=z_0$ obtemos exatamente a expressão para os coeficientes.

Por outro lado, quando $z_0=0$, isto é, desenvolvimento em torno do ponto $z=0$, série de MacLaurin, obtemos a seguinte expressão:

$$f^{(n)}(z)=n!a_n+\frac{(n+1)!}{1!}a_{n+1}(z)+\frac{(n+2)!}{2!}a_{n+2}(z)^2+\cdots$$

que, para $z=0$, fornece a expressão para os coeficientes

$$a_n=\frac{1}{n!}f^{(n)}(0).$$

[6] Ver, por exemplo, ref. [10].

Resolução da Questão Como um caso particular do desenvolvimento em série de Taylor encontramos o desenvolvimento em série de MacLaurin, isto é, se consideramos $z_0 = 0$ no desenvolvimento de Taylor obtemos o chamado desenvolvimento em série de MacLaurin. Então, expandindo numa série de MacLaurin a função $f(z) = \ln(1+z)$, obtemos

$$\ln(1+z) = z - \frac{z^2}{2} + \frac{z^3}{3} - \cdots \qquad |z| < 1.$$

Substituindo nesta expressão z por $-z$ e multiplicando ambos os membros da expressão assim obtida por -1, podemos escrever

$$-\ln(1-z) = z + \frac{z^2}{2} + \frac{z^3}{3} + \cdots \qquad |z| < 1.$$

Lembrando que estas séries são uniformemente convergentes, adicionamos as duas últimas expressões e rearrajando os termos podemos escrever

$$\frac{1}{2}\ln\left(\frac{1+z}{1-z}\right) = z + \frac{z^3}{3} + \frac{z^5}{5} + \cdots$$

que é o resultado desejado.

Antes de discutirmos a convergência uniforme, vamos apresentar alguns métodos práticos para a obtenção e cálculo das séries de potências, através de alguns exemplos.

4.3.1 Métodos práticos para o cálculo de séries de potências

Em muitos casos a determinação dos coeficientes da série de Taylor através do teorema de Taylor pode se tornar muito trabalhosa. Discutimos, por meio de exemplos específicos, alguns métodos práticos para determinar estes coeficientes e, com isso, calcular a respectiva série de potências.

Método de substituição

Este método nos leva, através de uma substituição de variáveis conveniente à série geométrica, cuja expansão é conhecida.

- Expandir a função $f(z) = (1+z^2)^{-1}$ em uma série de MacLaurin.

Aqui, neste exemplo, substituímos z por $-z^2$ na série geométrica de onde obtemos, para $|z| < 1$,

$$\begin{aligned} \frac{1}{1+z^2} = \frac{1}{1-(-z^2)} &= \sum_{k=0}^{\infty}(-z^2)^k = \sum_{k=0}^{\infty}(-1)^k z^{2k} \\ &= 1 - z^2 + z^4 - z^6 + \cdots \end{aligned}$$

Método da integração

A partir de um resultado conhecido, integramos entre dois extremos convenientes de modo a obter o resultado desejado.

- Obtenha a série de MacLaurin de $f(z) = \operatorname{arctg} z$.

Integrando-se a função discutida no método anterior, de zero até z e lembrando que $\operatorname{arctg} 0 = 0$ obtemos

$$\operatorname{arctg} z = \sum_{k=0}^{\infty} \frac{(-1)^k}{2k+1} z^{2k+1} = z - \frac{z^3}{3} + \frac{z^5}{5} - \cdots$$

com $|z| < 1$, que representa o valor principal de w$=u + iv = \operatorname{arctg} z$ definido para $|u| < \pi/2$.

Manipulações da série geométrica

Através de manipulações convenientes, conduzir a respectiva função naquela que tem a representação dada pela série geométrica.

- Expandir $f(z) = (c - bz)^{-1}$ em série de Taylor em torno do ponto $z = a$ sabendo-se que $c - ab \neq 0$ e $b \neq 0$.

A partir da identidade

$$\frac{1}{c-bz} = \frac{1}{c-ab-b(z-a)} = \frac{1}{c-ab}\left[1 - \frac{b(z-a)}{c-ab}\right]^{-1}$$

e utilizando a série geométrica, podemos escrever

$$\frac{1}{c-bz} = \frac{1}{c-ab}\sum_{k=0}^{\infty}\left[\frac{b(z-a)}{c-ab}\right]^k = \sum_{k=0}^{\infty}\frac{b^k}{(c-ab)^{k+1}}(z-a)^k =$$

$$= \frac{1}{c-ab} + \frac{b}{(c-ab)^2}(z-a) + \frac{b^2}{(c-ab)^3}(z-a)^2 + \cdots$$

que é o resultado desejado. É de se notar que tal série converge se, e somente se,

$$\left|\frac{b(z-a)}{c-ab}\right| < 1 \quad \text{ou seja} \quad |z-a| < \left|\frac{c-ab}{b}\right| = \left|\frac{c}{b} - a\right|.$$

Método da série do binômio

Aqui, em analogia ao caso precedente, conduzimos a função a ser expandida naquela do binômio.

- Encontre o desenvolvimento em série de Taylor da seguinte função

$$f(z) = \frac{2z^2 + 9z + 5}{z^3 + z^2 - 8z - 12}$$

com centro em $z = 1$.

Dada uma função racional, podemos representá-la como uma soma de frações parciais e então utilizar a série binomial, isto é, a seguinte série

$$\begin{aligned}\frac{1}{(1+z)^m} &= (1+z)^{-m} = \sum_{k=0}^{\infty} \binom{-m}{k} z^k = \\ &= 1 - mz + \frac{m(m+1)}{2!}z^2 - \frac{m(m+1)(m+2)}{3!}z^3 + \cdots\end{aligned}$$

Em nosso caso específico temos

$$\begin{aligned} f(z) &= \frac{1}{(z+2)^2} + \frac{2}{z-3} = \frac{1}{[3+(z-1)]^2} - \frac{2}{2-(z-1)} = \\ &= \frac{1}{9}\left\{\frac{1}{[1+\frac{1}{3}(z-1)]^2}\right\} - \frac{1}{1-\frac{1}{2}(z-1)} = \\ &= \frac{1}{9}\sum_{k=0}^{\infty}\binom{-2}{k}\left(\frac{z-1}{3}\right)^k - \sum_{k=0}^{\infty}\left(\frac{z-1}{2}\right)^k. \end{aligned}$$

Simplificando a expressão anterior temos

$$\begin{aligned} f(z) &= \sum_{k=0}^{\infty}\left[\frac{(-1)^k(k+1)}{3^{k+2}} - \frac{1}{2^k}\right](z-1)^k = \\ &= -\frac{8}{9} - \frac{31}{54}(z-1) - \frac{23}{108}(z-1)^2 - \cdots \end{aligned}$$

desde que $z = 3$ é um ponto singular de $f(z)$, a série converge no disco $|z-1| < 2$.

Uso de equações diferenciais

Determinar uma equação diferencial satisfeita para a derivada primeira da função a ser expandida. As demais derivadas são calculadas diretamente da derivada primeira.

- Encontre a série de MacLaurin para $f(z) = \text{tg}\, z$.

Temos que $f'(z) = \sec^2 z$ e desde que $f(0) = 0$ temos

$$f'(z) = 1 + f^2(z) \qquad \text{e} \qquad f'(0) = 1$$

e, observando que $f(0) = 0$ obtemos por diferenciação

$$\begin{array}{lll} f'' = 2ff' & f''(0) = 0 & \\ f''' = 2(f')^2 + 2ff'' & f'''(0) = 2 & \frac{f'''(0)}{3!} = \frac{1}{3} \\ f^{(4)} = 6f'f'' + 2ff''' & f^{(4)}(0) = 0 & \\ f^{(5)} = f(f'')^2 + 8f'f''' + 2ff^{(4)} & f^{(5)}(0) = 16 & \frac{f^{(5)}(0)}{5!} = \frac{2}{15} \end{array}$$

de onde

$$\text{tg}\, z = z + \frac{1}{3}z^3 + \frac{2}{15}z^5 + \frac{17}{315}z^7 + \cdots$$

Método dos coeficientes indeterminados

Aqui devemos utilizar identidade de polinômios, a saber: igualar os termos de mesma potência em ambos os lados da igualdade.

- Encontre a série de MacLaurin de $f(z) = \text{tg}\, z$ usando as séries de $\cos z$ e $\text{sen}\, z$, admitindo-as uniformemente convergentes.

Uma vez que a função tangente é uma função ímpar temos

$$\text{tg}\, z = a_1 z + a_3 z^3 + a_5 z^5 + \cdots$$

onde os coeficientes a_i devem ser determinados. Usando o fato que $\text{sen}\, z = \text{tg}\, z \cos z$ podemos escrever

$$z - \frac{z^3}{3!} + \frac{z^5}{5!} - \cdots = \left(a_1 z + a_3 z^3 + a_5 z^5 + \cdots\right)\left(1 - \frac{z^2}{2!} + \frac{z^4}{4!} - \cdots\right)$$

e, desde que $\text{tg}\, z$ é analítica exceto em $z = \pm\pi/2, \pm 3\pi/2, \cdots$ sua série de MacLaurin converge no disco $|z| < \pi/2$. Igualando os termos de mesma potência temos

$$1 = a_1 \qquad -\frac{1}{3!} = -\frac{a_1}{2!} + a_3 \qquad \frac{1}{5!} = \frac{a_1}{4!} - \frac{a_3}{2!} + a_5$$

de onde $a_1 = 1$, $a_3 = 1/3$, $a_5 = 2/15, \cdots$ assim como antes.

Antes de estudarmos as séries de Laurent, vamos discutir a chamada convergência uniforme e apresentar o critério de Weierstrass, já mencionado nas seções anteriores.

4.4 Convergência uniforme

Questão Verifique se a série

$$\sum_{k=0}^{\infty} \frac{z^k + 1}{k^2 + \cosh k|z|}$$

converge uniformemente no disco $|z| \leq 1$.

Definição 7. Seja $D \subset \mathbb{C}$ um domínio e seja (f_n), $f_n : D \to \mathbb{C}$, $n \in \mathbb{N}$ uma seqüência de funções em D. A seqüência (f_n) é dita uniformemente convergente para a função $f : D \to \mathbb{C}$, se dado qualquer $\varepsilon > 0$, existe N (dependente de ε mas não de z), tal que quando $n \geq N$, $|f_n(z) - f(z)| < \varepsilon$, qualquer que seja $z \in D$.

A notação habitual para uma seqüência (f_n) que converge uniformemente para a função f é: $f_n \stackrel{\text{uni}}{\rightarrow} f$.

Notamos que quando uma seqüência de funções converge uniformemente, ela também converge pontualmente, e segue daí que quando o limite uniforme existe, ele é único.

Teorema 7. (Weierstrass) Seja $D \subset \mathbb{C}$ um domínio e seja (f_n), $f_n : D \to \mathbb{C}$, $n \in \mathbb{N}$ uma seqüência de funções em D. Se $\forall z \in D$ tem-se $|f_n(z)| < F_n$ e a série $\sum F_n$ converge, então a série $\sum f_n(z)$ converge uniformemente para todo $z \in D$. [7]

Teorema 8. Uma seqüência de funções contínuas que é uniformemente convergente, converge para uma função contínua.

Definição 8. Seja $D \subset \mathbb{C}$ um domínio e seja (f_n), $f_n : D \to \mathbb{C}$, $n \in \mathbb{N}$ uma seqüência de funções em D. A seqüência (f_n) é dita uniformemente convergente nas partes compactas de D, quando para todo conjunto *compacto* $\mathfrak{C} \subset D$, existe $N \geq 0$ tal que se $n \geq N$ então o domínio de f_n contém $\mathfrak{C}$ e a seqüência de restrições $(f_n|_{\mathfrak{C}})$ é uniformemente convergente.

Teorema 9. Seja $D \subset \mathbb{C}$ um domínio e seja (f_n), $f_n : D \to \mathbb{C}$, $n \in \mathbb{N}$ uma seqüência de funções que converge uniformemente nas partes compactas de D. Então existe uma única função $f : D \to \mathbb{C}$ tal que para todo conjunto compacto $\mathfrak{C} \subset D$, tem-se que $f_n|_{\mathfrak{C}} \stackrel{\text{uni}}{\rightarrow} f|_{\mathfrak{C}}$. Também, se f_n for contínua para todo $n \geq 0$ então f também é contínua.

Definição 9. Seja $\mathcal{C}(\mathfrak{C}) = \{f : \mathfrak{C} \to \mathbb{C}\}$ o conjunto de todas as funções contínuas a valores complexos em C. A *norma da convergência uniforme* de $f \in \mathcal{C}(\mathfrak{C})$ é:

$$\|f\|_{\mathfrak{C}} = \sup\{f(z); z \in \mathfrak{C}\}.$$

[7] A prova dos teoremas desta seção podem ser encontradas na ref. [13].

A partir desta definição temos $0 \leq \|f\|_{\mathfrak{C}} < \infty$ e valem as propriedades usuais da normas:

(i) $\|f\|_{\mathfrak{C}} \geq 0$ e $\|f\|_{\mathfrak{C}} = 0 \Longrightarrow f = 0$.

(ii) $\|af\|_{\mathfrak{C}} = |a| \, \|f\|_{\mathfrak{C}}$, $\forall a \in \mathbb{C}$.

(iii) $\|f + g\|_{\mathfrak{C}} \leq \|f\|_{\mathfrak{C}} + \|g\|_{\mathfrak{C}}$, $\forall f, g \in \mathcal{C}(\mathfrak{C})$.

Definição 10. Uma seqüência de funções (f_n), $f_n \in \mathcal{C}(\mathfrak{C})$, $n \in \mathbb{N}$ é dita uma seqüência de Cauchy, se dado qualquer $\varepsilon > 0$, existe $N \geq 0$, *dependente* de ε, mas *independente* de z, de maneira que quando $n, m \geq N$ tem-se $\|f_n - f_m\|_{\mathfrak{C}} < \varepsilon$ para todo $z \in \mathfrak{C}$.

O teorema a seguir mostra-se bastante útil na identificação de seqüências convergentes de funções. Este teorema é algumas vezes dito critério de Cauchy para convergência uniforme.

Teorema 10. Uma condição necessária e suficiente para que uma seqüência de funções (f_n), $f_n \in \mathcal{C}(\mathfrak{C})$ seja uniformemente convergente é que ela seja uma seqüência de Cauchy.

Teorema 11. Seja $\displaystyle\sum_{n=0}^{\infty} a_n(z - z_0)^n$ uma série de potências de raio de convergência R. Seja $z_1 \in \mathbb{C}$ tal que $|z_1 - z_0| < R$. Então a série de potências é uniformemente convergente para todo $z \in \mathbb{C}$ tal que $|z - z_0| = r \leq |z_1 - z_0| < R$.

Demonstração. Já mostramos que a série de potências é absolutamente convergente, e portanto convergente para todo $z \in \mathbb{C}$ tal que $|z - z_0| = r < R$.

Se $z_1 \in \mathbb{C}$ é tal que $r < |z_1 - z_0| < R$ a série de potências é convergente para $z = z_1$. Recordemos agora que uma condição necessária e suficiente para a convergência da série $\displaystyle\sum_{n=0}^{\infty} a_n(z_1 - z_0)^n$ é que $a_n(z_1 - z_0)^n \to 0$, e que toda seqüência que converge para zero é limitada em módulo, i..e,

$$|a_n(z_1 - z_0)^n| \leq M, \ n \geq 0.$$

Naturalmente, podemos escrever

$$\left| \frac{z - z_0}{z_1 - z_0} \right| \leq \frac{r}{R} = \alpha, \ 0 \leq \alpha < 1,$$

de onde segue-se

$$|a_n(z - z_0)^n| = |a_n(z_1 - z_0)|^n \left| \frac{z - z_0}{z_1 - z_0} \right|^n$$

logo

$$|a_n(z - z_0)^n| \leq M\alpha^n.$$

É conhecido que a série $\sum_{n=0}^{\infty} M\alpha^n$ converge absolutamente para todo $0 \leq \alpha < 1$.

Assim o Teorema de Weierstrass garante que a série de potências $\sum_{n=0}^{\infty} a_n(z-z_0)^n$ é uniformemente convergente para todo $|z - z_0| = r < |z_1 - z_0| < R$. □

O Teorema 11 pode ser demonstrado de uma outra maneira, a saber, a partir do Teorema 10. Esta outra versão é dada pelo seguinte teorema:

Teorema 12. Seja $\sum_{q=0}^{\infty} a_n(z-z_0)^q$ uma série de potências com raio de convergência R. Então, a seqüência de reduzidas $\{S_n(z)\}$, com $S_n(z) = \sum_{q=0}^{p} a_q(z-z_0)^q$ converge uniformemente nas partes compactas do disco de convergência da série, e a função limite da série é contínua no disco de convergência.

Demonstração. Seja R o raio do disco $\mathbf{D}(z_0, R)$ de convergência da série. Seja $\mathfrak{C} \subset \mathbf{D}(z_0, R)$ um compacto. Nestas condições existe $r > 0$ tal que $\mathfrak{C} \subset \bar{\mathbf{D}}(z_0, r) \subset \mathbf{D}(z_0, R)$. Como na Definição 9, seja $||.||_{\bar{\mathbf{D}}}$ a norma da convergência uniforme em $\bar{\mathbf{D}}(z_0, r)$. Provemos agora que $\{S_n(z)\}$ converge uniformemente em $\bar{\mathbf{D}}(z_0, r)$. De acordo com o Teorema 10 é suficiente que verifiquemos que $\{S_n(z)\}$ é uma seqüência de Cauchy com respeito a norma $||.||_{\bar{\mathbf{D}}}$. Precisamos portanto verificar que dado $\varepsilon > 0$, existe $N \geq 0$, *dependente* de ε, mas *independente* de z, de maneira que quando $n, m \geq N$ tem-se $||S_m(z) - S_n(z)||_{\mathfrak{C}} < \varepsilon$ para todo $z \in \bar{\mathbf{D}}(z_0, r)$. Mas, dados $m > n \geq 0$ temos:

$$|S_m(z) - S_n(z)| = \left| \sum_{q=n+1}^{m} a_i(z-z_0)^q \right| \leq \sum_{q=n+1}^{m} |a_q| \left|(z-z_0)^q\right|.$$

Assim, para todo $z \in \bar{\mathbf{D}}(z_0, r)$, i.e., $|z - z_0| \leq r$ temos

$$|S_m(z) - S_n(z)| \leq \sum_{q=n+1}^{m} |a_q| r^q \leq \sum_{q=n+1}^{\infty} |a_q| r^q.$$

Como $r < R$ a série $\sum_{q=0}^{\infty} |a_q| r^q$ é convergente. Logo, dado qualquer que seja $\varepsilon > 0$ existe um inteiro $N(\varepsilon)$ tal que para todo $n \geq N(\varepsilon)$ temos que $\sum_{q=n+1}^{\infty} |a_q| r^q < \varepsilon$. Portanto para $m > n \geq N(\varepsilon)$ temos que para *qualquer* $z \in \bar{\mathbf{D}}(z_0, r)$

$$|S_m(z) - S_n(z)| < \varepsilon.$$

Assim, a seqüência de (funções) reduzidas é de Cauchy e o Teorema 10 garante que a série é absolutamente convergente. Segue agora, usando-se o Teorema 8, que a função limite da série é contínua no disco de convergência. □

Como uma aplicação do Teorema 9, enunciamos e provamos o seguinte teorema:

Teorema 13. Seja a seguinte série

$$\sum_{m=0}^{\infty} f_m(z) = f_0(z) + f_1(z) + \cdots$$

considerada uniformemente convergente num compacto $\mathfrak{C} \subset D$ onde D é um domínio. Seja $F(z)$ a sua soma. Então, se cada termo $f_m(z)$ é contínuo num ponto z_1, a função $F(z)$ é contínua em z_1.

Demonstração. Denotemos por $s_n(z)$ a n-ésima soma parcial da série e $R_n(z)$ o correspondente resto

$$s_n = f_0 + f_1 + \cdots + f_n, \qquad R_n = f_{n+1} + f_{n+2} + \cdots$$

Desde que a série converge uniformemente, para um dado $\epsilon > 0$ podemos encontrar $n = N(\epsilon)$ tal que

$$|R_N(z)| < \frac{\epsilon}{3}$$

para todo z em D.

Desde que $s_N(z)$ é a soma de funções contínuas em z_1, sua soma é contínua em z_1. Então, podemos encontrar um $\delta > 0$ tal que

$$|s_N(z) - s_N(z_1)| < \frac{\epsilon}{3}$$

para todo z em D, para o qual $|z - z_1| < \delta$.

Denotando-se $F = s_N + R_N$ e usando a desigualdade triangular para um tal z temos

$$|F(z) - F(z_1)| = |s_n(z) + R_N(z) - [s_N(z_1) + R_N(z_1)]| \leq$$

$$\leq |s_N(z) - s_N(z_1)| + |R_N(z)| + |R_N(z_1)| < \frac{\epsilon}{3} + \frac{\epsilon}{3} + \frac{\epsilon}{3} = \epsilon$$

o que implica que $F(z)$ é contínua em z_1. □

Com as mesmas hipóteses anteriores, a integração termo a termo é permitida. Desta propriedade, segue o seguinte teorema:

Teorema 14. Denotemos por $F(z)$ a série

$$F(z) \equiv \sum_{m=0}^{\infty} f_m(z) = f_0(z) + f_1(z) + \cdots$$

considerada uma série de funções contínuas uniformemente convergente num compacto $\mathfrak{C} \subset D$ onde D é um domínio. Seja C qualquer caminho em $\mathfrak{C}$. Então, a série

$$\sum_{m=0}^{\infty} \int_C f_m(z)dz = \int_C f_0(z)dz + \int_C f_1(z)dz + \cdots$$

é convergente e tem soma dada por $\int_C F(z)dz$.

Demonstração. O Teorema 6 implica que $F(z)$ é contínua. Denotemos $s_n(z)$ como sendo a n-ésima soma parcial da série dada e $R_n(z)$ o correspondente resto. Então, $F = s_n + R_n$ e

$$\int_C F(z)dz = \int_C s_n(z)dz + \int_C R_n(z)dz.$$

Seja L o comprimento de C. Desde que a série é uniformemente convergente, para todo $\epsilon > 0$ podemos encontrar um N tal que

$$|R_n(z)| < \frac{\epsilon}{L}$$

para todo $n > N$ e todo z em $\mathfrak{C} \subset D$.

Utilizando a desigualdade ML podemos escrever

$$\left| \int_C R_n(z)dz \right| < \frac{\epsilon}{L} L = \epsilon$$

para todo $n > N$.

Desde que $R_n(z) = F(z) - s_n(z)$ isto significa que

$$\left| \int_C F(z)dz - \int_C s_n(z)dz \right| < \epsilon$$

para todo $n > N$, de onde a série integrada converge, ou seja

$$\int_C f_0(z)dz + \int_C f_1(z)dz + \cdots$$

tem por soma

$$\sum_{m=0}^{\infty} \int_C f_m(z)dz = \int_C F(z)dz,$$

que é o resultado desejado. □

Antes de passarmos á resolução da questão, vamos apresentar o teorema para diferenciação termo a termo.

Teorema 15. Consideramos a série $f_0(z) + f_1(z) + f_2(z) + \cdots$ convergente num compacto $\mathfrak{C} \subset D$, onde D é um domínio, com soma $F(z)$. Suponhamos que a série $f_0'(z) + f_1'(z) + f_2'(z) + \cdots$ converge uniformemente em D e seus termos são contínuos em $\mathfrak{C} \subset D$. Então, para todo z em $\mathfrak{C}$ temos

$$F'(z) = f_0'(z) + f_1'(z) + f_2'(z) + \cdots$$

Resolução da Questão Sabemos que a série de constantes $\sum_{m=1}^{\infty} \frac{1}{m^2}$ é convergente e do critério M de Weierstrass temos

$$\left| \frac{z^m + 1}{m^2 + \cosh|z|} \right| \leq \frac{|z|^m + 1}{m^2} \leq \frac{2}{m^2}$$

logo, a série converge uniformemente. Note-se que, para a primeira desigualdade acima usamos o fato que $\cosh z$ é sempre uma função positiva.

Em resumo, vimos que a série de Taylor é o instrumento mais cômodo para o estudo de uma função analítica nas vizinhanças de um ponto onde a função é regular. Vamos, agora, procurar um instrumento análogo para o estudo de uma função $f(z)$ nas vizinhanças de um seu ponto singular isolado, digamos z_0.[8]

4.5 Séries de Laurent

Questão Encontre a série de Laurent para a função

$$f(z) = \frac{1}{1 - z^2}$$

que converge no anel $1/4 < |z - 1| < 2$, determinando a precisa região de convergência.

O comportamento de uma função $f(z)$, nas vizinhanças de um ponto singular z_0, é feito através do chamado desenvolvimento em série de Laurent que consiste de uma série de potências positivas e negativas. Tal série é obtida através do seguinte teorema:

Teorema 16. Se a coroa circular (C_1, C_2) de centro z_0 e compreendida num domínio anular (C_1', C_2') no qual a função $f(z)$ é analítica, esta é representável na coroa mediante uma série de potências positivas e negativas de $z - z_0$, chamada série de Laurent

$$f(z) = \sum_{n=-\infty}^{\infty} a_n (z - z_0)^n$$

[8]Ver Seção 4.6.

e cujos coeficientes, chamados coeficientes de Laurent, são dados pela fórmula de Cauchy

$$a_n = \frac{1}{2\pi i}\oint_C \frac{f(t)}{(t-z_0)^{n+1}}dt$$

onde C denota uma curva fechada qualquer, contendo z_0 na área anular, conforme Figura 4.2, percorrida uma só vez no sentido anti-horário. Por exemplo, poderíamos ter $C \equiv C_1$ ou $C \equiv C_1'$, etc...

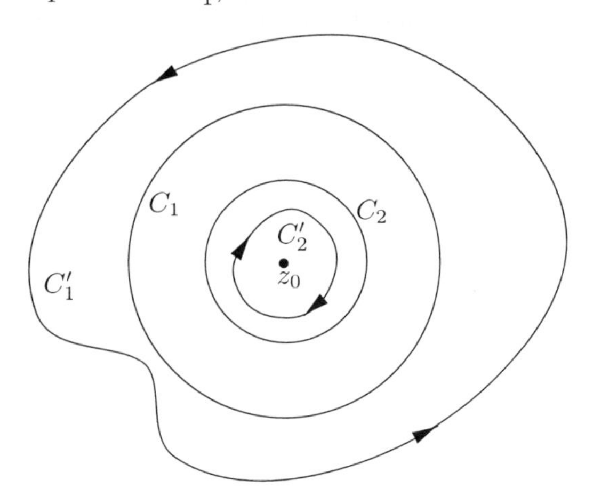

Figura 4.2: Série de Laurent.

Demonstração. Para a prova, procedemos de modo análogo ao seguido na demonstração do teorema de Taylor, isto é, escrevemos

$$f(z) = \frac{1}{2\pi i}\oint_{C_1'} \frac{f(t)}{t-z}dt - \frac{1}{2\pi i}\oint_{C_2'} \frac{f(t)}{t-z}dt$$

supondo que o contorno interno C_2' seja percorrido no sentido horário, contrário ao contorno de C_1'.

Como no caso do teorema de Taylor temos no caminho C_1'

$$\frac{1}{2\pi i}\oint_{C_1'} \frac{f(t)}{t-z}dt = \sum_{n=0}^{\infty} a_n(z-z_0)^n$$

onde os coeficientes são dados por

$$a_n = \frac{f^{(n)}(z_0)}{n!} = \frac{1}{2\pi i}\oint_{C_1'} \frac{f(t)}{(t-z_0)^{n+1}}dt.$$

Para o caso da integração sobre C_2' escrevemos

$$\frac{1}{t-z} = -\frac{1}{z-z_0}\left(1-\frac{t-z_0}{z-z_0}\right)^{-1}$$

e, considerando que

$$\left|\frac{t-z_0}{z-z_0}\right| < 1$$

temos que

$$\left(1-\frac{t-z_0}{z-z_0}\right)^{-1} = \sum_{m=0}^{\infty}\left(\frac{t-z_0}{z-z_0}\right)^m.$$

Também, analogamente ao caso precedente, podemos escrever

$$-\frac{1}{2\pi i}\oint_{C_2'}\frac{f(t)}{t-z}dt = \sum_{n=-1}^{-\infty}(z-z_0)^n\frac{1}{2\pi i}\oint_{C_2'}\frac{f(t)}{(t-z_0)^{n+1}}dt$$

de onde, temos para $f(z)$

$$f(z) = \sum_{n=0}^{\infty} a_n(z-z_0)^n + \sum_{n=-1}^{-\infty} a_n(z-z_0)^n$$

onde para $n > 0$ vale a expressão

$$a_n = \frac{f^{(n)}(z_0)}{n!}$$

e, no caso de n inteiro qualquer, o coeficiente é dado por

$$a_n = \frac{1}{2\pi i}\oint_C \frac{f(t)}{(t-z_0)^{n+1}}dt,$$

que é o resultado desejado. □

Antes de passarmos à discussão da questão, vamos mostrar que a expansão de Laurent é única, através do seguinte teorema:

Teorema 17. A expansão de uma função complexa $f(z)$ nas condições do Teorema 16 em série de Laurent é única.

Demonstração. Para provar a unicidade da série de Laurent, começamos com a seguinte integral

$$I_m = \oint_C (z-z_0)^m dz$$

onde C é a mesma curva do teorema de Laurent e m é um inteiro qualquer positivo, negativo ou nulo. Tal integral é sempre nula, exceto quando $m = -1$ que vale $2\pi i$.

De fato, suponhamos que a curva C seja uma circunferência de centro z_0 e raio r. Introduzindo-se coordenadas polares

$$z - z_0 = r(\cos\theta + i \text{ sen } \theta)$$

temos

$$I_m = i \int_0^{2\pi} (z - z_0)^{m+1} d\theta = i\, r^{m+1} \int_0^{2\pi} [\cos(m+1)\theta + i \operatorname{sen}(m+1)\theta] d\theta$$

de onde, usando resultados bem conhecidos, relativos à integração de funções trigonométricas, temos

$$I_m = \begin{cases} \dfrac{i\, r^{m+1}}{m+1} [\operatorname{sen}(m+1)\theta - i \cos(m+1)\theta]_0^{2\pi} = 0 & m \neq -1 \\ \\ 2\pi i & m = -1. \end{cases}$$

Suponhamos agora que a função $f(z)$ admita um outro desenvolvimento diferente de

$$f(z) = \sum_{n=-\infty}^{\infty} a_n (z - z_0)^n$$

por exemplo, com a'_n no lugar de a_n. Se este é o caso podemos escrever

$$\sum_{n=-\infty}^{\infty} (a_n - a'_n)(z - z_0)^n = 0.$$

Dividindo-se por $(z - z_0)^{n+1}$ e integrando termo a termo (série uniformemente convergente) ao longo da curva C e levando em conta os possíveis resultados da integral I_n temos

$$a_n - a'_n = 0$$

contrariando a hipótese de que os desenvolvimentos eram distintos. □

Enfim, como nomenclatura, temos que a parte principal da série de Laurent é aquela composta só de potências negativas. Se a parte principal for nula ela coincidirá com a série de Taylor, sendo esta a razão de nossa afirmação, na introdução do capítulo, de que tais séries são casos particulares das séries de Laurent.

Resolução da Questão Escrevamos a função $f(z)$ na forma

$$f(z) = \frac{-1}{(z-1)(z+1)}.$$

Uma vez que a região anular está centrada em $z = 1$, devemos desenvolver em potências de $z - 1$.

Então, escrevendo

$$\frac{1}{z+1} = \frac{1}{2+(z-1)} = \frac{1}{2}\left[1 - \left(-\frac{z-1}{2}\right)\right]^{-1} =$$

$$= \frac{1}{2}\sum_{n=0}^{\infty}\left(-\frac{z-1}{2}\right)^n = \sum_{n=0}^{\infty}\frac{(-1)^n}{2^{n+1}}(z-1)^n$$

que converge no disco $|(z-1)/2| < 1$ isto é $|z-1| < 2$.
Multiplicando-se a série pelo fator remanescente temos para $f(z)$ a expressão

$$f(z) = \sum_{k=0}^{\infty}\frac{(-1)^{k+1}}{2^{k+1}}(z-1)^{k-1} = \frac{-1/2}{z-1} + \frac{1}{4} - \frac{1}{8}(z-1) + \cdots$$

cuja região precisa de convergência é $0 < |z-1| < 2$ visto que $f(z)$ é singular em $z = -1$ que dista dois do centro da série, assim como em $z = +1$.

4.6 Singularidades e zeros

Questão Classifique os pontos singulares e os zeros da função

$$f(z) = \frac{\text{sen } z}{z(z^2+1)}$$

com $f(0) = 1$.

Intuitivamente, uma singularidade de uma função analítica $f(z)$ é um ponto z para o qual $f(z)$ deixa de ser analítica e um zero é um z para o qual $f(z) = 0$. As definições precisas serão dadas a seguir. As singularidades são discutidas e classificadas através das séries de Laurent enquanto que os zeros são discutidos em termos das séries de Taylor.

Então, dizemos que uma função monódroma $f(z)$ é singular ou tem uma singularidade em um ponto $z = z_0$ se $f(z)$ não é analítica, talvez nem definida, em $z = z_0$, mas tal que exista uma vizinhança de $z = z_0$ onde $f(z)$ é analítica.

Dizemos que $z = z_0$ é uma *singularidade isolada* de $f(z)$ se em alguma vizinhança de $z = z_0$ não temos mais singularidades de $f(z)$. Como exemplo, a função $f(z) = \text{tg}\, z$ tem singularidades isoladas em $\pm\pi/2, \pm 3\pi/2, \ldots$ Singularidades isoladas de $f(z)$ em $z = z_0$ podem ser classificadas pela série de Laurent

$$f(z) = \sum_{n=0}^{\infty} a_n (z-z_0)^n + \sum_{n=1}^{\infty}\frac{b_n}{(z-z_0)^n}$$

válida nas vizinhanças do ponto singular $z = z_0$ exceto nele mesmo, isto é, no disco $\mathbf{D}(z_0, R) = \{z \in C \,/\, 0 < |z - z_0| < R\}$.

A soma da primeira das séries é analítica em $z = z_0$ enquanto que a segunda, contendo potências negativas, chamada parte principal, escrita na forma[9]

$$\frac{b_1}{z - z_0} + \cdots + \frac{b_m}{(z - z_0)^m}$$

com $b_m \neq 0$, tem uma singularidade em $z = z_0$. No caso em que temos um número finito de termos, a singularidade é chamada *pólo* e m a sua ordem. Pólos de primeira ordem são chamados pólos simples. Se a parte principal tem infinitos termos dizemos que $f(z)$ tem, em $z = z_0$, uma *singularidade essencial isolada.* Dizemos, também, que uma função $f(z)$ tem uma *singularidade removível* em $z = z_0$ se $f(z)$ não é analítica em $z = z_0$, mas pode ser tornada analítica fornecendo-se um valor conveniente para $f(z_0)$. Vamos ver mais adiante alguns exemplos.

Enfim, dizemos que uma função $f(z)$ é analítica ou singular no infinito se $g(\mathrm{w})$ é analítica ou singular, respectivamente, em w=0, onde $f(z) \equiv f(1/\mathrm{w}) = g(\mathrm{w})$. Definimos também o limite

$$g(0) = \lim_{\mathrm{w} \to 0} g(\mathrm{w})$$

se este limite existe.

Dizemos que uma função $f(z)$ que é analítica em algum domínio D, tem um zero no ponto $z = z_0$ em D se $f(z_0) = 0$. Dizemos também que este zero é de ordem n se não somente $f(z)$, mas também as derivadas $f', f'', \cdots, f^{(n-1)}$ são todas nulas em $z = z_0$, mas $f^{(n)}(z_0) \neq 0$.

Um zero de primeira ordem é chamado de um zero simples, para ele $f(z_0) = 0$ enquanto que $f'(z_0) \neq 0$.

Para um zero de ordem n em $z = z_0$, as derivadas $f''(z_0), \cdots, f^{(n-1)}(z_0)$ são zero, por definição. Segue que os primeiros coeficientes $a_0, a_1, \cdots, a_{n-1}$ da série de Taylor são zero enquanto que $a_n \neq 0$, assim a série toma a forma

$$\begin{aligned} f(z) &= a_n(z - z_0)^n + a_{n+1}(z - z_0)^{n+1} + \cdots \\ &= (z - z_0)^n \left[a_n + a_{n+1}(z - z_0) + a_{n+2}(z - z_0)^2 + \cdots\right]. \end{aligned}$$

Ainda mais, dizemos que $f(z)$ tem um zero de ordem n no infinito se $f(1/\mathrm{w})$ tem um zero de ordem n em w= 0.

É possível obtermos uma relação entre zeros e pólos através do seguinte teorema:

Teorema 18. Seja $f(z)$ uma função analítica em $z = z_0$ tendo um zero de ordem n em $z = z_0$. Então, $1/f(z)$ tem um pólo de ordem n em $z = z_0$. O mesmo vale para $h(z)/f(z)$ se $h(z)$ é analítica em $z = z_0$ e $h(z_0) \neq 0$. A prova é deixada para o leitor.

[9]No próximo capítulo identificamos o coeficiente b_1 com o chamado resíduo.

Para finalizar esta seção vamos agora discutir a resolução da questão.

Resolução da Questão Temos que os zeros do denominador, $z(1+z^2)=0$ ocorrem em $z=0$ e $z=\pm i$. E, uma vez que

$$\lim_{z\to 0}\frac{\operatorname{sen} z}{z}=1$$

dizemos que $z=0$ é uma singularidade removível. Para os pontos $z=\pm i$, por outro lado, temos singularidades isoladas ou seja, neste caso $z=i$ e $z=-i$ são pólos simples.
Os zeros da função $f(z)$ são obtidos resolvendo-se a seguinte equação

$$\operatorname{sen} z=0$$

para $z=0$ ou seja, para os pontos tais que $z=n\pi$ com $n=0,\pm 1,\pm 2,\cdots$.

4.7 Exercícios

1. Calcule o raio de convergência das seguintes séries de potências:

$$(a)\quad \sum_{k=1}^{\infty} k!\,x^k \qquad \text{e} \qquad (b)\quad \sum_{k=1}^{\infty} k^2 x^k.$$

2. Verifique se as séries abaixo são convergentes e, em caso afirmativo, calcule o respectivo raio de convergência.

$$(a)\quad \sum_{k=1}^{\infty} 2^{-k} x^k \qquad \text{e} \qquad (b)\quad \sum_{k=1}^{\infty} e^{-k^2}\,x^k.$$

3. Expandir a função $f(z)=(1+z^2)^{-1}$ numa série de Taylor em torno de $z=0$.

4. Determine os três primeiros termos da série de Taylor da função $f(z)=\cos[\ln(1+z)]$, em torno de $z=0$.

5. Expandir a função $f(z)=(z-2)\cos[\ln(1-z)]$ numa série de Taylor em torno de $z=0$.

6. Expandir a função $f(z)=(z+1)\ln(z+1)$ numa série de Taylor em torno de $z=0$.

7. Expandir a função $f_1(z)=(1-z)^{-1}$ numa série de MacLaurin e por integração termo a termo obter uma expansão para $f_2(z)=-\ln(1-z)$.

8. Obtenha uma expansão em série de Taylor da função $f_1(z)=-\ln(1-z)$ e, diferenciando formalmente termo a termo, obtenha uma expansão para $f_2(z)=(1-z)^{-1}$.

9. Discutir a convergência das seguintes séries:

$$(a)\quad \sum_{k=1}^{\infty} k^{-(1+k^{\alpha})} \qquad \text{e} \qquad (b)\quad \sum_{k=2}^{\infty} \frac{(-1)^k}{\ln k}$$

onde $\alpha = 0, 1, 2, \cdots$.

10. Verificar se a série abaixo é convergente,

$$\left(\frac{1}{4}\right)^3 + \left(\frac{1}{4}\frac{2}{7}\right)^3 + \left(\frac{1}{4}\frac{2}{7}\frac{3}{10}\right)^3 + \cdots$$

11. Verifique que as séries abaixo são convergentes, e calcule o raio de convergência de cada uma,

$$(a)\quad \sum_{k=0}^{\infty} \frac{(k!)^4}{[(2k)!]^2} \qquad \text{e} \qquad (b)\quad \sum_{k=1}^{\infty} (-1)^k \frac{3^{2k}}{4^{3k}}.$$

12. Se $|x| < 1$, mostre, usando propriedades das séries de potências, que

$$\ln\left(\frac{\sqrt{1+x} - \sqrt{1-x}}{x}\right) = \sum_{k=1}^{\infty} \frac{(2k)!}{4k(k!)^2}\left(\frac{x}{2}\right)^k.$$

13. Determine a expansão em série de Laurent das funções abaixo, em torno de $z = 0$,

$$(a)\quad \frac{\cos z - 1}{z^2} \qquad \text{e} \qquad (b)\quad \operatorname{arctg} z \quad |z| < 1.$$

14. Obtenha a expansão em série de Laurent, em torno de $z = 0$, da função

$$\frac{1}{\operatorname{sen}[\ln(1-z)]}.$$

15. Determine o tipo de singularidade ocorrendo em $z = 0$ para as seguintes funções:

$$(a)\quad \frac{1}{\operatorname{sen}[\ln(1-z)]}, \qquad (b)\quad \frac{\cos z - 1}{z^2}, \qquad (c)\quad \ln z\,, \qquad (d)\quad e^{\frac{1}{z}}\,.$$

16. Com as funções do exercício anterior verifique, em caso de pólo, a ordem.

17. Determine os coeficientes das potências negativas da expansão em série de Laurent, em torno de $z = -1$, para a função

$$f(z) = \frac{(1-z)\,e^{-z}}{z(1+z)^2}.$$

18. Para a função do exercício anterior, calcule o coeficiente b_1 de $f(z)$ em $z = -1$ e em $z = 0$.

19. Expanda a função

$$f(z) = \frac{1}{(2z-1)(z-2)^2}$$

numa série de Laurent em torno dos pontos $z = 1/2$ e $z = 2$. Encontre o resíduo, coeficiente b_1 da expansão em série de Laurent, da função em cada singularidade.

20. Considere a função $f(z) = \dfrac{\text{sen}\, z}{z}$. (a) Quais são seus zeros? (b) Qual é o resíduo em $z = 0$?

21. Expanda a função $f(z) = \ln(1+z)$ numa série de potências, em torno de $z = 0$ e mostre que

$$\ln 2 = 1 - \frac{1}{2} + \frac{1}{3} - \frac{1}{4} + \cdots$$

22. Se u é a velocidade na direção x de uma partícula em relação a um sistema de referência inercial S' que se move com velocidade v na direção x relativamente ao sistema de referência inercial S, então a velocidade w da partícula em relação a S, é dada por

$$\frac{w}{c} = \frac{u/c + v/c}{1 + uv/c^2}.$$

Se

$$\frac{v}{c} = \frac{u}{c} = 1 - \alpha$$

onde $0 \leq \alpha \leq 1$, encontre w/c em série de potências de α.

23. O deslocamento x de uma partícula de massa de repouso m_0, resultante de uma força constante $m_0 g$, ao longo do eixo x é

$$x = \frac{c^2}{g}\left\{\left[1 + \left(g\frac{t}{c}\right)^2\right]^{1/2} - 1\right\}$$

incluindo efeitos relativísticos. Encontre o deslocamento x como uma série de potências em t. Compare com o resultado clássico, $x = \frac{1}{2}gt^2$.

24. A teoria clássica de Langevin (*1872 – Paul Langevin – 1946*) do paramagnetismo nos leva à expressão para a polarização magnética[10]

$$P(x) = C\left(\frac{\cosh x}{\text{senh} x} - \frac{1}{x}\right)$$

onde C é uma constante. Expanda $P(x)$ como uma série de potências para x pequeno (altas temperaturas e baixos campos).

25. Determine a natureza das singularidades de cada uma das funções

$$(a)\quad \frac{1}{z^2 + a^2}, \qquad (b)\quad \frac{1}{(z^2+a^2)^2}, \qquad (c)\quad \frac{z^{-k}}{z+1},$$

onde $a \in \mathbb{R}$ e $0 < k < 1$.

[10] Ver, por exemplo, ref. [18].

26. Para as funções do exercício anterior, calcule o respectivo resíduo nos respectivos pólos.

27. Localize as singularidades e calcule o resíduo para as seguintes funções:

$$(a) \quad z^{-n}(\mathrm{e}^z - 1)^{-1} \qquad \text{e} \qquad (b) \quad \frac{z^2\,\mathrm{e}^z}{1+\mathrm{e}^{2z}}.$$

28. Calcule o resíduo (coeficiente b_1) para as seguintes funções:

$$(a) \quad \frac{\mathrm{e}^{iz}}{z^2 - a^2} \qquad \text{e} \qquad (b) \quad \frac{z e^{iz}}{(z^2 - a^2)^2}.$$

29. Desenvolva numa série de Laurent a função

$$f(z) = \frac{1}{z(z-1)}$$

em torno do ponto $z = 1$, válida para valores pequenos de $|z-1|$.

30. Obtenha a série de Laurent, em torno da singularidade $z = 0$, para a função

$$f(z) = \frac{1}{z^3}(z - \operatorname{sen} z).$$

Qual é o tipo desta singularidade?

31. Expanda a função

$$f(z) = \frac{z}{(z+1)(z+2)}$$

em torno do ponto $z = -2$. Obtenha a região de convergência desta série.

32. Mostre que o resíduo da função

$$f(z) = \frac{1}{z \cosh z}$$

em torno de $z = 0$ é igual a 1. Qual é o tipo desta singularidade?

33. Mostre que o resíduo da função

$$f(z) = \operatorname{cotg} z \frac{\coth z}{z^3}$$

em torno de $z = 0$ é igual a $-7/45$.

34. Calcule o resíduo da função

$$f(z) = \frac{2 + 3 \operatorname{sen} \pi z}{z(z-1)^2}$$

em torno dos pontos $z = 0$ e $z = 1$.

35. Escreva o desenvolvimento, em série de Laurent, da função

$$f(z) = \frac{1}{z-k}$$

no domínio $|z| > k$ onde k é real tal que $k^2 < 1$.

36. Utilizando o exercício anterior, tome $z = \exp(i\theta)$ e obtenha as seguintes expressões:

$$\sum_{n=1}^{\infty} k^n \operatorname{sen} n\theta = \frac{k \operatorname{sen}\theta}{p(k,\theta)} \qquad \text{e} \qquad \sum_{n=1}^{\infty} k^n \cos n\theta = \frac{k \cos\theta - k^2}{p(k,\theta)}$$

onde $p(k,\theta) = 1 - 2k \cos\theta + k^2$ e $k^2 < 1$.

37. Determine os três primeiros termos da série de Laurent para a função

$$f(z) = \frac{1}{z^2 \operatorname{senh} z}$$

no domínio $0 < |z| < \pi$ em torno de $z = 0$. Qual é o resíduo?

38. Represente a função

$$f(z) = \frac{z+1}{z-1}$$

por uma série de: (a) MacLaurin, dando a região de validade. (b) Laurent, no domínio $|z| > 1$.

39. Considere a função

$$f(z) = \frac{1}{z^2 - 3z + 2}$$

que é analítica em todos os pontos, exceto em $z = 1$ e $z = 2$. Obtenha para $f(z)$ as séries: (a) de MacLaurin, quando $|z| < 1$. (b) de Laurent, quando $1 < |z| < 2$.

Capítulo 5

Resíduos

Como já mencionamos algumas vezes, o método que permite o cálculo de integrais de funções reais a partir de integrais de funções complexas utilizando-se um caminho apropriado no plano complexo é extremamente útil em várias aplicações, como por exemplo o cálculo da transformada inversa de Laplace, que será apresentado no próximo capítulo.[1]

Para a discussão de tais integrais reais, bem como outros tópicos, que serão estudados no próximo capítulo, é necessário o conhecimento do teorema dos resíduos, objetivo principal do presente capítulo.

No capítulo anterior introduzimos as possíveis singularidades que podem estar associadas a uma função analítica através das séries de Laurent e vimos que o coeficiente b_1 em tal expansão desempenhava um papel importante.

Aqui vamos discutir primeiramente o conceito de resíduo relacionado com o coeficiente b_1 da série de Laurent, apresentando duas expressões para o seu cálculo no caso em que temos pólos simples. No caso em que temos um pólo de ordem k, demonstramos uma fórmula geral para o cálculo dos resíduos.

Enfim, apresentamos e discutimos o teorema dos resíduos e, finalizando o capítulo, demonstramos o chamado lema de Jordan que desempenha, também, papel fundamental no cálculo de integrais reais, quando estas são obtidas como parte de uma integral por caminhos de uma função apropriada de variável complexa.

---

[1]Podemos utilizar a metodologia da transformada de Laplace, por exemplo, para resolver tanto uma equação diferencial ordinária quanto uma equação diferencial parcial. Quando calculamos a transformada inversa, que representa a solução da equação, deve-se, em geral, fazer uso do teorema dos resíduos.

5.1 Resíduos e pólos

Questão Calcule a seguinte integral

$$\oint_C \frac{z}{(z+4)(z-1)^2} dz$$

onde C é um caminho fechado, tomado no sentido anti-horário, tal que $z = 1$ encontra-se na região interior a C e $z = -4$ na região exterior a C.

Comecemos por explicar o que é um *resíduo* e como pode ser utilizado para calcular integrais do tipo

$$\oint_C f(z)dz$$

onde C é um caminho orientado e simples. Já vimos que se $f(z)$ é analítica no interior de uma região cuja fronteira é C, tal integral é zero, pelo teorema integral de Cauchy.

Se $f(z)$ tem uma singularidade no ponto $z = z_0$ que se encontra na região interior de uma região cuja fronteira é C mas, por outro lado, é analítica sobre C e nos demais pontos tais que $z \neq z_0$, então ela possui um desenvolvimento em série de Laurent do tipo

$$f(z) = \sum_{k=0}^{\infty} a_k (z-z_0)^k + \frac{b_1}{z-z_0} + \frac{b_2}{(z-z_0)^2} + \cdots$$

que converge para todos os pontos próximos de $z = z_0$, exceto o próprio z_0, ou seja, em algum domínio da forma $0 < |z - z_0| < R$. O coeficiente b_1, coeficiente da primeira potência negativa de Laurent, é dado pela fórmula integral

$$b_k = \frac{1}{2\pi i} \oint_C (z'-z)^{k-1} f(z')dz'$$

com $k = 1$, isto é

$$b_1 = \frac{1}{2\pi i} \oint_C f(z')dz'.$$

Mas, desde que podemos obter as séries de Laurent por diversos métodos, sem utilizar a fórmula integral para os coeficientes, podemos encontrar b_1 por um destes métodos e então utilizar a fórmula para b_1 a fim de calcular a integral, ou seja

$$\oint_C f(z)dz = 2\pi i\, b_1$$

onde a integração é efetuada no sentido anti-horário, em torno de um caminho simples e fechado C de modo que $z = z_0$ está no interior de C. O coeficiente b_1 é chamado resíduo de $f(z)$ em $z = z_0$ e será denotado como

$$b_1 = \operatorname*{Res}_{z=z_0} f(z).$$

Para estarmos devidamente equipados para solucionar a questão, devemos saber a resposta à seguinte questão: Para obtermos o resíduo, que é um simples coeficiente em uma dada série de Laurent, é necessário que conheçamos toda a série, ou existe alguma maneira mais simples? A resposta a esta pergunta é: Quando as singularidades são pólos, existe um modo bastante simples, caso contrário devemos expandir a função numa série de Laurent explicitamente e obter o coeficiente b_1.

Vamos considerar primeiramente o caso de um pólo de ordem um, ou seja, um pólo simples. Seja $f(z)$ uma função que tem um pólo simples em $z = z_0$. Então, a série de Laurent correspondente é dada por

$$f(z) = \frac{b_1}{z - z_0} + a_0 + a_1(z - z_0) + a_2(z - z_0)^2 + \cdots$$

em $0 < |z - z_0| < R$. Multiplicando ambos os lados da expressão anterior por $z - z_0$ temos

$$(z - z_0)f(z) = b_1 + (z - z_0)\left[a_0 + a_1(z - z_0) + \ldots\right].$$

Tomando o limite para $z \to z_0$, note que a série é uniformemente convergente, o segundo membro tende para b_1, ou seja, o resíduo, isto é

$$\operatorname*{Res}_{z=z_0} f(z) \equiv b_1 \equiv \lim_{z \to z_0} (z - z_0)f(z).$$

Uma outra maneira, que muitas vezes é mais conveniente, para a obtenção do resíduo, no caso de um pólo simples, consiste em investigarmos o comportamento do seguinte quociente

$$f(z) = \frac{p(z)}{q(z)}$$

com $p(z)$ e $q(z)$ analíticas, onde supomos que $p(z_0) \neq 0$ e $q(z)$ tem um zero simples em $z = z_0$, de modo que $f(z)$ tem pólo simples em $z = z_0$. Pela definição de um zero simples, $q(z)$ admite uma série de Taylor da forma

$$q(z) = (z - z_0)q'(z_0) + \frac{(z - z_0)^2}{2!}q''(z_0) + \cdots$$

Agora, substituímos esta expressão em $f = p/q$ e obtemos

$$\begin{aligned}\operatorname*{Res}_{z=z_0} f(z) &= \lim_{z \to z_0} (z - z_0)\frac{p(z)}{q(z)} = \\ &= \lim_{z \to z_0} \frac{(z - z_0)\,p(z)}{(z - z_0)\left[q'(z_0) + \frac{(z-z_0)}{2}q''(z_0) + \cdots\right]}\end{aligned}$$

Temos que, no lado direito desta expressão, o fator $(z - z_0)$ é cancelado e o limite resulta em $p(z_0)/q'(z_0)$, de onde obtemos uma segunda expressão para o resíduo no caso de um pólo simples, a saber

$$\operatorname*{Res}_{z=z_0} f(z) = \operatorname*{Res}_{z=z_0} \frac{p(z)}{q(z)} = \frac{p(z_0)}{q'(z_0)}.$$

Consideremos agora o resíduo em um pólo de ordem k. Seja $f(z)$ uma função analítica que tem um pólo de ordem $k > 1$ no ponto $z = z_0$. Então, pela definição de tal pólo, a série de Laurent de $f(z)$ convergindo próximo a $z = z_0$, exceto em $z = z_0$, é dada por

$$\begin{aligned} f(z) = \frac{b_k}{(z-z_0)^k} &+ \frac{b_{k-1}}{(z-z_0)^{k-1}} + \cdots + \frac{b_2}{(z-z_0)^2} + \frac{b_1}{z-z_0} + \\ &+ a_0 + a_1(z-z_0) + a_2(z-z_0)^2 + \cdots \end{aligned}$$

onde $b_k \neq 0$. Multiplicando-se ambos os membros por $(z - z_0)^k$ obtemos

$$\begin{aligned} (z-z_0)^k f(z) &= b_k + b_{k-1}(z-z_0) + \cdots + b_2(z-z_0)^{k-2} + \\ &+ b_1(z-z_0)^{k-1} + a_0(z-z_0)^k + a_1(z-z_0)^{k+1} + \cdots \end{aligned}$$

de onde vemos que o resíduo, b_1, de $f(z)$ em $z = z_0$ é agora o coeficiente da potência $(z - z_0)^{k-1}$ na série de Taylor da função

$$g(z) = (z - z_0)^k f(z)$$

com centro em $z = z_0$. Pelo teorema da expansão de Taylor, o coeficiente b_1 é dado por

$$b_1 = \frac{1}{(k-1)!}\, g^{(k-1)}(z_0).$$

Assim, se $f(z)$ tem um pólo de ordem k em $z = z_0$, o resíduo é dado por

$$\operatorname*{Res}_{z=z_0} f(z) = \frac{1}{(k-1)!} \lim_{z \to z_0} \left\{ \frac{d^{k-1}}{dz^{k-1}} \left[(z-z_0)^k f(z) \right] \right\}$$

isto é, uma expressão que fornece o resíduo através do cálculo da derivada.

Enfim, concluindo esta seção, passemos a apresentar a resolução da questão proposta.

Resolução da Questão A função

$$f(z) = \frac{z}{(z+4)(z-1)^2}$$

tem pólos em $z = -4$, simples e em $z = 1$, pólo duplo, também chamado de pólo de ordem dois.
Devido ao contorno dado, apenas o pólo em $z = 1$ vai contribuir para a integral, visto que $z = -4$ está fora do contorno. Como mostrado acima, basta que calculemos o resíduo em $z = 1$ e multipliquemos por $2\pi i$ para termos o valor da integral, ou seja

$$\oint_C f(z)dz = \oint_C \frac{z\,dz}{(z+4)(z-1)^2} = 2\pi i \operatorname*{Res}_{z=1} f(z).$$

Como o pólo é de ordem dois vamos tomar, como caso particular da expressão que nos fornece o resíduo, $k = 2$ isto é

$$\operatorname*{Res}_{z=z_0} f(z) = \lim_{z\to z_0} \left\{ \frac{d}{dz} \left[(z-z_0)^2 f(z) \right] \right\}$$

e, para o nosso específico caso temos

$$\operatorname*{Res}_{z=1} \left[\frac{z}{(z+4)(z-1)^2} \right] = \lim_{z\to 1} \left\{ \frac{d}{dz} \left[(z-1)^2 \frac{z}{(z+4)(z-1)^2} \right] \right\} =$$
$$= \lim_{z\to 1} \left\{ \frac{d}{dz} \left(\frac{z}{z+4} \right) \right\} = \lim_{z\to 1} \left\{ \frac{4}{(z+4)^2} \right\} = \frac{4}{25}$$

logo, temos para a nossa integral inicial

$$\oint_C \frac{z\,dz}{(z+4)(z-1)^2} = \frac{8\pi i}{25}.$$

5.2 Teorema dos resíduos

Questão Seja C a elipse cuja equação é $9x^2 + y^2 = 9$ orientada no sentido anti-horário. Calcule a seguinte integral

$$\oint_C \left(\frac{z\,e^{\pi z}}{z^4 - 16} + z\,e^{\pi/z} \right) dz.$$

Teorema 1. Seja $f(z)$ uma função analítica na região interna ao contorno[2] do caminho fechado e simples C bem como sobre C, exceto para um número finito de pontos singulares $z_1, z_2, \cdots z_k$, dentro de C. Então

$$\oint_C f(z)dz = 2\pi i \sum_{j=1}^{k} \operatorname*{Res}_{z=z_j} f(z)$$

com a integral sendo tomada no sentido anti-horário no caminho C.

Demonstração. Supomos que cada um dos pontos singulares z_j esteja circundado por uma circunferência C_j com raio $r_j \ll 1$, de maneira que cada uma das circunferências C_j e C sejam disjuntas, como mostra a Figura 5.1.

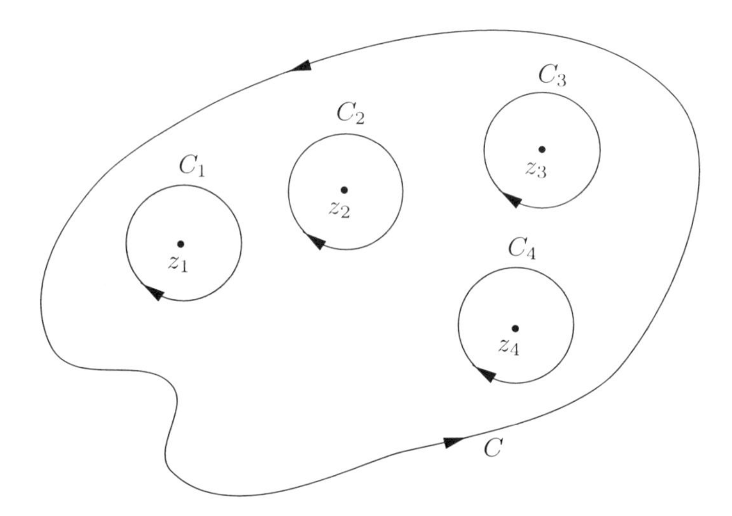

Figura 5.1: Contorno para a integral do Teorema 1.

Então, $f(z)$ é analítica num domínio multiplamente conexo cuja fronteira é a união das curvas C_1, C_2, ... , C_k e C, mostradas na Figura 5.1. Do teorema da integral de Cauchy temos

$$\oint_C f(z)dz + \oint_{C_1} f(z)dz + \oint_{C_2} f(z)dz + \cdots + \oint_{C_k} f(z)dz = 0$$

com a integral ao longo de C tomada no sentido anti-horário e as outras integrais tomadas no sentido horário. Invertendo-se o sentido de integração ao longo das circunferências $C_1, C_2, \cdots C_k$ obtemos, da expressão anterior

$$\oint_C f(z)dz = \oint_{C_1} f(z)dz + \oint_{C_2} f(z)dz + \cdots + \oint_{C_k} f(z)dz$$

[2]Para um ponto sobre o contorno, ver Apêndice A.

de onde, agora, todas as integrais são tomadas no sentido anti-horário. Utilizando o resultado da seção anterior

$$\oint_{C_j} f(z)dz = 2\pi i \operatorname*{Res}_{z=z_j} f(z)$$

obtemos, finalmente

$$\oint_{C} f(z)dz = 2\pi i \sum_{j=1}^{k} \operatorname*{Res}_{z=z_j} f(z)$$

e o teorema está provado. □

Resolução da Questão O integrando tem pólos simples em $z = \pm 2i$ e $z = \pm 2$ e uma singularidade essencial em $z = 0$. Destes pontos singulares apenas $z_1 = 2i$, $z_2 = -2i$ e $z = 0$ encontram-se dentro do contorno C. Para os pontos z_1 e z_2 vamos calcular os respectivos resíduos:

$$\operatorname*{Res}_{z=2i}\left(\frac{z\ \mathrm{e}^{\pi z}}{z^4-16}\right) = \left(\frac{z\ \mathrm{e}^{\pi z}}{4z^3}\right)_{z=2i} = -\frac{1}{16}$$

$$\operatorname*{Res}_{z=-2i}\left(\frac{z\ \mathrm{e}^{\pi z}}{z^4-16}\right) = \left(\frac{z\ \mathrm{e}^{\pi z}}{4z^3}\right)_{z=-2i} = -\frac{1}{16}.$$

Para determinarmos o resíduo em $z = 0$, expandimos o segundo termo do integrando numa série de Laurent isto é

$$z\ \mathrm{e}^{\pi/z} = z\left(1 + \frac{\pi}{z} + \frac{\pi^2}{2!z^2} + \frac{\pi^3}{3!z^3} + \cdots\right) = z + \pi + \frac{\pi^2}{2z} + \cdots$$

de onde o resíduo é dado por $b_1 = \pi^2/2$. Logo, utilizando o teorema dos resíduos temos

$$\oint_C \left(\frac{z\ \mathrm{e}^{\pi z}}{z^4-16} + z\ \mathrm{e}^{\pi/z}\right) dz = 2\pi i\left(-\frac{1}{16} - \frac{1}{16} + \frac{\pi^2}{2}\right) = \pi\left(\pi^2 - \frac{1}{4}\right) i.$$

5.3 Lema de Jordan

Questão Sendo C um contorno orientado no sentido anti-horário, como na Figura 5.2. Mostre que a integral sobre a semicircunferência vai a zero, isto é

$$\int_{C_R} \frac{z^2\, dz}{(z^2+1)(z^2+9)} \to 0 \qquad \text{para} \qquad R \to \infty.$$

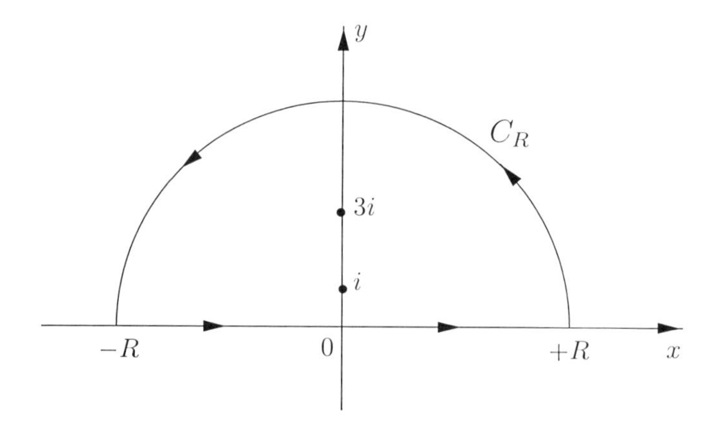

Figura 5.2: Contorno para a integral da questão proposta.

Lema 1. (Jordan) Seja C_R uma semicircunferência de raio R no semiplano superior e centrada na origem. Seja $f(z)$ uma função que tende uniformemente a zero para $\arg(z)$ quando $|z| \to \infty$ e quando $0 < \arg z < \pi$. Seja α um número real não negativo, então

$$\lim_{R\to\infty} I_R \equiv \lim_{R\to\infty} \int_{C_R} \mathrm{e}^{i\alpha z} f(z) dz = 0.$$

Demonstração. Para $z \in C_R$ podemos escrever

$$z = R\,\mathrm{e}^{i\theta}, \qquad dz = iR\,\mathrm{e}^{i\theta}\,d\theta$$

e

$$i\alpha z = i\alpha\,(R\cos\theta + iR\,\mathrm{sen}\,\theta) = i\alpha R\cos\theta - \alpha R\,\mathrm{sen}\,\theta.$$

Assim, tomando o módulo de I_R, podemos escrever

$$\begin{aligned} |I_R| &= \left|\int_{C_R} \mathrm{e}^{i\alpha z} f(z) dz\right| \leq \int_{C_R} |\,\mathrm{e}^{i\alpha z}\,|\,|f(z)|\,|dz| \\ &= \int_0^{\pi} \left|\mathrm{e}^{i\alpha R\cos\theta - \alpha R\,\mathrm{sen}\,\theta}\right| \left|f(R\,\mathrm{e}^{i\theta})\right| R\,d\theta \\ &= \int_0^{\pi} \mathrm{e}^{-\alpha R\,\mathrm{sen}\,\theta}\, R \left|f(R\,\mathrm{e}^{i\theta})\right| d\theta. \end{aligned}$$

Por hipótese, $\left|f(R\,\mathrm{e}^{i\theta})\right| < \epsilon(R)$ é independente de θ, onde $\epsilon(R)$ é um parâmetro positivo arbitrário que tende a zero quando $R \to \infty$, então

$$|I_R| < R\,\epsilon(R) \int_0^{\pi} \mathrm{e}^{-\alpha R\,\mathrm{sen}\,\theta}\,d\theta = 2R\,\epsilon(R) \int_0^{\pi/2} \mathrm{e}^{-\alpha R\,\mathrm{sen}\,\theta}\,d\theta.$$

Ainda mais, para θ no intervalo $0 \leq \theta \leq \pi/2$ temos que

$$\mathrm{sen}\,\theta \geq \frac{2\theta}{\pi} \qquad \Longrightarrow \qquad \mathrm{e}^{-\alpha R\,\mathrm{sen}\,\theta} \leq \mathrm{e}^{-\frac{2\alpha R}{\pi}\theta}$$

logo

$$|I_R| < 2R\,\epsilon(R)\int_0^{\pi/2} \mathrm{e}^{-\frac{2\alpha R}{\pi}\theta}\,d\theta = \frac{\pi\epsilon(R)}{\alpha}\left(1-\mathrm{e}^{-\alpha R}\right)$$

que implica em $\lim_{R\to\infty} I_R = 0$.

É de se notar que o lema de Jordan se aplica para $\alpha = 0$ visto que

$$\left(1-\mathrm{e}^{-\alpha R}\right) \to 0$$

quando $\alpha \to 0$. Enfim, se $\alpha < 0$ o lema ainda é válido se a semicircunferência C_R for tomada no semiplano inferior e $f(z)$ vai uniformemente a zero para $\pi < \arg(z) < 2\pi$. □

Resolução da Questão Neste caso $\alpha = 0$ uma vez que não temos exponenciais no integrando. Assim

$$R\left|f(R\mathrm{e}^{i\theta})\right| = R\left|\frac{R^2\,\mathrm{e}^{2i\theta}}{(R^2\,\mathrm{e}^{2i\theta}+1)(R^2\,\mathrm{e}^{2i\theta}+9)}\right| = \frac{R^3}{|R^2\,\mathrm{e}^{2i\theta}+1||R^2\,\mathrm{e}^{2i\theta}+9|}.$$

Lembrando que

$$\begin{aligned} |R^2\,\mathrm{e}^{2i\theta}+1| &= \sqrt{(R^2\,\mathrm{e}^{2i\theta}+1)(R^2\,\mathrm{e}^{-2i\theta}+1)} = \sqrt{R^4+2R^2\cos\theta+1} \\ &\geq \sqrt{R^4-2R^2+1} = R^2-1 \end{aligned}$$

e, analogamente para

$$|R^2\,\mathrm{e}^{2i\theta}+9| \geq R^2-9$$

temos que

$$R|f(R\mathrm{e}^{i\theta})| \leq \frac{R^3}{(R^2-1)(R^2-9)} \equiv \epsilon(R).$$

Então, para $R\to\infty$ temos $R|f(R\mathrm{e}^{i\theta})| \to 0$ logo podemos escrever

$$\int_{C_R}\frac{z^2\,dz}{(z^2+1)(z^2+9)} \to 0.$$

5.4 Exercícios

1. Encontre os resíduos nos pontos singulares das seguintes funções:

$(a)\ \dfrac{\operatorname{sen} 3z}{z^4}$ $\quad (b)\ \dfrac{z-3}{z+1}$ $\quad (c)\ \dfrac{z^2+5z-6}{(z+1)^2(z-2)^3}$

$(d)\ (1-\mathrm{e}^z)^{-1}$ $\quad (e)\ \operatorname{cosec} z$ $\quad (f)\ \operatorname{tgh} z.$

2. Encontre os resíduos somente nos pontos singulares que se encontram no interior da circunferência $|z| = 2$ para:

$$(a)\ \frac{z}{1+z^2} \qquad (b)\ \frac{1}{1-z^4} \qquad (c)\ \frac{3-z}{z^3+3z^2}$$

$$(d)\ \frac{-z^2-22z+8}{z^3-5z^2+4z} \qquad (e)\ \frac{1}{z(z-3)} \qquad (f)\ \frac{1}{1+z^3}$$

$$(g)\ \frac{1}{z^2-16} \qquad (h)\ \frac{z}{z^2+32} \qquad (i)\ \frac{z^2+12}{z^3-27}.$$

3. Sendo C uma circunferência centrada na origem e de raio unitário, orientada no sentido anti-horário, calcule as seguintes integrais:

$$(a)\ \oint_C \operatorname{tg} z\, dz \qquad (b)\ \oint_C \frac{z}{(z-2)^2} dz$$

$$(c)\ \oint_C \frac{\cos z}{3z+2i} dz \qquad (d)\ \oint_C \frac{z^2+1}{z^2-2z} dz$$

$$(e)\ \oint_C \frac{dz}{1-e^z} \qquad (f)\ \oint_C \frac{\operatorname{tgh}^2(z+1/2)}{e^z \operatorname{sen} z} dz$$

$$(g)\ \oint_C \frac{z^2}{(z^2+1/4)(z^2+9)} dz \qquad (h)\ \oint_C \frac{z}{(z^2+1/4)(z^2+4)} dz$$

$$(i)\ \oint_C \frac{z\, e^{iz}}{z^2+4} dz \qquad (j)\ \oint_C \frac{z\, e^{iz}}{z^4+\pi} dz$$

$$(k)\ \oint_C \frac{z}{z^2-4} dz \qquad (l)\ \oint_C \frac{e^{iz}}{z^4+\pi^2} dz.$$

4. Integre a função

$$f(z) = \frac{5+3z}{-z^3+4z}$$

ao longo dos seguintes caminhos, orientados no sentido anti-horário:

$$(a)\quad |z+1| = 4,$$

$$(b)\quad |z+2+i| = 8,$$

$$(c)\quad 9x^2+y^2 = 9.$$

5. Calcule as integrais, onde C é um contorno simples e fechado, orientado no sentido anti-horário tal que todas as singularidades se encontram na região interior a C.

$(a)\quad \oint_C \frac{dz}{4z^2-1}$ $\qquad (b)\quad \oint_C \frac{ze^{iz}}{z^4+1}dz$

$(c)\quad \oint_C \frac{\text{senh}z}{2z+i}dz$ $\qquad (d)\quad \oint_C \frac{z\cosh\pi z}{z^4-13z^2+36}dz$

$(e)\quad \oint_C \frac{\text{senh}z}{z(z-i/4)}dz$ $\qquad (f)\quad \oint_C \frac{z}{z+1}dz$

$(g)\quad \oint_C \frac{e^{\pi z}}{z+i}dz$ $\qquad (h)\quad \oint_C \frac{\cosh z}{z^2+i}dz$

$(i)\quad \oint_C \frac{dz}{z(z-1)}$ $\qquad (j)\quad \oint_C \frac{e^{\pi z}}{z}.$

6. Calcule as integrais, onde C é uma circunferência centrada na origem e de raio 0,9, orientada no sentido anti-horário.

$(a)\quad \oint_C \frac{dz}{z^4-2z^3}$ $\qquad (b)\quad \oint_C \text{tg}\pi z\, dz$

$(c)\quad \oint_C \frac{(z-2)^2}{z^2+5z+6}dz$ $\qquad (d)\quad \oint_C \frac{z\cosh\pi z}{z^3+5z^2+6z}dz$

$(e)\quad \oint_C \frac{dz}{(z+3)(z+2)(z+1/2)}$ $\qquad (f)\quad \oint_C \frac{e^z}{\cos\pi z}dz$

$(g)\quad \oint_C \frac{\text{sen}\, z}{z}dz$ $\qquad (h)\quad \oint_C \frac{e^{(z+i)\pi/2}}{\text{sen}\,\pi z}dz$

$(i)\quad \oint_C \frac{e^{iz}}{z}dz$ $\qquad (j)\quad \oint_C \frac{\cosh z}{z^3+3iz^2}dz.$

7. Calcule a integral

$$\int_C \text{sen}\left(\frac{1}{z}\right) dz$$

onde C é uma circunferência centrada na origem, de raio unitário e orientada no sentido positivo.

8. Calcule a integral

$$\int_C \frac{dz}{1+z^4}$$

onde C é a circunferência de equação $x^2+y^2=2x$, orientada no sentido positivo.

9. Considerando o mesmo contorno do exercício anterior, calcule a integral

$$\int_C \operatorname{sen}^2\left(\frac{1}{z}\right) dz.$$

10. Utilize o lema de Jordan para mostrar que as integrais

$$a)\quad \int_{C_R} \frac{dz}{(z^2+1)^3} \qquad\qquad b)\quad \int_{C_R} \frac{dz}{z^4+1}$$

vão a zero para $R \to \infty$. Aqui C_R é uma semi-circunferência de raio R, centrada na origem e no semi-plano superior, orientada no sentido anti-horário.

Capítulo 6

Aplicações

Este capítulo está dividido em cinco seções de aplicações da teoria das funções analíticas, que estudamos nos capítulos anteriores, a saber: cálculo de integrais reais, transformadas de Fourier, transformadas de Laplace, transformações conformes e prolongamento analítico.

Como já enfatizamos, uma das utilidades do uso da teoria das funções analíticas é permitir em muitos casos o cálculo de várias integrais reais, usando-se convenientemente o teorema dos resíduos. Uma outra grande vantagem é poder estudar problemas envolvendo a equação de Laplace bidimensional através das transformações conformes.

Na solução de equações diferenciais ordinárias ou parciais onde se utiliza o método das transformadas integrais, dentre elas, em particular, as transformadas de Fourier ou Laplace, é indispensável que saibamos calcular a transformada inversa. Ilustramos o procedimento estudando alguns problemas simples, mas bastante gerais que permitem ao leitor acostumar-se com a escolha de caminhos convenientes para o cálculo de transformadas inversas de Fourier e de Laplace.

Discutimos também o conceito de superfícies de Riemann e a técnica fundamental de prolongamento analítico, (ou continuação analítica) de uma função analítica.

Diferentemente dos cinco capítulos precedentes, não apresentamos questões propostas ao início de cada seção. Ainda mais, os exercícios propostos aparecem ao final de cada seção ao invés de ao final do capítulo.

6.1 Cálculo de integrais reais

Nesta seção apresentamos como calcular algumas integrais de funções de variável real, integrando-se certas funções analíticas em caminhos convenientes no plano complexo. Em cada um de nosso exemplos, deixamos claro a razão da escolha de uma dada função analítica e do respectivo contorno de integração. Não discutimos as integrais envolvendo as chamadas funções especiais, exceto um caso simples envolvendo a função de Bessel (*1784 - Friederich Wilhelm Bessel - 1846*) de ordem zero (ver Seção 6.1.10), visto que esta integral, em particular, pode ser conduzida a uma outra previamente discutida, conforme Seção 6.1.5.

6.1.1 Singularidade removível

Resolva a integral

$$\int_0^\infty \frac{\operatorname{sen} x}{x} dx.$$

Notemos que o integrando tem uma singularidade removível em $x = 0$. Vamos, então, considerar a seguinte integral

$$\int_{-\infty}^{\infty} \frac{e^{iz}}{z} dz,$$

uma vez que a parte imaginária desta integral é

$$2\int_0^\infty \frac{\operatorname{sen} z}{z} dz,$$

que é, a menos do fator 2, exatamente a integral desejada. Ora, como, agora, temos uma integral de $-\infty$ a $+\infty$ é conveniente tormarmos um contorno C, composto de duas semicircunferências C_1 e C_2 centradas na origem e com raios, respectivamente, iguais a ϵ e R e dois segmentos de reta, conforme a Figura 6.1 e daí consideramos os limites para $\epsilon \to 0$ e $R \to \infty$. Notamos que o cálculo da integral real poderia ser obtido com a escolha da função complexa e^{-iz}/z e com um contorno diferindo daquele indicado na Figura 6.1, pelo fato de as semicircunferências C_1 e C_2 encontrarem-se no semi-plano complexo $\operatorname{Im} z < 0$. O estudante deve verificar que ainda neste caso obtém-se o mesmo resultado para a integral real que no caso anterior.

Então, de posse da função e do contorno convenientemente escolhidos vemos que nenhuma singularidade encontra-se dentro do contorno. Portanto, o teorema dos resíduos fornece

$$\oint_C \frac{e^{iz}}{z} dz = 0,$$

onde a integração é feita no sentido anti-horário. Então, podemos escrever, percorrendo o contorno no sentido positivo,

$$\int_{-R}^{-\epsilon} \frac{e^{ix}}{x} dx + \int_{C_1} \frac{e^{iz}}{z} dz + \int_{\epsilon}^{R} \frac{e^{ix}}{x} dx + \int_{C_2} \frac{e^{iz}}{z} dz = 0.$$

Nota-se que a primeira e a terceira integrais têm a parte imaginária nula ou seja $z = x + i0 \equiv x$. Calculemos, separadamente, as integrais sobre C_1 e C_2 com $\epsilon \to 0$ e $R \to \infty$.

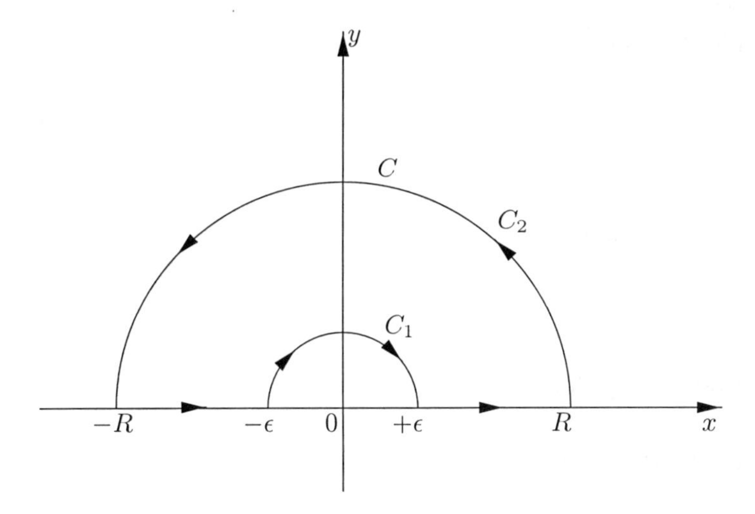

Figura 6.1: Contorno para a integral da Seção 6.1.1.

Para a integral $\displaystyle\int_{C_1} \frac{e^{iz}}{z} dz$ vamos escrever z na forma polar, ou seja, tomar $z = \epsilon\, e^{i\theta}$ com $0 < \theta < \pi$. Logo, temos $dz = \epsilon i\, e^{i\theta}\, d\theta$, de onde

$$\int_{C_1} \frac{e^{iz}}{z} dz = \int_{\pi}^{0} \frac{e^{i\epsilon\, e^{i\theta}}}{\epsilon\, e^{i\theta}} \epsilon i\, e^{i\theta} d\theta,$$

e tomando o limite para $\epsilon \to 0$ temos

$$\lim_{\epsilon \to 0} \int_{C_1} \frac{e^{iz}}{z} dz = i \int_{\pi}^{0} d\theta = -i\pi.$$

Analogamente para a integral sobre C_2, ou seja, para $z = R\, e^{i\theta}$ de onde $dz = Ri\, e^{i\theta}\, d\theta$ logo

$$\int_{C_2} \frac{e^{iz}}{z} dz = \int_{0}^{\pi} \frac{e^{iR\, e^{i\theta}}}{R\, e^{i\theta}} Ri\, e^{i\theta}\, d\theta =$$

$$= i \int_{0}^{\pi} e^{iR(\cos\theta + i \operatorname{sen}\theta)}\, d\theta = i \int_{0}^{\pi} e^{iR\cos\theta - R\operatorname{sen}\theta}\, d\theta.$$

Para tal integral, partimos da desigualdade, advinda do lema de Jordan, isto é,

$$\left| \int_{C_2} \frac{e^{iz}}{z} dz \right| \leq R\, \epsilon(R) \int_{0}^{\pi} e^{-R\operatorname{sen}\theta}\, d\theta = 2R\, \epsilon(R) \int_{0}^{\pi/2} e^{-R\operatorname{sen}\theta}\, d\theta$$

que vai para zero nos limites de $R \to \infty$ e $\epsilon(R) \to 0$, logo

$$\int_{-\infty}^{0} \frac{e^{ix}}{x} dx - i\pi + \int_{0}^{\infty} \frac{e^{ix}}{x} dx = 0.$$

Lembrando da relação $2i \operatorname{sen} x = e^{ix} - e^{-ix}$ temos

$$\int_{-\infty}^{\infty} \frac{\operatorname{sen} x}{x} dx = \pi,$$

e uma vez que o integrando é uma função par e os limites de integração são simétricos temos, finalmente,

$$\int_{0}^{\infty} \frac{\operatorname{sen} x}{x} dx = \frac{\pi}{2},$$

que é o resultado desejado.

6.1.2 Pólo simples e ponto de ramificação

Resolva a integral

$$\int_{0}^{\infty} \frac{x^{\alpha-1}}{1+x} dx$$

com $0 < \alpha < 1$.

Vamos considerar a seguinte integral

$$\oint_C \frac{z^{\alpha-1}}{1+z} dz$$

cujo integrando tem um pólo simples em $z = -1$ e um ponto de ramificação em $z = 0$. Aqui, vamos escolher um contorno que exclua o ponto de ramificação e deixe dentro do contorno C somente o pólo simples. O contorno C é composto de duas circunferências concêntricas C_1 e C_2 com raios, respectivamente, ϵ e R e dois segmentos de reta, L_1 e L_2, como na Figura 6.2.

Então, pelo teorema dos resíduos podemos escrever

$$\oint_C \frac{z^{\alpha-1}}{1+z} dz = 2\pi i \operatorname*{Res}_{z=-1} \left(\frac{z^{\alpha-1}}{1+z} \right) = 2\pi i (-1)^{\alpha-1} = 2\pi i \, e^{i\pi(\alpha-1)} .$$

Percorrendo o contorno fechado, no sentido anti-horário, temos

$$\oint_C \frac{z^{\alpha-1}}{z+1} dz = \int_{\epsilon}^{R} \frac{x^{\alpha-1}}{1+x} dx + \int_{C_2} \frac{z^{\alpha-1}}{z+1} dz +$$

$$+ \int_{R}^{\epsilon} \frac{(xe^{2\pi i})^{\alpha-1}}{1+x} dx + \int_{C_1} \frac{z^{\alpha-1}}{1+z} dz = 2\pi i \, e^{i\pi(\alpha-1)} .$$

A segunda integral, pelo lema de Jordan, vai a zero quando $R \to \infty$. A integral sobre C_1 é calculada escrevendo-se

$$z = \epsilon \, e^{i\theta} \qquad \text{com} \qquad 0 < \theta < 2\pi$$

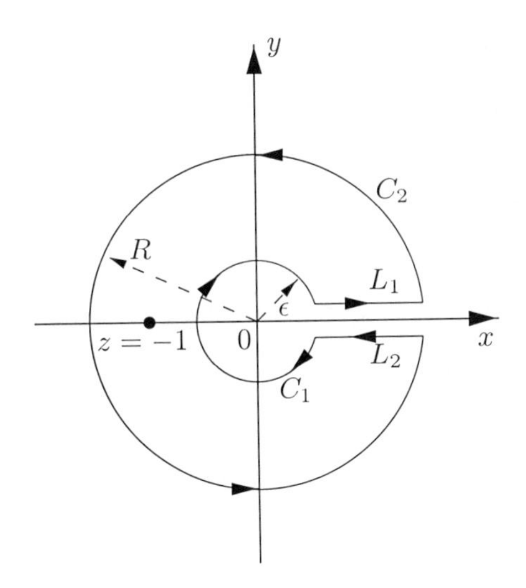

Figura 6.2: Contorno para a integral da Seção 6.1.2.

logo

$$\int_{C_1} \frac{z^{\alpha-1}}{1+z} dz = \int_{2\pi}^{0} \frac{(\epsilon\, \mathrm{e}^{i\theta})^{\alpha-1} \epsilon i\, \mathrm{e}^{i\theta}}{1+\epsilon\, \mathrm{e}^{i\theta}} d\theta = 0$$

para $\epsilon \to 0$. Finalmente, tomando-se os limites $\epsilon \to 0$ e $R \to \infty$ temos

$$\int_{0}^{\infty} \frac{x^{\alpha-1}}{1+x} dx + \mathrm{e}^{2\pi i(\alpha-1)} \int_{\infty}^{0} \frac{x^{\alpha-1}}{1+x} dx = 2\pi i\, \mathrm{e}^{i\pi(\alpha-1)}$$

ou ainda

$$\left[1 - \mathrm{e}^{2\pi i(\alpha-1)}\right] \int_{0}^{\infty} \frac{x^{\alpha-1}}{1+x} dx = 2\pi i\, \mathrm{e}^{i\pi(\alpha-1)}\,.$$

Multiplicando-se ambos os membros da expressão anterior por $\mathrm{e}^{-i\pi(\alpha-1)}$ temos

$$\left[\mathrm{e}^{-i\pi(\alpha-1)} - \mathrm{e}^{i\pi(\alpha-1)}\right] \int_{0}^{\infty} \frac{x^{\alpha-1}}{1+x} dx = 2\pi i$$

e, usando a relação envolvendo o seno e a exponencial obtemos

$$\int_{0}^{\infty} \frac{x^{\alpha-1}}{1+x} dx = \frac{-\pi}{\operatorname{sen}[\pi(\alpha-1)]}.$$

Finalmente, expandindo o seno da soma podemos escrever

$$\int_{0}^{\infty} \frac{x^{\alpha-1}}{1+x} dx = \frac{\pi}{\operatorname{sen} \pi\alpha}$$

que constitui o resultado desejado.[1]

[1] Este resultado pode ser colocado na forma de um produto de funções gama. Ver Apêndice B.

6.1.3 Pólo de ordem três e ponto de ramificação

Resolva a integral

$$\int_0^\infty \frac{\ln x}{(1+x)^3}dx.$$

Aqui também as singularidades são em $x = 0$ e $x = -1$. Vamos considerar o mesmo contorno utilizado no cálculo da integral anterior, com a função a ser integrada dada por

$$f(z) = \frac{z^\alpha}{(1+z)^3}$$

com $-1 < \alpha < 0$. Percorrendo o contorno e utilizando o teorema dos resíduos temos

$$\oint_C \frac{z^\alpha}{(1+z)^3}dz = \int_\epsilon^R \frac{x^\alpha}{(1+x)^3} + \oint_{C_2} \frac{z^\alpha}{(1+z)^3}dz + \\ + \int_R^\epsilon \frac{(x\,\mathrm{e}^{2i\pi})^\alpha}{(1+x)^3}dx + \oint_{C_1} \frac{z^\alpha}{(1+z)^3}dz = 2\pi i \operatorname*{Res}_{z=-1}\left[\frac{z^\alpha}{(1+z)^3}\right].$$

Analogamente ao caso anterior, a segunda integral vai a zero pelo lema de Jordan, a quarta integral também vai a zero quando $\epsilon \to 0$ e $R \to \infty$, de onde, podemos escrever

$$(1 - \mathrm{e}^{2\pi i\alpha})\int_0^\infty \frac{x^\alpha}{(1+x)^3}dx = \operatorname*{Res}_{z=-1}\left[\frac{z^\alpha}{(1+z)^3}\right].$$

Em $z = -1$ temos um pólo de ordem três, logo

$$\operatorname*{Res}_{z=-1}\left[\frac{z^\alpha}{(1+z)^3}\right] = \frac{1}{2!}\lim_{z\to-1}\frac{d^2}{dz^2}\left[(1+z)^3\frac{z^\alpha}{(1+z)^3}\right] = \frac{1}{2}\alpha(\alpha-1)\,\mathrm{e}^{i\pi\alpha}$$

de onde temos para a integral

$$\int_0^\infty \frac{x^\alpha}{(1+x)^3}dx = -\frac{\pi}{2}\frac{\alpha^2-\alpha}{\operatorname{sen}\pi\alpha}.$$

Derivando ambos os membros da expressão anterior em relação ao parâmetro α, utilizando a regra de Leibniz (*1646 - Gottfried Wilhelm Leibniz - 1716*),[2] e tomando o limite para $\alpha \to 0$ obtemos

$$\int_0^\infty \frac{\ln x}{(1+x)^3}dx = -\frac{1}{2}.$$

[2] Permutar a integral com a derivada [5].

6.1.4 Pólos simples e ponto de ramificação

Resolva a integral

$$\int_0^\infty \frac{x^{\alpha-1}}{x^2+b^2}dx$$

com $0 < \alpha < 2$ e $b \neq 0$.

Neste caso temos uma singularidade em $x = 0$ do tipo ramificação e pólos simples nos pontos $x = \pm ib$. Vamos utilizar o contorno da Seção 6.1.1 porém, agora, o pólo $x = +ib$ contribui para o cálculo da integral.

Por outro lado, vamos considerar a função

$$f(z) = \frac{z^{\alpha-1}}{z^2+b^2}$$

e percorrer o contorno no sentido anti-horário. Então, utilizando o teorema dos resíduos podemos escrever

$$\int_\epsilon^R \frac{x^{\alpha-1}}{x^2+b^2}dx + \int_{C_2} \frac{z^{\alpha-1}}{z^2+b^2}dz + \int_{-R}^{-\epsilon} \frac{x^{\alpha-1}}{x^2+b^2}dx + \int_{C_1} \frac{z^{\alpha-1}}{z^2+b^2}dz = $$
$$= 2\pi i \operatorname*{Res}_{z=ib}\left[\frac{z^{\alpha-1}}{z^2+b^2}\right].$$

Novamente, as integrais sobre C_1 e C_2 para $\epsilon \to 0$ e $R \to \infty$ vão a zero. Calculando o resíduo e rearranjando as integrais temos

$$\left[1 + \mathrm{e}^{i\pi(\alpha-1)}\right]\int_0^\infty \frac{x^{\alpha-1}}{x^2+b^2}dx = \pi b^{\alpha-2}\,\mathrm{e}^{i\pi(\alpha-1)/2},$$

de onde, finalmente, podemos escrever

$$\int_0^\infty \frac{x^{\alpha-1}}{x^2+b^2}dx = \frac{\pi}{2}\frac{b^{\alpha-2}}{\operatorname{sen}\frac{\pi\alpha}{2}}.$$

6.1.5 Caso em que o denominador não se anula

Resolva a integral, para θ real,

$$\int_0^{2\pi} \frac{d\theta}{\sqrt{2}-\cos\theta}.$$

Para este tipo de integral, notando que o denominador não se anula, efetuamos primeiramente a seguinte substituição:

$$\mathrm{e}^{i\theta} = z,$$

de onde podemos escrever

$$\cos\theta = \frac{1}{2}(e^{i\theta} + e^{-i\theta}) = \frac{1}{2}\left(z + \frac{1}{z}\right)$$

onde o parâmetro θ varia de 0 até 2π, uma vez que a variável z corresponde a uma circunferência de raio unitário e orientada no sentido anti-horário. Temos, então

$$\oint_C \frac{dz/iz}{\sqrt{2} - \frac{1}{2}\left(z + \frac{1}{z}\right)} = \oint_C \frac{2i\,dz}{(z - \sqrt{2} - 1)(z - \sqrt{2} + 1)}$$

de onde concluímos que o integrando tem dois pólos simples, um em $z = \sqrt{2}+1$ que se encontra fora da circunferência unitária, o qual não contribui para a integral, e o outro pólo em $z = \sqrt{2} - 1$ que está na região interna ao contorno C, cujo resíduo é dado por

$$\operatorname*{Res}_{z=\sqrt{2}-1}\left[\frac{1}{(z - \sqrt{2} - 1)(z - \sqrt{2} + 1)}\right] = \left(\frac{1}{z - \sqrt{2} - 1}\right)_{z=\sqrt{2}-1} = -\frac{1}{2}.$$

Enfim, a integral inicial é dada por

$$\int_0^{2\pi} \frac{d\theta}{\sqrt{2} - \cos\theta} = 2\pi i\left(-\frac{2}{i}\right)\left(-\frac{1}{2}\right)$$

ou ainda

$$\int_0^{2\pi} \frac{d\theta}{\sqrt{2} - \cos\theta} = 2\pi.$$

Antes de passarmos para a próxima seção, convém ressaltar que o procedimento descrito nesta seção pode ser estendido para integrais do tipo

$$I = \int_0^{2\pi} F(\cos\theta, \operatorname{sen}\theta)d\theta$$

que se tornam integrais de contorno do tipo

$$I = \oint_C f(z)\frac{dz}{iz}$$

com a integração sendo efetuada em torno de uma circunferência de raio unitário e tomada no sentido anti-horário, uma vez que

$$\cos\theta = \frac{1}{2}\left(z + \frac{1}{z}\right) \qquad \text{e} \qquad \operatorname{sen}\theta = \frac{1}{2i}\left(z - \frac{1}{z}\right).$$

6.1.6 Função inteira no integrando

Resolva a integral

$$\int_{-\infty}^{\infty} e^{-x^2} \cos 2ax \, dx$$

com $a > 0$.

A função $\exp(-z^2)$ é inteira isto é, analítica em todo o plano complexo. A integral desta função ao longo do perímetro do retângulo que tem vértices nos pontos

$$-\rho, \ \rho, \ \rho + ia, \ -\rho + ia$$

é nula. Consideramos então:

sobre o lado	$(\rho, \rho + ia)$	$z = \rho + it$	com	$0 \leq t \leq a$
sobre o lado	$(\rho + ia, -\rho + ia)$	$z = t + ia$	com	$\rho \geq t \geq -\rho$
sobre o lado	$(-\rho + ia, -\rho)$	$z = -\rho + it$	com	$a \geq t \geq 0$

onde t é um parâmetro, conforme Figura 6.3.

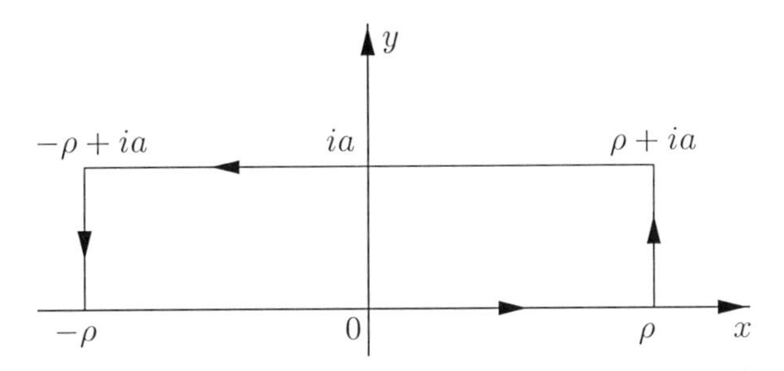

Figura 6.3: Contorno para a integral da Seção 6.1.6.

Utilizando o teorema de Cauchy podemos escrever

$$\int_{-\rho}^{\rho} e^{-x^2} \, dx + i \int_{0}^{a} e^{(\rho+it)^2} \, dt + \int_{\rho}^{-\rho} e^{-(t+ia)^2} \, dt + i \int_{a}^{0} e^{-(-\rho+it)^2} \, dt = 0$$

e, tomando-se o limite $\rho \to \infty$ temos para a primeira das integrais do lado esquerdo da expressão anterior

$$\lim_{\rho \to \infty} \int_{-\rho}^{\rho} e^{-x^2} \, dx = \sqrt{\pi}.$$

Por outro lado podemos escrever

$$\left| \int_{0}^{a} e^{-(\rho+it)^2} \, dt \right| = e^{-\rho^2} \left| \int_{0}^{a} e^{-2i\rho t} \, e^{t^2} \, dt \right| \leq e^{-\rho^2} \int_{0}^{a} e^{t^2} \, dt$$

e, por isso, mantendo-se a fixo e tomando-se o limite $\rho \to \infty$ podemos escrever

$$\lim_{\rho \to \infty} \int_{0}^{a} e^{-(\rho+it)^2} \, dt = 0$$

e, analogamente, para a quarta integral,

$$\lim_{\rho\to\infty}\int_0^a \mathrm{e}^{-(-\rho+it)^2}\,dt = 0.$$

Combinando os resultados podemos escrever

$$\sqrt{\pi} - \int_{-\infty}^{\infty} \mathrm{e}^{-(t+ia)^2}\,dt = 0$$

que pode ser escrito como

$$\mathrm{e}^{a^2}\int_{-\infty}^{\infty} \mathrm{e}^{-t^2}(\cos 2at + i\ \mathrm{sen}\, 2at)dt = \sqrt{\pi}.$$

Identificando-se parte real com parte real e parte imaginária com parte imaginária temos

$$\int_{-\infty}^{\infty} \mathrm{e}^{-t^2}\,\mathrm{sen}\, 2at\, dt = 0$$

como era de se esperar, visto que o integrando é uma função ímpar e o intervalo de integração é simétrico, e

$$\int_{-\infty}^{\infty} \mathrm{e}^{-x^2}\cos 2ax\, dx = \mathrm{e}^{-a^2}\sqrt{\pi}$$

que é o resultado desejado. Note-se que quando $a = 0$ a expressão recai num resultado bem conhecido, uma gaussiana, e portanto esta equação pode ser vista como uma generalização de tal resultado.

6.1.7 Ponto de ramificação

Resolva a integral

$$\int_0^{\infty} \frac{\mathrm{sen}\, x}{\sqrt{x}} dx.$$

Como a função $\exp(-z^2)$ é inteira, vamos escolher como contorno de integração o segmento do eixo real positivo que tem por extremos os pontos 0 e ρ; o semiquadrante Γ, com centro da origem, de extremos ρ e $\rho\,\mathrm{e}^{i\pi/4}$ e o segmento de extremos $\rho\,\mathrm{e}^{i\pi/4}$ e 0, conforme Figura 6.4.

Percorrendo o contorno e utilizando o teorema de Cauchy, temos

$$\int_0^{\rho} \mathrm{e}^{-x^2}\,dx + \int_{\Gamma} \mathrm{e}^{-z^2}\,dz + \int_{(\rho\,\mathrm{e}^{i\pi/4},0)} \mathrm{e}^{-z^2}\,dz = 0.$$

Introduzindo a mudança de variável $t\,\mathrm{e}^{i\pi/4} = z$ na terceira integral obtemos

$$\int_{(\rho\,\mathrm{e}^{i\pi/4},0)} \mathrm{e}^{-z^2}\,dz = \mathrm{e}^{i\pi/4}\int_{\rho}^{0} \mathrm{e}^{-t^2(\cos\pi/2+i\ \mathrm{sen}\,\pi/2)}\,dt = -\,\mathrm{e}^{i\pi/4}\int_0^{\rho} \mathrm{e}^{-it^2}\,dt =$$

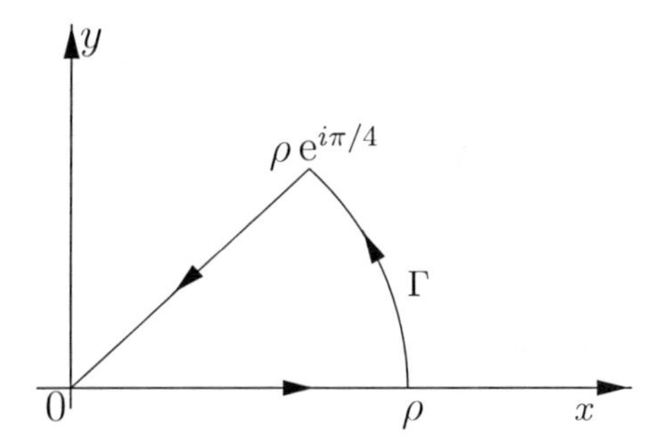

Figura 6.4: Contorno para a integral da Seção 6.1.7.

$$= -\frac{1+i}{\sqrt{2}} \int_0^{\rho} (\cos t^2 - i \,\operatorname{sen} t^2) dt.$$

Então, tomando o limite $\rho \to \infty$ podemos escrever

$$\sqrt{\pi} - \frac{1+i}{\sqrt{2}} \int_0^{\infty} (\cos t^2 - i \,\operatorname{sen} t^2) dt = 0$$

uma vez que a integral sobre Γ vai a zero, pelo lema de Jordan. Igualando as partes reais e os coeficientes das partes imaginárias temos

$$\int_0^{\infty} \operatorname{sen} t^2 dt = \int_0^{\infty} \cos t^2 dt$$

logo

$$\int_0^{\infty} \cos t^2 dt = \int_0^{\infty} \operatorname{sen} t^2 dt = \frac{1}{2} \frac{\sqrt{\pi}}{2}.$$

Introduzindo uma mudança de variável do tipo

$$t^2 = x$$

obtemos, finalmente

$$\int_0^{\infty} \frac{\operatorname{sen} x}{\sqrt{x}} dx = \int_0^{\infty} \frac{\cos x}{\sqrt{x}} dx = \frac{\sqrt{\pi}}{2}.$$

6.1.8 Pólo de ordem dois e singularidade removível

Resolva a integral

$$\int_0^{\infty} \frac{\operatorname{sen} x}{x(1+x^2)^2} dx.$$

Como o integrando é uma função par, podemos escrever (simetria)

$$\int_0^{\infty} \frac{\operatorname{sen} x}{x(1+x^2)^2} dx = \frac{1}{2} \int_{-\infty}^{\infty} \frac{\operatorname{sen} x}{x(1+x^2)^2} dx$$

e, como $x = 0$ é uma singularidade removível, vamos considerar a seguinte integral

$$\oint_C \frac{e^{iz}}{z(1+z^2)^2} dz$$

onde o contorno C é composto de duas semicircunferências C_1 e C_2 concêntricas, com centros na origem e com raios iguais respectivamente a ϵ e R, e de dois segmentos de reta como na Figura 6.5.

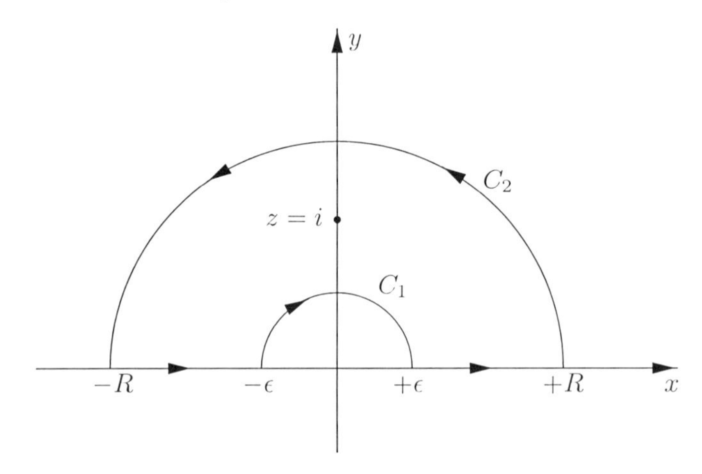

Figura 6.5: Contorno para a integral da Seção 6.1.8.

Percorrendo o contorno C no sentido anti-horário, e utilizando o teorema de Cauchy, temos

$$\int_{-R}^{-\epsilon} \frac{e^{ix}}{x(1+x^2)^2} dx + \int_{C_1} \frac{e^{iz}}{z(1+z^2)^2} dz + \int_{\epsilon}^{R} \frac{e^{ix}}{x(1+x^2)^2} dx + \int_{C_2} \frac{e^{iz}}{z(1+z^2)^2} dz = 2\pi i \operatorname*{Res}_{z=i} \left[\frac{e^{iz}}{z(1+z^2)^2} \right].$$

Vamos calcular separadamente as integrais. Para a integral sobre C_1 utilizamos a parametrização $z = \epsilon\, e^{i\theta}$ com $0 < \theta < \pi$, logo

$$\int_{C_1} \frac{e^{iz}}{z(1+z^2)^2} dz = \int_{\pi}^{0} \frac{e^{i\epsilon\, e^{i\theta}}\, \epsilon i\, e^{i\theta}}{\epsilon\, e^{i\theta}(\epsilon^2\, e^{2i\theta}+1)^2} d\theta = -\pi i$$

no limite $\epsilon \to 0$. A integral sobre C_2 é nula pelo lema de Jordan. Tomando-se os limites $R \to \infty$ e $\epsilon \to 0$ temos

$$\begin{aligned} \int_{-\infty}^{\infty} \frac{e^{ix}}{x(1+x^2)^2} dx - \pi i &= 2\pi i \operatorname*{Res}_{z=i} \left[\frac{e^{iz}}{z(1+z^2)^2} \right] \\ &= 2\pi i \lim_{z\to i} \frac{d}{dz} \left[\frac{e^{iz}}{z}(z+i)^{-2} \right] = 2\pi i \left(-\frac{3}{4\,e} \right). \end{aligned}$$

Sabendo que a parte imaginária da última expressão é dada por

$$\text{Im}\left\{\int_{-\infty}^{\infty}\frac{e^{ix}}{x(1+x^2)^2}dx\right\}=\int_{-\infty}^{\infty}\frac{\operatorname{sen} x}{x(1+x^2)^2}dx$$

obtemos o resultado para a nossa integral de partida, ou seja

$$\int_0^{\infty}\frac{\operatorname{sen} x}{x(1+x^2)^2}dx=\frac{\pi}{2}\left(1-\frac{3}{2\,e}\right).$$

6.1.9 Buraco de fechadura

Calcule a integral

$$H(\beta)=\int_{-\infty}^{\infty}\frac{e^{i\beta\xi}}{\sqrt{\xi+i}+\sqrt{\xi+2i}}d\xi$$

onde β é real.

Os argumentos de $\sqrt{\xi+i}$ e $\sqrt{\xi+2i}$ estão entre $(0,\pi)$. Quando $\beta>0$, $H(\beta)=0$ enquanto que para $\beta<0$ é desejável racionalizar o denominador, isto é,

$$\frac{1}{\sqrt{\xi+i}+\sqrt{\xi+2i}}=\frac{\sqrt{\xi+i}-\sqrt{\xi+2i}}{\xi+i-(\xi+2i)}=\frac{\sqrt{\xi+i}-\sqrt{\xi+2i}}{-i}$$

de onde podemos escrever

$$H(\beta)=\int_{-\infty}^{\infty}\frac{\sqrt{\xi+2i}}{i}\,e^{i\beta\xi}\,d\xi-\int_{-\infty}^{\infty}\frac{\sqrt{\xi+i}}{i}\,e^{i\beta\xi}\,d\xi$$

porém infelizmente, estas integrais (individualmente) não existem.

Um procedimento útil, então, é considerar, ainda para $\beta<0$ a integral

$$H^{(1)}(\beta)=\oint_{\Gamma}\frac{e^{i\beta\xi}}{\sqrt{\xi+2i}+\sqrt{\xi+i}}d\xi$$

onde Γ é o contorno como na Figura 6.6.

Pelo lema de Jordan, as contribuições ao longo de $|z|=R$, tendem a zero quando $R\to\infty$. Logo, utilizando o teorema dos resíduos, a integral é zero, de onde podemos escrever

$$H(\beta)+\lim_{R\to\infty}\int_{\Gamma_1(R)}\frac{e^{i\beta\xi}}{\sqrt{\xi+i}+\sqrt{\xi+2i}}d\xi=0$$

onde $\Gamma_1(R)$ é uma parte do caminho, às vezes chamado de *buraco de fechadura*, como na Figura 6.6. Assim,

$$H(\beta)=\int_{\Gamma_1(\infty)}e^{i\beta\xi}\,\frac{\sqrt{\xi+i}}{i}d\xi-\int_{\Gamma_1(\infty)}e^{i\beta\xi}\,\frac{\sqrt{\xi+2i}}{i}d\xi$$

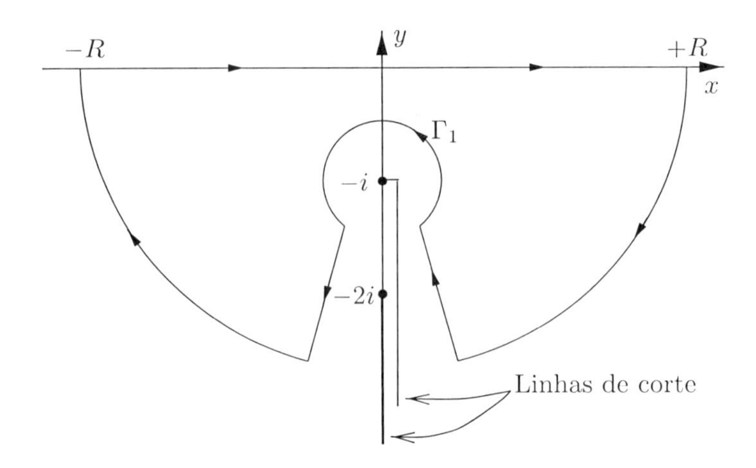

Figura 6.6: Contorno com linhas de corte, conhecido como buraco de fechadura.

A segunda integral pode ser simplificada através de outra aplicação do teorema de Cauchy, isto é, podemos escrever

$$H_1(\beta) = \int_{\Gamma_1(\infty)} \frac{\sqrt{\xi + 2i}}{i} \, \mathrm{e}^{i\beta\xi} \, d\xi = \int_{\Gamma_2} \frac{\sqrt{\xi + 2i}}{i} \, \mathrm{e}^{i\beta\xi} \, d\xi$$

onde Γ_2 é como na Figura 6.7 e o raio da circunferência menor é qualquer número real positivo ϵ. Então

$$\begin{aligned} H_1(\beta) &= \int_{\Gamma_2} \frac{\sqrt{\xi + 2i}}{i} \, \mathrm{e}^{i\beta\xi} \, d\xi \\ &= \int_{-i\infty}^{-2i} \frac{\sqrt{\xi + 2i}}{i} \, \mathrm{e}^{i\beta\xi} \, d\xi + \oint_{\epsilon} \frac{\sqrt{\xi + 2i}}{i} \, \mathrm{e}^{i\beta\xi} \, d\xi + \int_{-2i}^{-i\infty} \frac{\sqrt{\xi + 2i}}{i} \, \mathrm{e}^{i\beta\xi} \, d\xi. \end{aligned}$$

Consideramos agora as seguintes mudanças de variáveis

$$\xi = -i(2+\mu) \left\{ \begin{array}{c} \mathrm{e}^{0} \\ \mathrm{e}^{2\pi i} \end{array} \right.$$

que, substituindo nas integrais, fornecem

$$\begin{aligned} H_1(\beta) = &-i \int_{\infty}^{0} \mathrm{e}^{\beta(2+\mu)} \, \frac{\sqrt{-i\mu}}{i} d\mu \\ &+ \int_{0}^{2\pi} \mathrm{e}^{i\beta(-i\epsilon)} \, \frac{\sqrt{-i\epsilon}}{i} (-id\xi) + \int_{0}^{\infty} \frac{\sqrt{-i\mu \, \mathrm{e}^{2\pi i}}}{i} \, \mathrm{e}^{\beta(2+\mu)} (-id\mu). \end{aligned}$$

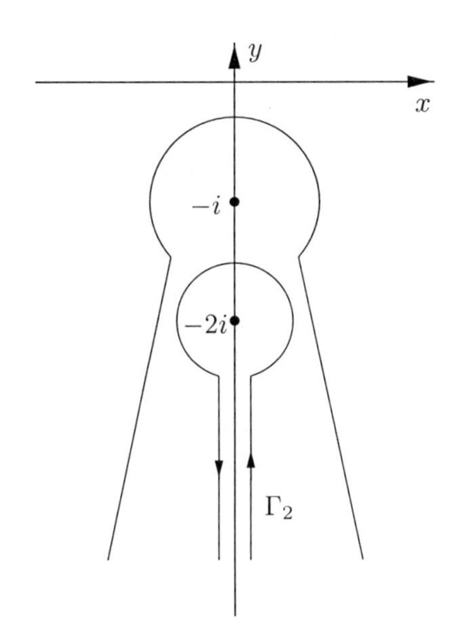

Figura 6.7: Contorno do buraco de fechadura modificado.

E, tomando o limite $\epsilon \to 0$ podemos escrever

$$\begin{aligned} H_1(\beta) &= \int_0^\infty e^{\beta(2+\mu)}\, e^{-i\pi/4} \sqrt{\mu} d\mu + \int_0^\infty e^{\beta(2+\mu)}\, e^{-i\pi/4} \sqrt{\mu} d\mu \\ &= 2\, e^{-i\pi/4} \int_0^\infty e^{\beta(2+\mu)} \sqrt{\mu} d\mu. \end{aligned}$$

Agora, introduzindo a mudança de variável $\mu = t^2$ e simulando uma diferenciação no parâmetro β podemos escrever

$$H_1(\beta) = 4\, e^{2\beta - i\pi/4} \frac{\partial}{\partial \beta} \int_0^\infty e^{\beta t^2}\, dt.$$

Desta expressão se vê claramente a condição $\beta < 0$. Então, integrando, obtemos

$$H_1(\beta) = \sqrt{\pi}(-\beta)^{-3/2}\, e^{2\beta - i\pi/4}\,.$$

Analogamente para a outra das integrais, isto é, podemos escrever, finalmente

$$H(\beta) = \sqrt{\pi}(-\beta)^{-3/2}\, e^{-i\pi/4} \left(e^{\beta} - e^{2\beta} \right).$$

6.1.10 Função de Bessel no integrando

Calcule a integral

$$A(\mu, a) = \int_0^\infty e^{i\mu x}\, J_0(ax) dx$$

com a e μ reais. Aqui $J_0(z)$ é a chamada função de Bessel de ordem zero para a qual vale a seguinte representação integral[3]

$$J_0(z) = \frac{1}{2\pi}\int_0^{2\pi} e^{iz \operatorname{sen}\theta}\, d\theta.$$

Então, introduzindo a representação integral na expressão para $A(\mu, a)$, podemos escrever

$$A(\mu, a) = \frac{1}{2\pi}\int_0^{\infty} e^{i\mu x}\, dx \int_0^{2\pi} e^{iax \operatorname{sen}\theta}\, d\theta.$$

Temporariamente, substituímos μ por $\mu + i\epsilon$, com $\epsilon > 0$, invertendo a ordem de integração (para $\epsilon > 0$, a mudança é assegurada pela convergência uniforme em relação a θ) isto é,

$$A(\mu, a) = \frac{1}{2\pi}\int_0^{2\pi} d\theta \int_0^{\infty} e^{i(\mu + i\epsilon + a \operatorname{sen}\theta)x}\, dx.$$

Integrando em x podemos escrever

$$A(\mu, a) = -\frac{1}{2\pi}\int_0^{2\pi} \frac{d\theta}{i(\mu + i\epsilon + a \operatorname{sen}\theta)}.$$

Com o mesmo procedimento de cálculo utilizado na Seção 6.1.5, utilizando o teorema dos resíduos e tomando o limite $\epsilon \to 0$ obtemos

$$A(\mu, a) = \frac{i}{\sqrt{\mu^2 - a^2}}$$

com $\mu > a > 0$.

6.1.11 Infinidade de pontos singulares

Calcule a integral

$$B(a) = \int_{-\infty}^{\infty} \frac{\theta}{\operatorname{senh}\theta - a} d\theta$$

onde a é um número complexo com $\operatorname{Im} a > 0$.

As singularidades do integrando estão ao longo de duas linhas verticais (no plano θ) nos pontos,

$$\begin{aligned} \theta_j &= p_0 + iq_0 + 2k\pi i \\ \theta_j' &= -p_0 + i(\pi - q_0) + 2k\pi i \end{aligned}$$

onde $\theta_0 = p_0 + iq_0$ é raiz de $\operatorname{senh}\theta - a = 0$, para a qual $0 < q_0 < 2\pi$.

[3]Ver, por exemplo, ref. [5].

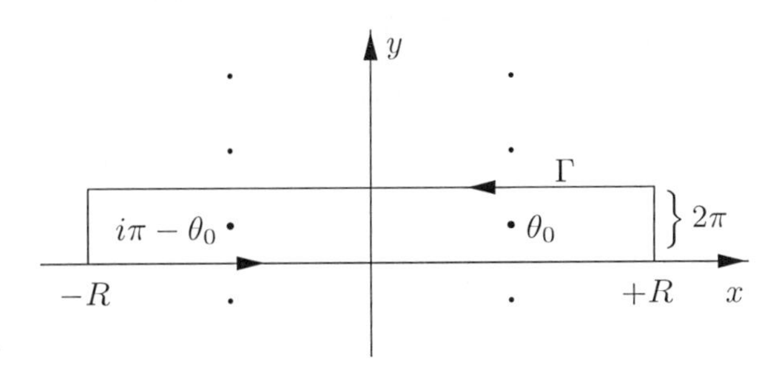

Figura 6.8: Infinitas singularidades.

Vamos considerar a seguinte integral de contorno

$$B_1(a) = \int_\Gamma \frac{z}{\text{senh } z - a} dz$$

onde Γ é dado pela Figura 6.8. Quando $R \to \infty$, as contribuições dos segmentos verticais vão a zero e as contribuições dos segmentos horizontais fornecem

$$\int_{-\infty}^{\infty} \frac{\theta}{\text{senh}\, \theta - a} d\theta = -\frac{1}{2\pi i} B_1(a).$$

A integral pode ser calculada em termos dos resíduos do integrando em $B_1(a)$. Comparando as duas últimas expressões podemos mostrar que a integral desejada, $B(a)$, está relacionada com a integral de contorno

$$B_2(a) = \int_\Gamma \frac{z(z - 2\pi i)}{\text{senh}\, z - a} dz,$$

onde Γ é como o contorno na Figura 6.8. Então, segue que

$$B_2(a) = -4\pi i B(a)$$

e assim, calculando os resíduos nos pólos relevantes, temos

$$B(a) = \frac{\pi}{2} \frac{\pi + 2i\theta_0}{\cosh \theta_0}.$$

6.1.12 Contorno sem ponto singular em seu interior

Calcule a integral

$$I = \int_0^\pi \ln(\text{sen}\, x)\, dx.$$

Consideramos a função $f(z) = \ln(1 - \text{e}^{2iz})$ para os números $z \in \mathbb{C}$ tais que $1 - \text{e}^{2iz}$ não é um real negativo.

Tomando $x + iy = z$ temos

$$1 - e^{2iz} = 1 - e^{-2y}(\cos 2x + i \operatorname{sen} 2x)$$

que será real somente se $\operatorname{sen} 2x=0$, isto é, $x = k\pi/2$ com $k \in Z$, logo os z serão tais que $1 - e^{2y} \cos k\pi \leq 0$.

Esta desigualdade será verdadeira se, e somente se, $y \leq 0$ e k for inteiro e par. Portanto o domínio de $f(z)$ é o plano complexo $\mathbb{C}$, excluindo-se a família de semi-retas $z_k = k\pi + iy$, com $y < 0$ e k um inteiro par.

Consideramos o caminho Γ, orientado, como na Figura 6.9.

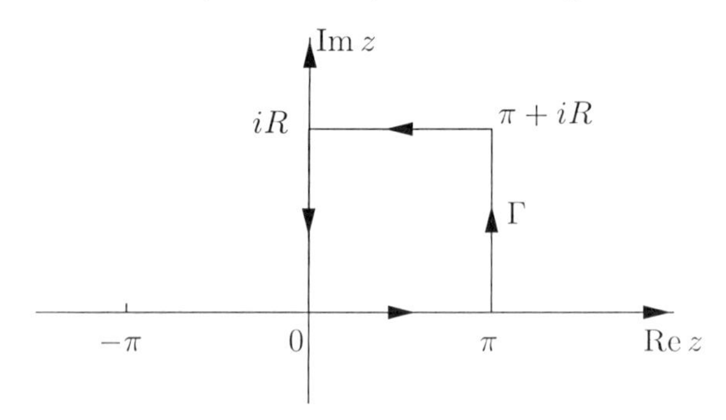

Figura 6.9: Contorno sem ponto singular em seu interior.

Como não há ponto singular de $f(z)$ no interior de Γ, a sua integral sobre Γ é zero. Logo, obtemos

$$\int_\Gamma \ln(1 - e^{2iz})dz = \int_{iy}^0 \ln(1 - e^{-2s})ds + \int_0^{iy} \ln(1 - e^{2\pi i - 2s})ds$$
$$+ \int_0^\pi \ln(1 - e^{2ix})dx + \int_\pi^0 \ln(1 - e^{-2y+2ix})dx = 0.$$

Sendo $e^{-2s} = e^{-2s+2\pi i}$ a soma das duas primeiras parcelas é zero e, tomando $y \to \infty$ obtém-se que a última parcela também é zero, de onde

$$\int_0^\pi \ln(1 - e^{2ix})dx = 0.$$

Lembrando que $1 - e^{2ix} = -2i\, e^{ix} \operatorname{sen} x$ e substituindo na expressão anterior podemos escrever

$$\int_0^\pi \ln(-2i\, e^{ix} \operatorname{sen} x)dx = \int_0^\pi \ln(-2)dx + \int_0^\pi \ln(i)dx$$
$$+ \int_0^\pi (ix)dx + \int_0^\pi \ln(\operatorname{sen} x)dx = 0.$$

Simplificando obtemos

$$\int_0^\pi \ln \operatorname{sen} x\, dx = \pi(\ln 2 - i\pi) + \pi^2 i = \pi \ln 2.$$

6.1.13 Domínio multiplamente conexo

Calcule a integral envolvendo uma função polídroma

$$J = \int_0^1 \frac{\sqrt[4]{x(1-x)^3}}{(1+x)^3} dx.$$

Considere a seguinte função polídroma de variável complexa

$$f(z) = \frac{\sqrt[4]{z(1-z)^3}}{(1+z)^3}$$

que tem as seguintes propriedades:

(a) No domínio D, formado pelo plano finito sem o segmento [0,1], o integrando tem quatro ramos regulares.

(b) Cada ramo assume valores diferentes nos extremos do corte.

(c) Cada ramo tem um zero de segunda ordem no infinito.

A propriedade (a) decorre do fato que se z percorre um contorno no sentido positivo contendo em seu interior ambos os pontos zero e um, os correspondentes aumentos no argumento em $\arg(z)$ e $\arg(1-z)$ são iguais a 2π, de forma que o argumento[4] em

$$\arg[z(1-z)^3]$$

é igual a $2\pi + 3 \cdot 2\pi = 8\pi$, e assim $\sqrt[4]{z(1-z)^3)}$ retorna ao seu valor original.

A partir de agora, vamos supor que tenhamos escolhido um particular ramo regular da função polídroma. Ainda mais, vamos considerar este ramo como sendo um ramo que admite valores positivos na parte superior (I) do corte. Nos pontos ao longo de I temos $\arg(z) = \arg(1-z) = 0$. Supomos que um ponto z percorra o contorno em torno das bordas do corte. Quando z passa em torno do ponto um, o argumento de z permanece igual a zero porém $\arg(1-z) = 2\pi$ assim, o valor da raiz na borda inferior, (II), difere de seu valor no ponto extremo da borda I, pelo fator

$$\mathrm{e}^{-i3\cdot 2\pi/4} = \mathrm{e}^{-i3\pi/2} = i$$

fato este que estabelece a propriedade (b). Finalmente, a propriedade (c) vale porque, para $|z|$ grande, o numerador de $f(z)$ é da mesma ordem de z enquanto a ordem do denominador é z^3.

Para $|z|$ grande, o numerador é dado por

$$\sqrt[4]{-z^4+3z^3-3z^2+z} = z\left[-1+\left(\frac{3}{z}-\frac{3}{z^2}+\frac{1}{z^3}\right)\right]^{1/4} = \alpha z\left(1+\frac{b_1}{z}+\frac{b_2}{z^2}+\cdots\right)$$

[4]Produto de números complexos $z(1-z)^3$, somam-se os argumentos.

onde α é uma constante de módulo unitário. Assim, numa vizinhança do infinito, temos

$$f(z) = \frac{\alpha z(1 + b_1/z + b_2/z^2 + \cdots)}{z^3(1 + 3/z + 3/z^2 + 1/z^3)} = \frac{\alpha}{z^2}\left(1 + \frac{c_1}{z} + \frac{c_2}{z^2} + \cdots\right).$$

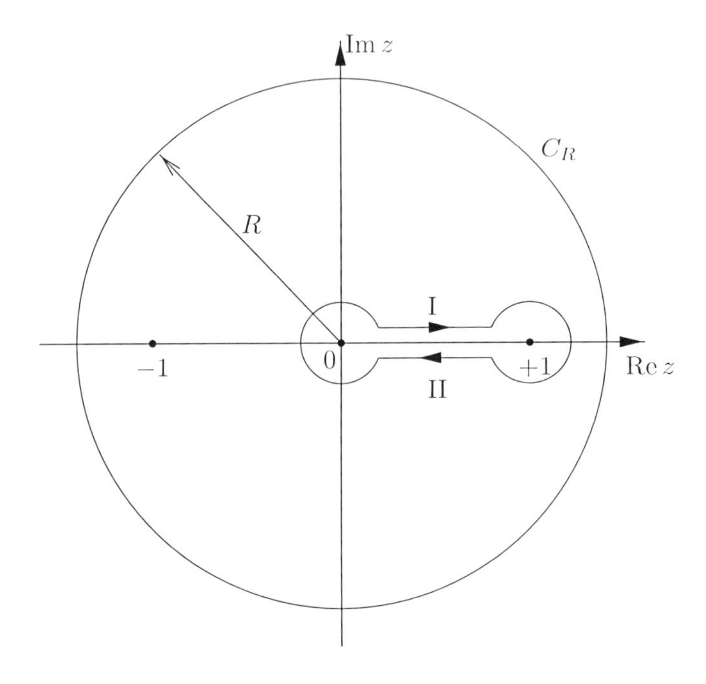

Figura 6.10: Integrando uma função plurívoca.

Consideramos o ramo de $f(z)$ como na Figura 6.10 no domínio limitado D do qual a fronteira consiste das bordas I e II e da circunferência C_R, definida por $|z| = R$. Este domínio é multiplamente conexo. O teorema dos resíduos continua válido, quando uma componente do contorno consiste da borda (adjacente) do corte, assim, introduzindo a notação

$$\int_I + \int_{II} + \oint_{C_R} = 2\pi i C_{-1}$$

onde C_{-1} é o resíduo do ramo escolhido de $f(z)$ em $z = -1$. Pela propriedade (c),[5] a integral sobre C_R vai a zero para todo R suficientemente grande, desde que o resíduo deste corte no infinito seja zero, o que pode ser visto pela série de Laurent. Pela propriedade (b) as integrais sobre I e sobre II não se cancelam no corte [0,1], logo

$$\int_I + \int_{II} = \int_0^1 \frac{\sqrt[4]{x(1-x)^3}}{(1+x)^3}dx + i\int_1^0 \frac{\sqrt[4]{x(1-x)^3}}{(1+x)^3}dx = (1-i)J = 2\pi i C_{-1}$$

[5]Lema de Jordan.

de onde

$$J = \frac{2\pi i}{1-i} C_{-1}.$$

Falta-nos calcular o resíduo C_{-1}. O ramo escolhido de $f(z)$ tem um pólo de ordem três em $z = -1$, de onde

$$C_{-1} = \frac{1}{2} \lim_{z \to -1} \left[\frac{d^2}{dz^2} \{(1+z)^3 f(z)\} \right] = \frac{1}{2} \lim_{z \to -1} \left[\frac{d^2}{dz^2} \sqrt[4]{z(1-z)^3} \right].$$

Para calcular C_{-1} devemos tomar cuidado devido ao ramo por nós escolhido. Para este ramo, os argumentos de z e $1-z$ em $z = -1$ são tomados iguais a π e 0, respectivamente, assim que, após a diferenciação substituímos z por -1 de onde $1 - z = 2$. Usando a regra de Leibniz obtemos

$$C_{-1} = -\frac{3\sqrt[4]{2}}{128}(1+i).$$

Enfim, podemos escrever para a integral

$$J = -\frac{2\pi i}{1-i} \frac{3\sqrt[4]{2}}{128}(1+i) = \frac{3\pi\sqrt[4]{2}}{64},$$

de onde obtemos

$$\int_0^1 \frac{\sqrt[4]{x(1-x)^3}}{(1+x)^3} dx = \frac{3\pi\sqrt[4]{2}}{64}.$$

6.1.14 Logaritmo e pólos de ordem dois

Calcule a integral

$$I = \int_0^\infty \frac{\ln x}{(1+x^2)^2} dx.$$

Vamos considerar o contorno C análogo ao da Seção 6.1.1, isto é, circundando a origem uma vez que o integrando é infinito para $z = 0$. Logo, no interior do domínio limitado por este contorno, a função

$$f(z) = \frac{\ln z}{(1+z^2)^2}$$

é monódroma. Aqui, ln denota o ramo principal da função logaritmo, isto é, $0 \leq \arg z < \pi$. A função tem um pólo de segunda ordem em $z = i$, cujo resíduo é dado por

$$C_{-1} = \lim_{z \to i} \left\{ \frac{d}{dz} [(z-i)^2 f(z)] \right\} = \left[\frac{d}{dz} \frac{\ln z}{(z+i)^2} \right]_{z=i} = \frac{\pi + 2i}{8}.$$

Utilizando o teorema de Cauchy temos, percorrendo o contorno no sentido positivo

$$\int_{-R}^{-\epsilon} + \int_{C_1} + \int_{\epsilon}^{R} + \int_{C_2} = 2\pi i C_{-1} = \frac{\pi^2}{4} i - \frac{\pi}{2}.$$

Pelo lema de Jordan, a integral sobre C_2, para $R \to \infty$, vai a zero, assim como vai a zero a integral sobre C_1, para $\epsilon \to 0$. Então, tomando estes limites podemos escrever

$$\int_{-\infty}^{0} \frac{\ln z}{(1+z^2)^2} dz + \int_{0}^{\infty} \frac{\ln z}{(1+z^2)^2} dx = \frac{\pi^2}{4} i - \frac{\pi}{2}.$$

Agora, para $z < 0$, $\ln z = \ln(-z) + i\pi$, assim, para $z = -x$ temos

$$\int_{-\infty}^{0} \frac{\ln z}{(1+z^2)^2} dz = \int_{-\infty}^{0} \frac{\ln(-z)}{(1+z^2)^2} dz + i\pi \int_{-\infty}^{0} \frac{dz}{(1+z^2)^2} =$$

$$= \int_{0}^{\infty} \frac{\ln x}{(1+x^2)^2} dx + i\pi \int_{0}^{\infty} \frac{dx}{(1+x^2)^2}$$

de onde, igualando parte real com parte real e parte imaginária com parte imaginária, podemos escrever

$$-\int_{0}^{\infty} \frac{dx}{(1+x^2)^2} = \frac{1}{2} \int_{0}^{\infty} \frac{\ln x}{(1+x^2)^2} dx = -\frac{\pi}{4}.$$

6.1.15 Exercícios

Nos exercícios 1 a 20, resolva as integrais indicadas utilizando um contorno adequado para cada uma.

1. $\displaystyle\int_{0}^{\infty} \frac{dx}{1+x^2}$

2. $\displaystyle\int_{0}^{\infty} \frac{dx}{1+x^3}$

3. $\displaystyle\int_{0}^{\infty} \frac{dx}{1+x^4}$

4. $\displaystyle\int_{-\infty}^{\infty} \frac{x^2}{x^4+5x^2+4} dx$

5. $\displaystyle\int_{0}^{2\pi} \frac{d\theta}{25 - 24\cos\theta}$

6. $\displaystyle\int_{0}^{2\pi} \frac{d\theta}{\frac{5}{4} - \operatorname{sen}\theta}$

7. $\displaystyle\int_{0}^{\pi} \frac{d\theta}{k+\cos\theta}$ com $k > 1$

8. $\displaystyle\int_{-\infty}^{\infty} \frac{x}{x^2+4} dx$

9. $\displaystyle\int_{-\infty}^{\infty} \frac{\cos kx}{\xi^2+x^2} dx$ com $k > 0$ e $\xi > 0$

10. $\displaystyle\int_{-\infty}^{\infty} \frac{dx}{(x^2+1)(x^2+2)}$

11. $\displaystyle\int_{-\infty}^{\infty} \frac{x \operatorname{sen} \pi x}{(x^2+1)(x^4+1)} dx$

12. $\displaystyle\int_{0}^{\infty} \frac{\operatorname{sen} x}{x(1+x^2)} dx$

13. $\displaystyle\int_{0}^{\infty} \frac{\ln x}{(1+x)^2} dx$

14. $\displaystyle\int_{0}^{\infty} \frac{\ln x}{1+x^2} dx.$

15. $\displaystyle\int_0^\infty \frac{\ln x}{x^2+b^2}dx$ com $b>0$

16. $\displaystyle\int_0^\infty \frac{x^{-1/4}}{1+x}dx$

17. $\displaystyle\int_0^\infty \frac{dx}{\sqrt{x}(1+x)^3}$

18. $\displaystyle\int_0^\infty \cos x\, x^{\mu-1}dx$ com $0<\mu<1$

19. $\displaystyle\int_0^\infty \operatorname{sen} x\, x^{\mu-1}dx$ com $0<\mu<1$

20. $\displaystyle\int_{-\infty}^\infty \frac{\mathrm{e}^{\alpha x}}{1+\mathrm{e}^x}dx$ com $0<\alpha<1$

21. Mostre que, para $-\pi<\theta<\pi$,

$$\int_0^\infty \frac{\cosh\theta x}{\cosh\pi x}dx=\frac{1}{2}\sec\frac{\theta}{2} \quad \text{e} \quad \int_0^\infty \frac{\operatorname{sen}\theta x}{\operatorname{senh}\pi x}dx=\frac{1}{2}\operatorname{tgh}\frac{\theta}{2}.$$

22. Mostre que $\int_0^{\pi/2}\ln(\operatorname{sen} x)\operatorname{tg} x\, dx=-\pi^2/24$.

23. Utilize o teorema dos resíduos para mostrar os seguintes resultados: [6]

$$(a)\quad \int_0^1 \frac{\ln x}{1+x}dx=\frac{-\pi^2}{12} \qquad (b)\quad \int_0^1 \frac{\ln x}{1-x^2}dx=-\frac{\pi^2}{8}$$

$$(c)\quad \int_0^1 \frac{x\ln x}{1-x^2}dx=-\frac{\pi^2}{24} \qquad (d)\quad \int_0^1 \frac{\ln x}{1-x}dx=-\frac{\pi^2}{6}.$$

24. Sendo $-1<p<1$ e $a>0$, mostre que

$$\int_0^1 \left(\frac{x}{1-x}\right)^p \frac{dx}{(x+a)^2}=\frac{\pi p}{\operatorname{sen}\pi p}\frac{a^{p-1}}{(1+a)^{p+1}}.$$

25. Mostre que

$$\int_0^1 \frac{x^{1-p}(1-x)^p}{(1+x)^3}dx=\frac{\pi p(1-p)}{2^{3-p}\operatorname{sen}\pi p},$$

para $-1<p<2$. Para tal considere a seguinte integral no plano complexo

$$\int_C \frac{z^{1-p}(1-z)^p}{(1+z)^3}dz$$

onde C é o contorno como na figura da Seção 6.1.13 o qual limita um domínio duplamente conexo. Tome $R\to\infty$.

26. Mostre que

$$\int_0^\infty \frac{\ln x}{x^2+a^2}dx=\frac{\pi}{2a}\ln a.$$

Considere um contorno excluindo o ponto $z=0$ e fechando o circuito com uma semicircunferência e daí tome o raio desta circunferência indo para infinito.

27. Mostre que

$$\int_0^1 \ln\left(\frac{1}{x}-x\right)\frac{dx}{1+x^2}=\frac{\pi}{4}\ln 2.$$

Tome um contorno evitando os pontos $z=\pm1$ e $z=0$ e fechando o circuito com uma semicircunferência de raio R. Tome R indo para infinito e considere a parte real da integral.

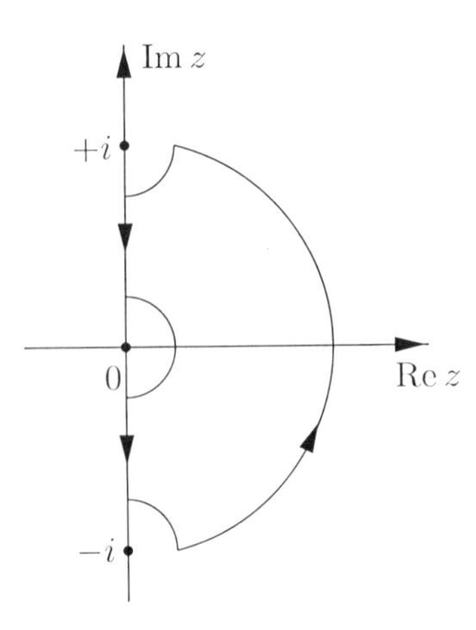

Figura 6.11: Contorno para o Ex. 28.

28. Mostre que para $b > a > -1$ temos

$$\int_0^{\pi/2} \cos^a \theta \cos b\theta \, d\theta = \frac{\pi\Gamma(a+1)}{2^{a+1}\Gamma\left(\frac{a+b}{2}+1\right)\Gamma\left(\frac{a-b}{2}+1\right)}.$$

Para tal considere a seguinte integral

$$\int_C \left(z + \frac{1}{z}\right)^a z^{b-1} dz$$

onde o contorno C é como na Figura 6.11 com r pequeno, tendendo a zero. Ao calcular a integral em y separe-a em duas integrais do tipo Euler (funções beta e gama; ver Apêndice B) e utilize os seguintes resultados:

$$B(p,q) = \frac{\Gamma(p)\Gamma(q)}{\Gamma(p+q)} \qquad \text{e} \qquad \Gamma(p)\Gamma(1-p) = \frac{\pi}{\operatorname{sen} \pi p}.$$

29. Sendo n um número natural tal que $n \geq 2$ mostre que

$$(a) \quad \int_0^\infty \frac{x^n}{1+x^{2n}} dx = \frac{\pi}{2} \frac{\operatorname{sen} \pi/2n}{\operatorname{sen} \pi/n} \qquad \text{e} \qquad (b) \quad \int_0^\infty \frac{dx}{1+x^n} = \frac{\pi/n}{\operatorname{sen} \pi/n}.$$

30. Utilize o contorno da Figura 6.12 para mostrar que

$$\int_0^\infty x^{p-1} \cos ax dx = \frac{\Gamma(p)\cos(\pi p/2)}{a^p}$$

com $a > 0$ e $0 < p < 1$.

31. Em analogia ao anterior, calcule a integral

$$\int_0^\infty x^{p-1} \operatorname{sen} ax \, dx = \frac{\Gamma(p) \operatorname{sen}(\pi p/2)}{a^p}$$

impondo as necessárias restrições para os parâmetros p e a.

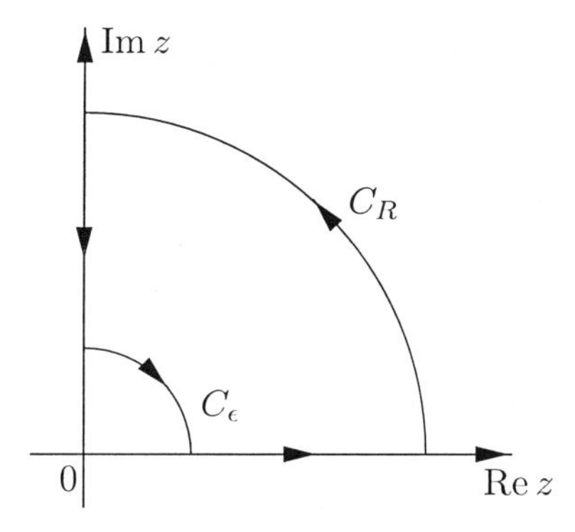

Figura 6.12: Contorno para o Ex. 30.

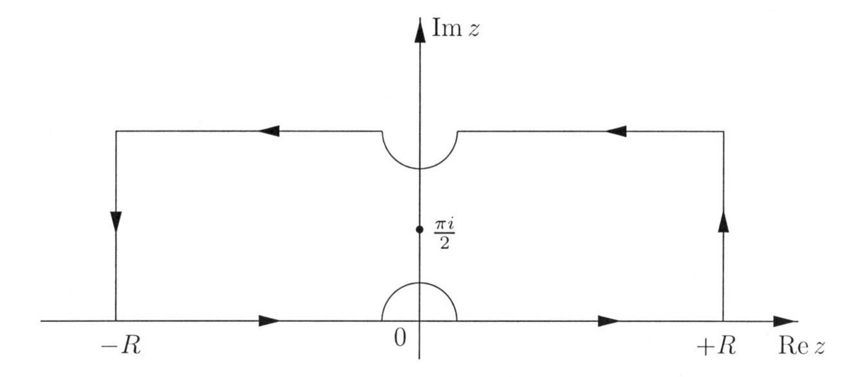

Figura 6.13: Contorno para o Exercício 32.

32. Sendo $-\pi < a < \pi$ mostre o seguinte resultado

$$\int_0^\infty \frac{\cosh\, ax}{\cosh\, \pi x} dx = \frac{1/2}{\cos(a/2)}.$$

Para tal, considere a seguinte integral

$$\int_C \frac{\mathrm{e}^{az}}{\cosh\, \pi z} dz$$

para $-R \leq \operatorname{Re} z \leq R$ e $0 \leq \operatorname{Im} z \leq 1$ onde C é o contorno como na Figura 6.13.

33. Mostre o seguinte resultado [7]

$$\int_0^\infty \frac{x^{2k+1}}{\operatorname{senh} x} dx = \frac{\pi}{2} \lim_{\beta \to 0} \left\{ \frac{d^{2k+1}}{d\beta^{2k+1}} \left[\tan\left(\frac{\pi\beta}{2} \right) \right] \right\}$$

com $k = 0, 1, 2, \ldots$

6.2 Transformada de Fourier

Entre as várias técnicas para encontrar-se a solução de uma dada equação diferencial ordinária ou parcial, destaca-se o método da transformada de Fourier (*1768 Jean-Baptiste Joseph Fourier – 1830*). Este consiste basicamente[6] em transformar a equação diferencial (ordinária ou parcial) dada em uma outra equação diferencial (ou mesmo algébrica), em princípio mais simples que a equação inicial. Resolvida a equação transformada, inverte-se o processo, calculando a chamada transformada inversa para se obter a solução da equação de partida. É no cálculo da transformada inversa que ocorrem integrais que são convenientemente calculadas usando-se adequadamente o teorema dos resíduos.

Nesta seção, definimos a transformada de Fourier de uma dada função e a sua inversa, e mostramos também como calcular a transformada de Fourier da derivada de uma dada função. Ainda mais, recordamos em que condições as fórmulas introduzidas encontram-se bem definidas. De posse destes resultados investigamos as soluções de algumas equações diferenciais ordinárias simples que não envolvem funções especiais, mas que são suficientemente gerais para ilustrar como se utiliza o método.[7]

6.2.1 A integral complexa de Fourier

Seja $f : \mathbb{R} \to \mathbb{C}$ ou $f : \mathbb{R} \to \mathbb{R}$. Chama-se integral de Fourier ou teorema da inversão a seguinte expressão para f:

$$f(x) = \frac{1}{2\pi} \int_{-\infty}^{\infty} \int_{-\infty}^{\infty} f(v)\, e^{i\omega(v-x)}\, dv d\omega.$$

Escrevendo a função exponencial que aparece nesta expressão como um produto de duas exponenciais podemos escrever[8]

$$f(x) = \frac{1}{\sqrt{2\pi}} \int_{-\infty}^{\infty} \left\{ \frac{1}{\sqrt{2\pi}} \int_{-\infty}^{\infty} f(v)\, e^{i\omega v}\, dv \right\} e^{-i\omega x}\, d\omega.$$

A função entre chaves é uma função de ω e é chamada a transformada de Fourier da função $f(v)$, sendo denotada por[9]

$$\mathcal{F}[f(x)] \equiv F(\omega) = \frac{1}{\sqrt{2\pi}} \int_{-\infty}^{\infty} f(x)\, e^{i\omega x}\, dx.$$

---

[6]Ver, por exemplo, refs. [3, 4].

[7]O leitor interessado em aplicações mais específicas pode consultar as refs. [4, 14].

[8]Optamos por utilizar as expressões simetrizadas no fator de $\sqrt{2\pi}$. Poderíamos, em vez disso, tomar a transformada direta sem esse fator, definindo sua inversa com o fator 2π, ou vice-versa.

[9]Também aqui poderíamos ter escolhido o sinal de menos para o expoente na fórmula da transformada. Se tivéssemos feito isso, precisaríamos utilizar o sinal de mais para a transformada inversa.

Com isto temos que

$$f(x) = \frac{1}{\sqrt{2\pi}} \int_{-\infty}^{\infty} F(\omega)\, \mathrm{e}^{-i\omega x}\, d\omega$$

que é a chamada transformada de Fourier inversa e denotada, algumas vezes por $\mathcal{F}^{-1}[f(x)]$. Enfim, é conveniente lembrar, para assegurarmos a existência desta integral devemos ter: (i) $f(x)$ deve ser contínua por pedaços em todo o intervalo finito e (ii) $f(x)$ deve ser absolutamente integrável em x, isto é, existem os limites

$$\lim_{a \to -\infty} \int_a^0 |f(x)| dx + \lim_{b \to \infty} \int_0^b |f(x)| dx;$$

este fato é expresso dizendo-se que existe $\int_{-\infty}^{\infty} |f(x)| dx$.

Teorema 1. Seja $f(x)$ contínua sobre o eixo x e $f(x) \to 0$ quando $|x| \to \infty$. Ainda mais, seja $f'(x)$ absolutamente integrável sobre o eixo x. Então,

$$\mathcal{F}[f'(x)] = i\omega \mathcal{F}[f(x)].$$

Demonstração. Integrando por partes e usando o fato de que $f(x) \to 0$ quando $|x| \to \infty$ obtemos

$$\begin{aligned} \mathcal{F}[f'(x)] &= \frac{1}{\sqrt{2\pi}} \int_{-\infty}^{\infty} f'(x)\, \mathrm{e}^{-i\omega x}\, dx \\ &= \frac{1}{\sqrt{2\pi}} \left\{ f(x)\, \mathrm{e}^{-i\omega x} \Big|_{-\infty}^{\infty} - (-i\omega) \int_{-\infty}^{\infty} f(x)\, \mathrm{e}^{-i\omega x}\, dx \right\} \\ &= i\omega \mathcal{F}[f(x)]. \end{aligned}$$

Para a derivada segunda temos

$$\mathcal{F}[f''(x)] \equiv i\omega \mathcal{F}[f'(x)] = (i\omega)^2 \mathcal{F}[f(x)]$$

ou ainda

$$\mathcal{F}[f''(x)] = -\omega^2 \mathcal{F}[f(x)]$$

e, analogamente, para ordens mais altas da derivada. □

6.2.2 Oscilador harmônico amortecido

Vamos utilizar a transformada de Fourier para discutir o problema do oscilador harmônico amortecido. Consideramos um oscilador harmônico amortecido sobre o qual age uma força externa $g(t)$. O movimento de tal oscilador é governado pela equação diferencial ordinária[10]

$$\frac{d^2}{dx^2} x(t) - 2\alpha \frac{d}{dx} x(t) + \omega_0^2 x(t) = f(t),$$

[10]Uma equação análoga é obtida quando do estudo do circuito RLC. Ver refs. [2, 4].

com $x : \mathbb{R} \supset I \to \mathbb{R}$, onde $f(t) = g(t)/m$ e $g : \mathbb{R} \supset I \to \mathbb{R}$, sendo m a massa, $2\alpha > 0$ o coeficiente de amortecimento e ω_0 a freqüência.

Admitamos que $f(t)$ possui uma transformada de Fourier; então

$$f(t) = \frac{1}{\sqrt{2\pi}} \int_{-\infty}^{\infty} F(\omega)\, \mathrm{e}^{-i\omega t}\, d\omega,$$

onde

$$F(\omega) = \frac{1}{\sqrt{2\pi}} \int_{-\infty}^{\infty} f(t)\, \mathrm{e}^{i\omega t}\, dt.$$

Esperamos que a solução $x(t)$ possua também uma transformada de Fourier, de modo que possamos escrever

$$x(t) = \frac{1}{\sqrt{2\pi}} \int_{-\infty}^{\infty} A(\omega)\, \mathrm{e}^{-i\omega t}\, d\omega,$$

onde

$$A(\omega) = \frac{1}{\sqrt{2\pi}} \int_{-\infty}^{\infty} x(t)\, \mathrm{e}^{i\omega t}\, dt.$$

Transformando a equação diferencial, utilizando as propriedades das derivadas, obtemos para $A(\omega)$ uma equação algébrica

$$-\omega^2 A(\omega) - 2\alpha\omega i A(\omega) + \omega_0^2 A(\omega) = F(\omega)$$

que resolvida para $A(\omega)$ fornece

$$A(\omega) = \frac{F(\omega)}{(\omega_0^2 - \omega^2) - 2\alpha\omega i}.$$

Ora, conhecida a função $A(\omega)$, a solução do problema será obtida pela transformada de Fourier inversa, ou seja

$$x(t) = \frac{1}{\sqrt{2\pi}} \int_{-\infty}^{\infty} \frac{F(\omega)\, \mathrm{e}^{-i\omega t}}{(\omega_0^2 - \omega^2) - 2\alpha\omega i} d\omega.$$

Esta integral, na maioria dos casos, pode ser calculada utilizando o teorema dos resíduos. Para tanto é necessário que conheçamos os zeros do denominador, uma vez que eles darão origem aos pólos do integrando.

Com $\alpha > 0$ os pólos estão no semiplano inferior, localizados nos seguintes pontos:

$$\begin{aligned} \omega_{1,2} &= \pm\sqrt{\omega_0^2 - \alpha^2} - \alpha i & \text{se} \quad & \omega_0 > \alpha \\ \omega_{1,2} &= (-\alpha \pm \sqrt{\alpha^2 - \omega_0^2})i & \text{se} \quad & \omega_0 < \alpha \\ \omega_1 &= \omega_2 = -\alpha i & \text{se} \quad & \omega_0 = \alpha. \end{aligned}$$

Basta, portanto, calcular os resíduos nos pólos simples (dois primeiros casos) e pólo de segunda ordem (terceiro caso).

Para fazermos uso do teorema dos resíduos especificamente, vamos considerar um exemplo onde supomos $f(x)$ dada na seguinte forma

$$f(t) = \begin{cases} f_0 & \text{se} \quad |t| < \tau \\ 0 & \text{se} \quad |t| \geq \tau \end{cases}$$

onde f_0 é uma constante e que $\omega_0 > \alpha$, isto é, o caso do oscilador fracamente amortecido.

A transformada de Fourier de $f(t)$ é dada por

$$F(\omega) = \frac{f_0}{\sqrt{2\pi}} \int_{-\tau}^{\tau} \mathrm{e}^{i\omega t}\, dt = f_0 \sqrt{\frac{2}{\pi}} \frac{\operatorname{sen} \omega\tau}{\omega}$$

de onde temos para a solução $x(t)$, a expressão

$$x(t) = -\frac{f_0}{\pi} \int_{-\infty}^{\infty} \frac{\operatorname{sen} \omega\tau \ \mathrm{e}^{-i\omega t}}{\omega(\omega - \omega_1)(\omega - \omega_2)} d\omega$$

sendo $\omega_1 = \beta - \alpha i$ e $\omega_2 = -\beta - \alpha i$ com $\beta = \sqrt{\omega_0^2 - \alpha^2}$.

As únicas singularidades do integrando são aquelas em que $\omega = \omega_1$ e $\omega = \omega_2$. Para escolhermos um contorno conveniente, vamos verificar se a integral é limitada. Para tal escrevemos

$$\operatorname{sen} \omega\tau = \frac{1}{2i} \left(\mathrm{e}^{i\omega\tau} - \mathrm{e}^{-i\omega t} \right)$$

e, é claro que se $t > \tau$, a função

$$\frac{\operatorname{sen} \omega\tau}{\omega} \mathrm{e}^{-i\omega t}$$

é limitada no semiplano inferior e o contorno pode ser fechado por baixo, como mostra a Figura 6.14.

Utilizando o teorema dos resíduos, temos

$$x(t) = -\frac{f_0}{\pi} 2\pi i \left[\frac{\operatorname{sen} \omega_1\tau \ \mathrm{e}^{-i\omega_1 t}}{\omega_1(\omega_1 - \omega_2)} - \frac{\operatorname{sen} \omega_2\tau \ \mathrm{e}^{-i\omega_2 t}}{\omega_2(\omega_1 - \omega_2)} \right] \qquad t > \tau$$

que, fazendo uso das relações

$$\operatorname{sen} \theta = \frac{1}{2i} (\mathrm{e}^{i\theta} - \mathrm{e}^{-i\theta}) \qquad \text{e} \qquad \cos \theta = \frac{1}{2} (\mathrm{e}^{i\theta} + \mathrm{e}^{-i\theta})$$

pode ser escrito em termos de funções reais (ver Ex. 3 desta seção).

Para $t < -\tau$ o contorno pode ser fechado por cima e a integral é zero visto que, antes da ação de uma força externa o oscilador harmônico está em estado de repouso. Finalmente, vamos estudar o caso em que $|t| < \tau$. É conveniente separar a integral de $x(t)$ em duas partes a partir da expansão do seno em termos das exponenciais, isto é: A parte contendo $\exp[-i\omega(t + \tau)]$ pode ser calculada

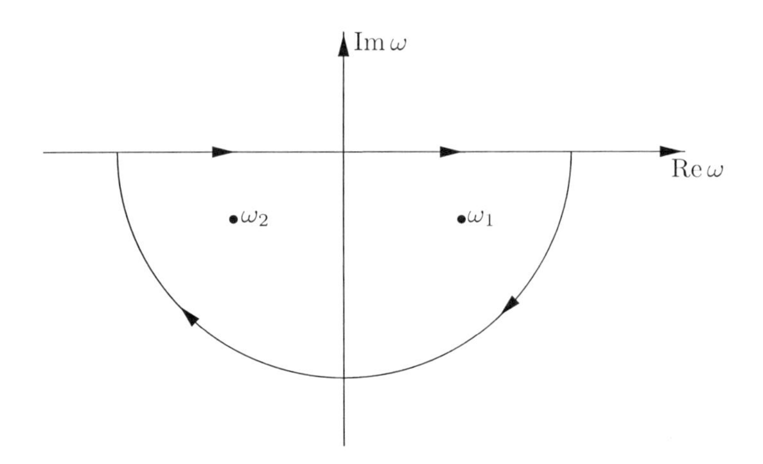

Figura 6.14: Contorno para a integral da Seção 6.2.2.

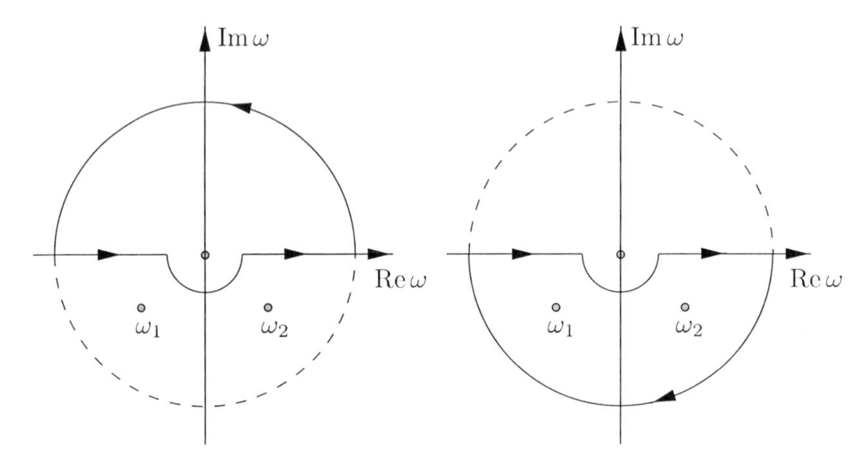

Figura 6.15: Contornos para a integral da Seção 6.2.2.

utilizando-se um contorno fechado por baixo e a parte contendo $\exp[-i\omega(t-\tau)]$ por um contorno fechado por cima. Note-se que cada integrando terá um pólo em $\omega = 0$. Para tal, considere os caminhos de integração como na Figura 6.15.[11]

Logo, podemos escrever a seguinte expressão:

$$x(t) = -\frac{f_0}{2\pi i}\int_{C_1} \frac{\mathrm{e}^{-i\omega(t-\tau)}}{\omega(\omega-\omega_1)(\omega-\omega_2)}d\omega + \frac{f_0}{2\pi i}\int_{C_2} \frac{\mathrm{e}^{-i\omega(t+\tau)}}{\omega(\omega-\omega_1)(\omega-\omega_2)}d\omega.$$

Utilizando o teorema dos resíduos temos

$$x(t) = -\frac{f_0}{\omega_1\omega_2} - f_0\frac{\mathrm{e}^{-i\omega_1(t-\tau)}}{\omega_1(\omega_1-\omega_2)} + f_0\frac{\mathrm{e}^{-i\omega_2(t+\tau)}}{\omega_2(\omega_1-\omega_2)}$$

que, também, pode ser escrito em termos de funções reais (ver Ex. 4 nesta seção).

[11] O resultado não se altera se evitarmos o pólo por cima.

6.2.3 Exercícios

1. Obtenha a transformada de Fourier da função

$$f(x) = \exp(-\mu x^2)\cos\alpha x \qquad \text{com} \qquad \mu > 0.$$

2. Mostre que $\exp(-x^2/2)$ é a sua própria transformada de Fourier.

3. Mostre que o resultado do problema envolvendo o oscilador harmônico amortecido, discutido no texto, para $t > \tau$ pode ser escrito como

$$\begin{aligned} x(t) &= \frac{f_0}{\omega_0^2}\left[\cos\beta(t-\tau) + \frac{\alpha}{\beta}\,\text{sen}\,\beta(t-\tau)\right]\mathrm{e}^{-\alpha(t-\tau)} - \\ &- \frac{f_0}{\omega_0^2}\left[\cos\beta(t+\tau) + \frac{\alpha}{\beta}\,\text{sen}\,\beta(t-\tau)\right]\mathrm{e}^{-\alpha(t+\tau)}. \end{aligned}$$

4. Analogamente para o caso $|t| < \tau$, ou seja mostre que

$$x(t) = \frac{f_0}{\omega_0^2} - \frac{f_0}{\omega_0^2}\left[\cos\beta(t+\tau) + \frac{\alpha}{\beta}\,\text{sen}\,\beta(t+\tau)\right]\mathrm{e}^{-\alpha(t+\tau)}.$$

5. Discuta o problema do oscilador harmônico não amortecido, ou seja, com a equação diferencial dada por

$$\frac{d^2}{dt^2}x(t) + \omega_0^2\,x(t) = f(t).$$

6. Resolva o problema discutido no texto para o caso do oscilador harmônico superamortecido, ou seja $\omega_0 < \alpha$.

7. Analogamente ao exercício anterior, mas para o caso criticamente amortecido, ou seja, $\omega_0 = \alpha$.

8. Resolva o problema do oscilador harmônico amortecido para uma força externa dada por

$$g(t) = \frac{\text{sen}\,\lambda t}{t},$$

com $\lambda > 0$, supondo que o deslocamento do oscilador se anula quando $t = \pm\infty$.

9. Utilize a transformada de Fourier para discutir e resolver a equação diferencial associada a um circuito RLC, isto é

$$L\frac{d^2}{dt^2}\mathbf{i}(t) + R\frac{d}{dt}\mathbf{i}(t) + \frac{1}{C}\mathbf{i}(t) = f(t)$$

admitindo que $f(t)$ tenha transformada de Fourier. L, R e C são constantes positivas e $\mathbf{i}(t)$ é a corrente elétrica.

10. Resolva explicitamente o exercício anterior para

$$f(t) = \begin{cases} f_0 & \text{se} \quad |t| < \tau \\ 0 & \text{se} \quad |t| > \tau \end{cases}$$

com $R = L = C = 1$.

11. Considere a seguinte representação de Fourier[12]

$$G(\vec{r}) = \frac{1}{2\pi^2} \int \frac{e^{i\vec{k}' \cdot \vec{r}}}{k'^2 - k^2} d^3k'$$

onde $\vec{k} \cdot \vec{r}$ denota o produto escalar e a integral é tomada em todo o volume e $k > 0$. Integre nos ângulos (coordenadas esféricas) para mostrar que

$$G(\vec{r}) = -\frac{1}{\pi r} \frac{d}{dr} \int_{-\infty}^{\infty} \frac{e^{ik'r}}{k'^2 - k^2} dk'.$$

12. Utilizando o teorema dos resíduos com um contorno conveniente, integre explicitamente a integral do exercício anterior. Considere $r > 0$ e que nenhum dos dois pólos contribuam.

13. Calcule a transformada de Fourier da função

$$f(x) = \left(-\mu x^2 + \beta x\right)^{-1}$$

com $\mu > 0$ e $\beta > 0$.

14. Calcule a transformada de Fourier da função

$$f(x) = (a^2 + x^2)^{-1} \qquad \text{com} \qquad a > 0.$$

15. Utilize o resultado do exercício anterior para mostrar que

$$\int_0^{\infty} \frac{\cos \omega x}{a^2 + x^2} dx = \frac{\pi}{2a} e^{-\omega a}$$

onde ω é o parâmetro da transformada.

16. Mostre que se $f(x)$ é uma função ímpar, então

$$F_s(\omega) = \sqrt{\frac{2}{\pi}} \int_0^{\infty} f(x) \operatorname{sen} \omega x \, dx,$$

é a chamada transformada de Fourier em senos cuja inversa é dada por

$$f(x) = \sqrt{\frac{2}{\pi}} \int_0^{\infty} F_s(\omega) \operatorname{sen} \omega x \, d\omega.$$

---

[12] Ver, por exemplo, ref. [4].

17. Mostre que se $f(x)$ é uma função par, então

$$F_c(\omega) = \sqrt{\frac{2}{\pi}} \int_0^\infty f(x) \cos \omega x \, dx,$$

é a chamada transformada de Fourier em co-senos cuja inversa é

$$f(x) = \sqrt{\frac{2}{\pi}} \int_0^\infty F_c(\omega) \cos \omega x \, d\omega.$$

18. Determine a transformada de Fourier em senos e em co-senos da função $f(x) = \exp(-kx)$ onde $k > 0$.

19. Obtenha a transformada de Fourier em senos da função $f(x) = \exp(-x)$ com $x > 0$, a fim de mostrar que

$$\int_0^\infty \frac{x \operatorname{sen} kx}{x^2 + 1} dx = \frac{\pi}{2} \exp(-k)$$

para $k > 0$.

6.3 Transformada de Laplace

O método da transformada de Laplace para encontrar-se soluções de equações diferenciais, utiliza-se da mesma idéia básica que foi apresentada no método da transformada de Fourier, a saber: transformação da equação diferencial ordinária ou parcial dada em uma outra, que seja em geral mais simples de resolver. Resolvida a equação transformada, usa-se a transformada inversa e obtém-se a solução da equação de partida.

No que segue, definimos a transformada de Laplace, a fórmula de inversão e como calcular a transformada de Laplace das derivadas de primeira e segunda ordens de um dada função. Naturalmente discutimos em que condições as fórmulas obtidas possuem validade.

Como vamos ver, o teorema dos resíduos desempenha um papel crucial na teoria quando do cálculo da transformada de Laplace inversa.

Os exemplos de soluções de equações diferenciais que estudamos são bem simples, mas ainda assim suficientemente gerais para ilustrar o método. O leitor interessado em aplicações mais específicas, em particular aquelas envolvendo funções especiais, deve consultar a literatura especializada.

De modo análogo ao caso das transformadas de Fourier, vamos introduzir as transformadas de Laplace, discutir a fórmula de inversão bem como o cálculo da transformada de Laplace das derivadas primeira e segunda.

6.3.1 Transformada de Laplace e a fórmula de inversão

Seja $f(t)$ uma função de t definida para $t > 0$. Então, a transformada de Laplace de $f(t)$, denotada por $\mathcal{L}[f(x)]$ ou por $F(s)$, é definida por

$$\mathcal{L}[f(t)] \equiv F(s) = \int_0^\infty \mathrm{e}^{-st} f(t)dt$$

onde s é um parâmetro complexo. Dizemos que a transformada de Laplace de $f(t)$ existe se esta integral converge para algum valor de s, caso contrário ela não existe. Para assegurar a existência temos o seguinte teorema:

Teorema 2. Se $f(t)$ é seccionalmente contínua em todo intervalo finito $0 \leq t \leq N$ e de ordem exponencial γ para $t > N$, então sua transformada de Laplace, $F(s)$, existe para todo $\operatorname{Re} s > \gamma$.

Demonstração. Temos, para qualquer inteiro positivo N,

$$\int_0^\infty \mathrm{e}^{-st} f(t)dt = \int_0^N \mathrm{e}^{-st} f(t)dt + \int_N^\infty \mathrm{e}^{-st} f(t)dt$$

como $f(t)$ é seccionalmente contínua em todo intervalo finito $0 \leq t \leq N$, a primeira integral à direita existe. Também a segunda integral à direita existe visto que $f(t)$ é de ordem exponencial γ para $t > N$. Então, em tal caso temos para a segunda integral

$$\left| \int_N^\infty \mathrm{e}^{-st} f(t)dt \right| \leq \int_N^\infty \left| \mathrm{e}^{-st} f(t) \right| dt \leq \int_0^\infty \mathrm{e}^{-st} \left| f(t) \right| dt \leq$$

$$\leq \int_0^\infty \mathrm{e}^{-st} M \, \mathrm{e}^{\gamma t} \, dt = \frac{M}{s - \gamma}$$

de onde, para $\operatorname{Re} s > \gamma$, a transformada de Laplace existe. □

Teorema 3. Transformada de Laplace da derivada $f'(t)$

Suponhamos que a função $f(t)$ é contínua para todo $t \geq 0$ e que satisfaça a condição do Teorema 2, para algum γ e M, e tenha uma derivada que é contínua por partes em todo o intervalo finito para $t \geq 0$. Então, a transformada de Laplace da derivada $f'(t)$ existe quando $\operatorname{Re} s > \gamma$ e

$$\mathcal{L}[f'(t)] = s\mathcal{L}[f(t)] - f(0).$$

Demonstração. Vamos considerar somente o caso em que $f'(t)$ é contínua para todo $t \geq 0$. Então, pela definição da transformada e integrando por partes podemos escrever[13]

$$\mathcal{L}[f'(t)] = \int_0^\infty \mathrm{e}^{-st} f'(t)dt = [\mathrm{e}^{-st} f(t)dt]_0^\infty + s \int_0^\infty \mathrm{e}^{-st} f(t)dt$$

[13]Note-se que $f'(t)$ deve ser de ordem exponencial.

logo

$$\mathcal{L}[f'(t)] = s\mathcal{L}[f(t)] - f(0)$$

e o teorema está provado. □

Analogamente, vale a seguinte expressão para a derivada segunda[14]

$$\mathcal{L}[f''(t)] = s^2\mathcal{L}[f(t)] - sf(0) - f'(0).$$

Enfim, vamos discutir a chamada fórmula de inversão. Outros métodos podem ser usados para obter a transformada inversa, dentre eles, frações parciais. Porém, aqui, como já frisamos, estamos interessados em relacionar a teoria de variáveis complexas com as transformadas de Laplace e daí discutimos apenas a inversão feita através da chamada fórmula complexa de inversão.

Teorema 4. Se $F(s) = \mathcal{L}[f(t)]$, então $\mathcal{L}^{-1}[F(s)] = f(t)$ é dada por[15]

$$f(t) = \begin{cases} \frac{1}{2\pi i}\displaystyle\int_{\gamma - i\infty}^{\gamma + i\infty} e^{st} f(s) ds & t \geq 0 \\ 0 & t < 0. \end{cases}$$

Este resultado, que fornece um meio direto para obter a transformada inversa, é conhecido como integral ou fórmula complexa de inversão. A integração é efetuada ao longo de uma reta $s = \gamma$ no plano complexo, onde $s = x + iy$. O número real γ é escolhido de modo que $s = \gamma$ esteja à direita de todas as singularidades, sendo de resto arbitrário.

Na prática, essa integral é calculada considerando-se a integral de contorno

$$\frac{1}{2\pi i}\oint_C e^{st} F(s)ds,$$

onde o contorno C, chamado contorno de Bromwich (*1875 – Thomas John Ianson Bromwich – 1929*) é como mostrado na Figura 6.16, composto da linha AB e do arco $BJKLA$ de uma circunferência de raio R com centro na origem, onde $T = \sqrt{R^2 - \gamma^2}$.

Supondo que todas as singularidades de $f(s)$ são pólos e que estão à esquerda da reta $s = \gamma$ para alguma constante γ, e que, além disso, a integral ao redor do arco $BJKLA$ tende a zero quando $R \to \infty$ temos, pelo teorema dos resíduos, que

$$f(t) = \sum \text{Resíduos de } e^{st} F(s) \text{ nos pólos de } F(s).$$

No caso em que $f(s)$ tem um ponto de ramificação, por exemplo, em $z = 0$ podemos utilizar o contorno de Bromwich modificado, mostrado na Figura 6.17. Nessa figura, BDE e LNA representam arcos de uma circunferência de raio R com centro na origem O, enquanto que HJK é um arco de circunferência de raio ϵ também com centro na origem.

[14] Ver. Ex. 2 desta seção.

[15] Para a prova ver ref. [3].

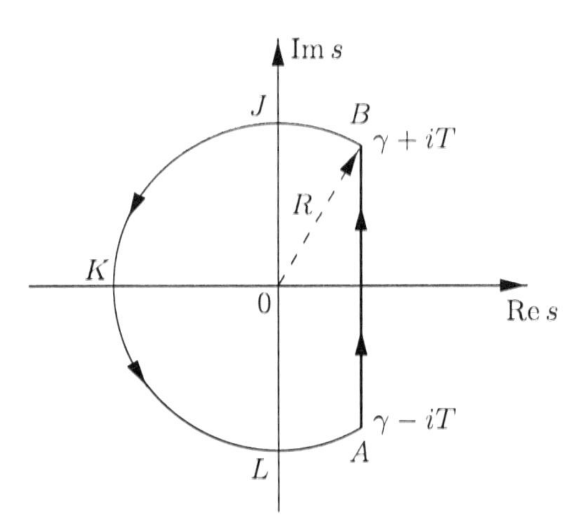

Figura 6.16: O contorno de Bromwich.

6.3.2 Equação diferencial ordinária via transformada de Laplace

Encontre uma solução da equação diferencial satisfeita pela função real $x : \mathbb{R} \supset I \longrightarrow \mathbb{R}$,

$$\frac{d^2}{dt^2}x(t) + 4x(t) = 2,$$

que satisfaça as condições $x(0) = 0$ e $\frac{d}{dt}x(t)|_{t=0} = 0$, utilizando a transformada de Laplace.

Transformando a equação diferencial e utilizando as propriedades das derivadas temos, com $F(s) = \mathcal{L}[x(t)]$,

$$F(s) = \frac{2}{s(s^2+4)},$$

onde s é o parâmetro da transformada de Laplace.

Devemos, agora, calcular a transformada inversa, ou seja

$$x(t) = \frac{1}{2\pi i}\int_{\gamma - i\infty}^{\gamma + i\infty} \mathrm{e}^{st}\,\frac{2}{s(s^2+4)}ds$$

onde o contorno é aquele de Bromwich com $\gamma > 0$ uma vez que os pólos $s = 0$ e $s = \pm 2i$ encontram-se à esquerda de γ. Utilizando o teorema dos resíduos temos

$$\begin{aligned} x(t) &= \operatorname*{Res}_{s=0}\left[\frac{2\,\mathrm{e}^{st}}{s(s^2+4)}\right] + \operatorname*{Res}_{s=2i}\left[\frac{2\,\mathrm{e}^{st}}{s(s^2+4}\right] + \operatorname*{Res}_{s=-2i}\left[\frac{2\,\mathrm{e}^{st}}{s(s^2+4)}\right] \\ &= \lim_{s\to 0}\left(\frac{2\,\mathrm{e}^{st}}{s^2+4}\right) + \lim_{s\to 2i}\left[\frac{2\,\mathrm{e}^{st}}{s(s+2i)}\right] + \lim_{s\to -2i}\left[\frac{2\,\mathrm{e}^{st}}{s(s-2i)}\right] \\ &= \frac{1}{2} + \frac{2\,\mathrm{e}^{2it}}{2i\cdot 4i} + \frac{2\,\mathrm{e}^{-2it}}{-2i(-4i)} = \frac{1}{2} - \frac{\mathrm{e}^{2it}}{4} - \frac{\mathrm{e}^{-2it}}{4} \end{aligned}$$

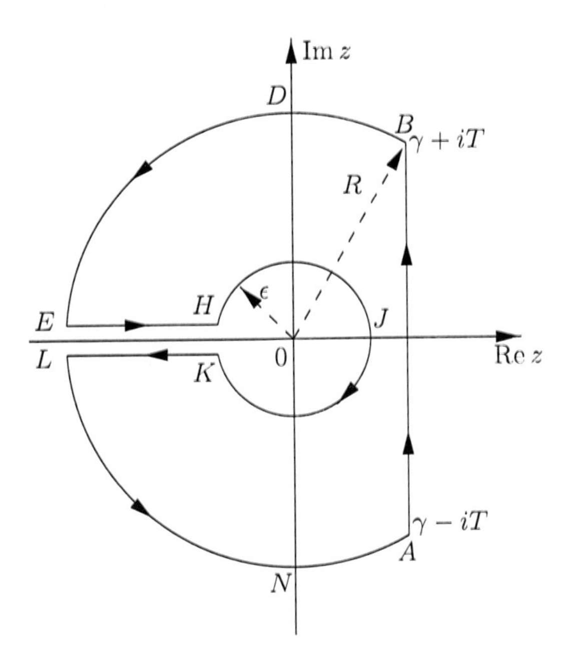

Figura 6.17: O contorno de Bromwich modificado.

ou ainda, na seguinte forma

$$x(t) = \frac{1}{2} - \frac{\cos 2t}{2} = \operatorname{sen}^2 t.$$

6.3.3 Contorno de Bromwich modificado

A dinâmica da condução do calor em uma barra de metal é modelada por uma equação diferencial parcial de tipo parabólica[16]. Na solução de um problema deste tipo com o método da transformada de Laplace nos deparamos com a questão de calcular a seguinte transformada de Laplace inversa

$$\mathcal{L}^{-1}\left[\frac{e^{-a\sqrt{s}}}{s}\right]$$

com $a > 0$. Utilizando o contorno de Bromwich modificado vamos mostrar que

$$\mathcal{L}^{-1}\left[\frac{e^{-a\sqrt{s}}}{s}\right] \equiv f(t) = 1 - \frac{1}{\pi}\int_0^\infty \frac{e^{-xt}\operatorname{sen} a\sqrt{x}}{x}dx.$$

A partir da fórmula complexa de inversão podemos escrever

$$f(t) = \frac{1}{2\pi i}\int_{\gamma-i\infty}^{\gamma+i\infty} \frac{e^{st-a\sqrt{s}}}{s}ds$$

[16]Ver, por exemplo, ref. [9]

onde o contorno é aquele de Bromwich modificado visto que $s = 0$ é um ponto de ramificação do integrando. Então, percorrendo o caminho podemos escrever

$$\begin{aligned}\frac{1}{2\pi i}\oint_C \frac{e^{st-a\sqrt{s}}}{s}ds &= \frac{1}{2\pi i}\int_{AB}\frac{e^{st-a\sqrt{s}}}{s}ds + \frac{1}{2\pi i}\int_{BDE}\frac{e^{st-a\sqrt{s}}}{s}ds \\ &+ \frac{1}{2\pi i}\int_{EH}\frac{e^{st-a\sqrt{s}}}{s}ds + \frac{1}{2\pi i}\int_{HJK}\frac{e^{st-a\sqrt{s}}}{s}ds \\ &+ \frac{1}{2\pi i}\int_{KL}\frac{e^{st-a\sqrt{s}}}{s}ds + \frac{1}{2\pi i}\int_{LNA}\frac{e^{st-a\sqrt{s}}}{s}ds = 0\end{aligned}$$

sendo a última igualdade justificada pelo teorema de Cauchy, visto que a única singularidade do integrando encontra-se fora do contorno.

Pelo lema de Jordan as integrais ao longo dos arcos BDE e LNA vão a zero, de onde segue que

$$\begin{aligned}f(t) &= \lim_{\substack{R\to\infty\\ \epsilon\to 0}}\frac{1}{2\pi i}\int_{AB}\frac{e^{st-a\sqrt{s}}}{s}ds \equiv \frac{1}{2\pi i}\int_{\gamma-i\infty}^{\gamma+i\infty}\frac{e^{st-a\sqrt{s}}}{s}ds \\ &= -\frac{1}{2\pi i}\lim_{\substack{R\to\infty\\ \epsilon\to 0}}\left\{\int_{EH}\frac{e^{st-a\sqrt{s}}}{s}ds + \int_{HJK}\frac{e^{st-a\sqrt{s}}}{s}ds + \int_{KL}\frac{e^{st-a\sqrt{s}}}{s}ds\right\}.\end{aligned}$$

Calculemos separadamente as três integrais. Primeiramente, ao longo do segmento EH temos

$$s = xe^{i\pi} \Longrightarrow \sqrt{s} = \sqrt{x}\,e^{i\pi/2} = i\sqrt{x}$$

com s variando de $-R$ até $-\epsilon$, o que implica que x vai de R até ϵ. Então, temos

$$\int_{EH}\frac{e^{st-a\sqrt{s}}}{s}ds = \int_{-R}^{-\epsilon}\frac{e^{st-a\sqrt{s}}}{s}ds = \int_R^{\epsilon}\frac{e^{-xt-ia\sqrt{x}}}{x}dx.$$

Analogamente, ao longo do segmento KL temos

$$s = xe^{-i\pi} \Longrightarrow \sqrt{s} = \sqrt{x}\,e^{-i\pi/2} = -i\sqrt{x},$$

com s variando de $-\epsilon$ até $-R$, de onde decorre que x varia de ϵ até R. Então,

$$\int_{KL}\frac{e^{st-a\sqrt{s}}}{s}ds = \int_{-\epsilon}^{-R}\frac{e^{st-a\sqrt{s}}}{s}ds = \int_{\epsilon}^{R}\frac{e^{-xt+ia\sqrt{x}}}{x}dx.$$

Enfim, ao longo de HJK, parametrizamos a circunferência, ou seja

$$s = \epsilon\,e^{i\theta} \qquad\qquad ds = \epsilon i\,e^{i\theta}\,d\theta$$

logo

$$\int_{HJK} \frac{e^{st-a\sqrt{s}}}{s} ds = \int_{\pi}^{-\pi} \frac{e^{\epsilon e^{i\theta} t - a\sqrt{\epsilon} e^{i\theta/2}}}{\epsilon e^{i\theta}} i\epsilon e^{i\theta} d\theta = $$
$$= i \int_{\pi}^{-\pi} e^{\epsilon e^{i\theta} t - a\sqrt{\epsilon} e^{i\theta/2}} d\theta.$$

Adicionando os três últimos resultados podemos escrever

$$f(t) = -\frac{1}{2\pi i} \lim_{\substack{R\to\infty \\ \epsilon\to 0}} \left\{ \int_R^{\epsilon} \frac{e^{-xt-ia\sqrt{x}}}{x} dx + \int_{\epsilon}^{R} \frac{e^{-xt+ia\sqrt{x}}}{x} dx + \right.$$
$$\left. + i \int_{\pi}^{-\pi} e^{\epsilon e^{i\theta} t - a\sqrt{\epsilon} e^{i\theta/2}} d\theta \right\}.$$

Tomando-se os limites $R \to \infty$ e $\epsilon \to 0$

$$f(t) = -\frac{1}{2\pi i} \left\{ \int_{\infty}^{0} \frac{e^{-xt-ia\sqrt{x}}}{x} dx + \int_{0}^{\infty} \frac{e^{-xt+ia\sqrt{x}}}{x} dx + i \int_{\pi}^{-\pi} d\theta \right\},$$

que após ser rearranjado fornece

$$f(t) = 1 - \frac{1}{\pi} \int_0^{\infty} \frac{e^{-xt} \operatorname{sen} a\sqrt{x}}{x} dx,$$

que é o resultado desejado.

6.3.4 Infinitos pontos singulares

No exemplo desta seção mostramos como obter a transformada de Laplace inversa de uma função que possui uma infinidade de pontos singulares. Especificamente, vamos calcular

$$\mathcal{L}^{-1}\left[\frac{\cosh\sqrt{s}x}{s \cosh\sqrt{s}}\right]$$

com $0 < x < 1$. Discutimos também os casos $x \to 0$ e $x \to 1$.

Primeiramente, vamos descobrir os tipos das singularidades da nossa função. Utilizando a expansão para a função $\cosh x$ podemos escrever

$$f(x, s) = \frac{\cosh\sqrt{s}x}{s \cosh\sqrt{s}} = \frac{1 + (\sqrt{s}x)^2/2! + (\sqrt{s}x)^4/4! + \cdots}{s[1 + (\sqrt{s})^2/2! + (\sqrt{s})^4/4! + \cdots]}$$

vemos que $s = 0$ é um pólo simples. Também, temos uma infinidade de pólos simples que ocorrem nos pontos que fornecem as raízes da equação

$$\cosh\sqrt{s} = 0,$$

isto é, nos pontos

$$s_k = -\left(k - \frac{1}{2}\right)^2 \pi^2$$

com $k = 1, 2, 3, \ldots$.

Em seguida, para calcularmos a transformada inversa, vamos considerar um contorno de Bromwich de modo que a linha AB, linha paralela ao eixo y, permaneça à direita de todos os pólos (simples) e o arco de circunferência C_k com centro na origem e raio

$$R_m = m^2\pi^2$$

onde m é um inteiro positivo, o que garante que o contorno não passa por nenhum dos pólos.

Então podemos escrever

$$\mathcal{L}^{-1}\left[\frac{\cosh\sqrt{s}x}{s\cosh\sqrt{s}}\right] = \frac{1}{2\pi i}\int_{\Gamma_m} e^{st}\,\frac{\cosh\sqrt{s}x}{s\cosh\sqrt{s}}ds =$$

$$= \sum \text{Resíduos nos pólos de } f(x,s)$$

onde Γ_m é um contorno de Bromwich.

Calculemos agora os resíduos nos pólos encontrados. Em $s = 0$ temos

$$K = \lim_{s\to 0}\left\{s\left[e^{st}\,\frac{\cosh\sqrt{s}x}{s\cosh\sqrt{s}}\right]\right\} = 1$$

e, nos demais pólos temos

$$J = \lim_{s\to s_k}\left\{(s - s_k)\left[e^{st}\,\frac{\cosh\sqrt{s}x}{s\cosh\sqrt{s}}\right]\right\} =$$

$$= \lim_{s\to s_k}\left(\frac{s - s_k}{\cosh\sqrt{s}}\right)\lim_{s\to s_k}\left(e^{st}\,\frac{\cosh\sqrt{s}x}{s}\right).$$

Agora, utilizando a regra de L'Hôpital podemos escrever

$$J = \lim_{s\to s_k}\left(\frac{2\sqrt{s}}{\operatorname{senh}\sqrt{s}}\right)\lim_{s\to s_k}\left(e^{st}\,\frac{\cosh\sqrt{s}x}{s}\right)$$

ou ainda,

$$J = \frac{2\sqrt{s_k}}{\operatorname{senh}\sqrt{s_k}}\,e^{ts_k}\,\frac{\cosh\sqrt{s_k}x}{s_k}$$

onde $s_k = -\left(k - \frac{1}{2}\right)^2\pi^2$ com $k = 1, 2, 3, \cdots$ Simplificando esta expressão e adicionando K e J, bem como tomando o limite $m \to \infty$, podemos escrever para a transformada inversa

$$\mathcal{L}^{-1}\left[\frac{\cosh\sqrt{s}x}{s\cosh\sqrt{s}}\right] = 1 + \frac{4}{\pi}\sum_{k=1}^{\infty}\frac{(-1)^k}{2k-1}\,e^{-(k-1/2)^2\pi^2 t}\cos(k - 1/2)\pi x.$$

Note-se que para escrever este resultado usamos o fato de que a integral sobre o arco de circunferência do contorno de Bromwich vai a zero quando $m \to \infty$.

Passemos agora a estudar os dois casos limites. Primeiramente, no caso em que $x \to 0$ podemos escrever diretamente

$$\mathcal{L}^{-1}\left[\frac{1}{s\cosh\sqrt{s}}\right] = 1 + \frac{4}{\pi}\sum_{k=1}^{\infty}\frac{(-1)^k}{2k-1}\,\mathrm{e}^{-(k-1/2)^2\pi^2 t}\,.$$

Por outro lado, para $x \to 1$ obtemos

$$\mathcal{L}^{-1}\left[\frac{1}{s}\right] = 1,$$

resultado este bem conhecido.[17]

6.3.5 Exercícios

1. Denote por Γ a parte da curva do contorno de Bromwich com equação dada por $s = R\,\mathrm{e}^{i\theta}$ sendo $0 \le \theta \le 2\pi$, isto é, Γ é o arco de uma circunferência de raio R com centro na origem. Suponha que sobre Γ temos

$$|f(s)| < \frac{M}{R^k}$$

onde $k > 0$ e M são constantes. Mostre que

$$\lim_{R\to\infty}\int_{\Gamma}\mathrm{e}^{st}\,f(s)ds = 0.$$

2. Demonstre que

$$\mathcal{L}[f''(t)] = s^2F(s) - sf(0) - f'(0)$$

supondo $f(t)$ de ordem exponencial e contínua.

3. Encontre a transformada de Laplace das seguintes funções, especificando os valores de s para os quais a transformada existe.

$$(a)\quad f(t) = 2\,\mathrm{e}^{4t} \qquad \text{e} \qquad (b)\quad f(t) = 3\,\mathrm{e}^{-2t}\,.$$

4. Prove que $\mathcal{L}[t^n] = \dfrac{n!}{s^{n+1}}$ onde $n = 1, 2, \cdots$

5. Calcule: (a) $\mathcal{L}[\cos at]$ e (b) $\mathcal{L}[\operatorname{sen} at]$ onde $a > 0$.

6. Calcule a transformada de Laplace da função $f(t) = \dfrac{\operatorname{sen} t}{t}$.

7. Calcule $\mathcal{L}^{-1}\left[\frac{1}{(s^2+1)^2}\right]$.

---

[17] Pólo simples em $s = 0$. Ver, por exemplo, ref. [4].

8. Calcule $\mathcal{L}^{-1}\left[\mathrm{e}^{-a\sqrt{s}}\right]$ com $a > 0$.

9. Mostre que $f(s) = (s^2 - 3s + 2)^{-1}$ satisfaz às condições da fórmula complexa de inversão e calcule $\mathcal{L}^{-1}[f(s)]$.

10. Utilize a fórmula complexa de inversão para calcular $\mathcal{L}^{-1}\left[1/\sqrt{s}\right]$.

11. Mostre que $\mathcal{L}^{-1}\left[\ln\left(1 + \frac{1}{s}\right)\right] = \frac{1}{t}(1 - \mathrm{e}^{-t})$.

12. Uma trave fixa nos extremos $x = 0$ e $x = 1$ suporta uma carga uniforme P_0 por unidade de comprimento. Encontre a deflexão num ponto qualquer, ou seja, resolva o seguinte problema:

$$\frac{d^4}{dx^4}y(x) = \frac{P_0}{EI}, \qquad 0 < x < 1,$$

com $y(0) = y''(0) = 0$ e $y(1) = y''(1) = 0$, onde P_0, E e I são constantes positivas.

13. (Circuito RLC) Utilize a transformada de Laplace para resolver a equação

$$\frac{d^2}{dt^2}Q(t) + 8\frac{d}{dt}Q(t) + 25Q(t) = 150,$$

com $Q(0) = 0$ e $I(0) = 0$. Lembre-se que $I(t) = \frac{d}{dt}Q(t)$.

14. Resolva a equação diferencial $(x : \mathbb{R} \supset I \to R)$

$$t\frac{d^2}{dt^2}x(t) + 2\frac{d}{dt}x(t) + tx(t) = 0$$

com $x(0) = 1$ e $x(\pi) = 0$, utilizando a transformada de Laplace.

15. Utilize a transformada de Laplace para encontrar uma solução da seguinte equação

$$\frac{d^2}{dt^2}x(t) - x(t) = \mathrm{e}^{-t}$$

satisfazendo as condições iniciais $x(0) = x'(0) = 0$.

16. Utilize a transformada de Laplace para mostrar que

$$\int_0^{\infty} \frac{1 - \cos xt}{t^2}dt = \frac{\pi}{2}x$$

17. Calcule a transformada de Laplace inversa de

$$T(x, s) = \frac{1 - \mathrm{e}^{-sx/c}}{s(s^2 + \omega^2)}$$

onde $c > 0$, para mostrar que

$$T(x,t) = \frac{2}{\omega^2}\begin{cases} \xi(t) - \xi(t - x/c) & \text{para} \quad t \geq \frac{x}{c} \\ \xi(t) & \text{para} \quad t \leq \frac{x}{c} \end{cases}$$

sendo $\xi(t) = \operatorname{sen}^2\left(\frac{\omega t}{2}\right)$

18. (Teorema da Convolução) Prove que: se

$$\mathcal{L}^{-1}[f(s)] = F(t) \qquad \text{e} \qquad \mathcal{L}^{-1}[g(s)] = G(t).$$

então

$$\mathcal{L}^{-1}[f(s)\, g(s)] = \int_0^t F(u)\, G(t-u) du \equiv F \star G$$

19. Utilize o teorema de convolução para calcular

$$\mathcal{L}^{-1}\left[\frac{s}{(s^2+\omega^2)^2}\right]$$

onde $\omega^2 > 0$. Utilize a integral complexa para verificar o resultado.

20. Chama-se equação integral de Volterra (*1860 - Vito Volterra - 1940*) de segunda espécie uma equação da forma

$$y(x) = F(x) + \int_0^x K(x-\xi) y(\xi) d\xi.$$

Resolva esta equação, utilizando a transformada de Laplace, para $F(x) = \operatorname{sen} x$ e $K(x) = -\operatorname{senh} x$.

21. Mostre que, para $0 < x < 1$

$$\mathcal{L}^{-1}\left[\frac{\operatorname{senh} sx}{s^2 \cosh s}\right] = x - \frac{8}{\pi^2}\sum_{k=1}^{\infty} \frac{(-1)^k}{(2k-1)^2} \operatorname{sen}[(k-1/2)\pi x] \cos[(k-1/2)\pi t].$$

22. Considere a função de Bessel de ordem zero de primeira espécie, $J_0(t)$, cuja representação em série de potências é dada por

$$J_0(t) = \sum_{k=0}^{\infty} \frac{(-1)^k}{k!k!}\left(\frac{t}{2}\right)^{2k}.$$

Mostre que a transformada de Laplace da função de Bessel de ordem zero de primeira espécie é dada pela expressão

$$\mathcal{L}[J_0(at)] = \frac{1}{\sqrt{a^2+s^2}}$$

com $a > 0$ e s é o parâmetro da transformada.

23. Utilize a representação integral para a função de Bessel de ordem zero de primeira espécie

$$J_0(t) = \frac{1}{2\pi}\int_0^{2\pi} \cos(t\cos\theta)\, d\theta$$

de modo a obter o mesmo resultado do exercício anterior, isto é, o cálculo da transformada de Laplace da função de Bessel de ordem zero de primeira espécie.

24. Utilize a metodologia da transformada de Laplace para resolver a seguinte equação integral

$$x(t) + \int_0^t x(\tau)\, d\tau = e^t$$

com $t > 0$, isto é, mostre que a sua solução é dada por

$$x(t) = (1 - t)\, e^{-t}.$$

25. (Equação diferencial parcial) Chama-se equação diferencial parcial toda equação diferencial que possui duas ou mais variáveis independentes. Utilize a metodologia da transformada de Laplace para resolver a seguinte equação diferencial parcial (linear, homogênea e de primeira ordem)

$$\frac{\partial}{\partial x} u(x,t) + x \frac{\partial}{\partial t} u(x,t) = 0$$

satisfazendo as condições $u(0,t) = t$ e $u(x,0) = 0$. Proceda do seguinte modo: (i) Tome a transformada de Laplace na variável t de modo a obter a seguinte equação diferencial na variável transformada

$$\frac{\partial}{\partial x} F(x,s) + xsF(x,s) = 0,$$

(ii) Mostre que a solução da equação transformada é dada por

$$F(x,s) = \frac{1}{s^2} e^{-sx^2/2}.$$

(iii) Calcule a transformada inversa de modo a obter

$$u(x,t) = \begin{cases} 0 & \text{se} \quad t \leq x^2/2 \\ t - \dfrac{x^2}{2} & \text{se} \quad t \geq x^2/2 \end{cases}$$

que é a solução procurada, isto é, a função $u(x,t)$ satisfazendo a equação diferencial e as condições.

6.4 Transformações conformes e fracionárias

Nesta seção discutimos:

(i) As transformações conformes. Tais transformações são em geral muito úteis na solução de problemas da teoria do potencial que envolvem a equação de Laplace bidimensional.

(ii) As transformações fracionárias lineares e alguns de seus casos particulares, as translações, rotações e a inversão.

Na nossa incursão sobre a teoria das transformações conformes, discutimos um exemplo onde será necessário a introdução do conceito de superfície de Riemann. Com a introdução desse conceito podemos alterar o domínio onde certas funções multivalentes de variável complexa são definidas, de maneira que elas se tornem univalentes.

6.4.1 Transformações conformes

Uma função complexa, i.e., uma aplicação

$$\begin{aligned} &f : \mathbb{C} \supset D \to \mathbb{C}, \\ &z = (x + \mathrm{i}y) \mapsto \mathrm{w} = f(z) = u(x, y) + \mathrm{i}v(x, y), \end{aligned}$$

define uma transformação (também chamada de *mapa*) do seu domínio de definição D em uma outra região do plano complexo, o seu contradomínio. Para facilidade de expressão das idéias que pretendemos apresentar nesta seção dizemos no que se segue que o domínio D se encontra no plano complexo z e o contradomínio se encontra em uma cópia do plano complexo, dita plano complexo w.

Definição 1. Sejam $C_1, C_2 \in \mathbb{R}^2$ quaisquer duas curvas planas orientadas que se cruzam num dado ponto P, e seja α o ângulo entre às tangentes as curvas no ponto P. Uma transformação $\mathrm{f} : \mathbb{R}^2 \to \mathbb{R}^2$ é dita *conforme* se a imagems orientadas $C_1^\star = \mathrm{f}(C_1)$ e $C_2^\star = \mathrm{f}(C_2)$ das curvas C_1e C_2 são tais que o ângulo entre as suas tangentes no ponto $\mathrm{f}(P)$ é também α.

Aqui, o ângulo entre as duas curvas orientadas é definido como sendo o ângulo α, com $0 \le \alpha \le \pi$, entre suas tangentes orientadas no ponto de intersecção, como na Figura 6.18.

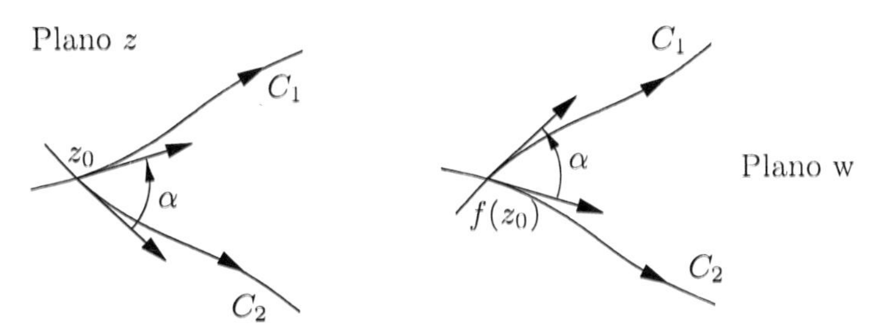

Figura 6.18: Curvas C_1 e C_2 e suas respectivas imagens sob uma transformação conforme.

No que segue, mostramos que uma aplicação $f : \mathbb{C} \supset D \to \mathbb{C}$ define uma transformação conforme, como acima definida, em todos os pontos $z \in D$ onde f é analítica, que não sejam pontos *críticos*, i.e., que não sejam zeros de f'. Mais precisamente, temos o teorema:

Teorema 5. A transformação definida por uma função analítica $f(z)$ é conforme, exceto nos pontos críticos, nos quais a derivada $f'(z)$ é zero.

Demonstração. Consideramos a curva $C : z(t) = x(t) + iy(t)$ como sendo uma curva suave, ou seja, $z(t)$ é diferenciável e a derivada $\dot{z} = dz/dt$ é contínua e não nula. Então, temos

$$\dot{z}(t_0) = \frac{dz}{dt}\Big|_{t=t_0} = \lim_{\Delta t \to 0} \frac{z_1 - z_0}{\Delta t} = \lim_{\Delta t \to 0} \frac{z(t_0 + \Delta t) - z(t_0)}{\Delta t}.$$

O numerador da fração anterior,

$$z_1 - z_0 = z(t_0 + \Delta t) - z(t_0)$$

representa uma corda da curva C, conforme a Figura 6.19. Quando $\Delta t \to 0$ o ponto z_1 se aproxima do ponto z_0 ao longo da curva e $(z_1 - z_0)/\Delta t \to \dot{z}(t_0)$. Isto torna claro que $\dot{z}(t_0)$ é a tangente definida em $z(t_0)$.

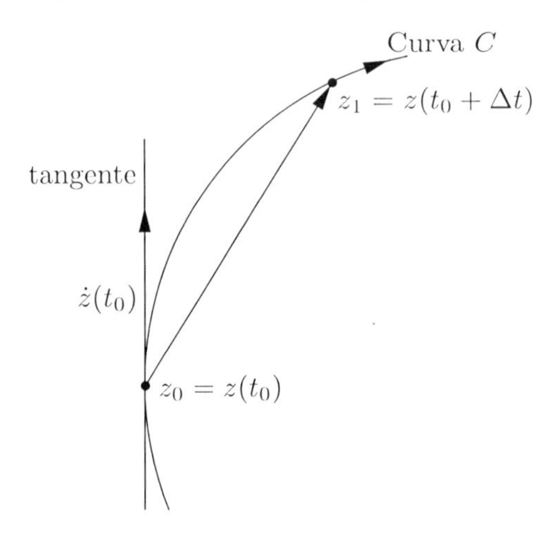

Figura 6.19: Esboço do gráfico relativo ao Teorema 5.

Agora, orientamos a tangente, isto é, chamamos o sentido para o qual t cresce na expressão $z = x(t) + iy(t)$, de sentido positivo sobre C.

Consideramos agora que a imagem $C^\star = f(C)$ não seja um único ponto. Representemos $C^\star$ pela curva

$$\mathrm{w}(t) = f[z(t)].$$

O ponto $z_0 = z(t_0)$ corresponde ao ponto $\mathrm{w}(t_0)$ da curva $C^\star$ e $\dot{\mathrm{w}}(t_0)$ representa o valor da tangente a $C^\star$ neste ponto. Utilizando a regra da cadeia temos

$$\frac{d\mathrm{w}}{dt} = \frac{df}{dz}\frac{dz}{dt}$$

de onde, se $f'(z_0) \neq 0$, vemos que $\dot{\mathrm{w}}(t_0) \neq 0$ e $C^\star$ tem uma única tangente em $\mathrm{w}(t_0)$. Agora, o ângulo entre o vetor tangente $\dot{\mathrm{w}}(t_0)$ e o eixo u positivo é $\arg \dot{\mathrm{w}}(t_0)$ como segue diretamente da forma polar de um número complexo. Ainda mais, desde que o argumento de um produto é igual à soma dos argumentos dos fatores, temos

$$\arg \dot{\mathrm{w}}(t_0) = \arg f'(0) + \arg \dot{z}(t_0).$$

Assim, sob esta transformação a tangente à curva C em z_0 é rodada de um ângulo

$$\arg \dot{\mathrm{w}}(t_0) - \arg \dot{z}(t_0) = \arg f'(z_0)$$

que é o ângulo entre os dois vetores tangentes a C em z_0 e $C^\star$ $\text{w}_0 = f(z_0)$, uma vez que supomos $f'(z_0) \neq 0$ este ângulo está bem definido. Desde que, da expressão anterior, temos que o lado direito é independente da escolha de C, segue que este ângulo é independente de C. Segue-se que a transformação $\text{w} = f(z)$ roda todas as curvas passando por z_0 de um mesmo ângulo $\arg[f'(z_0)]$.

Concluímos portanto que as imagens $C_1^\star = f(C_1)$ e $C_2^\star = f(C_2)$ das curvas C_1e C_2 são tais que o ângulo entre as suas tangentes orientadas no ponto $f(z_0)$ é também α. De acordo com a definição de transformação conforme segue que $\text{w} = f(z)$ é conforme em z_0. Como z_0 é um ponto arbitrário do domínio de f tal que $f'(z_0) \neq 0$, o teorema está provado. $\square$

Antes de passarmos à discussão das transformações fracionárias lineares, vamos mostrar que a condição $f'(z) \neq 0$ está relacionada com o Jacobiano associado à transformação. Temos, a partir das condições de Cauchy-Riemann, que

$$\begin{aligned} |f'(z)|^2 &= \left|\frac{\partial u}{\partial x} + i\frac{\partial v}{\partial x}\right|^2 = \left(\frac{\partial u}{\partial x}\right)^2 + \left(\frac{\partial v}{\partial x}\right)^2 = \\ &= \frac{\partial u}{\partial x}\frac{\partial v}{\partial y} - \frac{\partial u}{\partial y}\frac{\partial v}{\partial x}, \end{aligned}$$

isto é,

$$|f'(z)|^2 = \begin{vmatrix} \dfrac{\partial u}{\partial x} & \dfrac{\partial u}{\partial y} \\ \dfrac{\partial v}{\partial x} & \dfrac{\partial v}{\partial y} \end{vmatrix} = \frac{\partial(u,v)}{\partial(x,y)}$$

que é o chamado Jacobiano da transformação $\text{w} = f(z)$ escrita na forma real, ou seja, $u = u(x,y)$ e $v = v(x,y)$. Portanto, a condição $f'(z_0) \neq 0$ implica que o Jacobiano não se anula em z_0.

6.4.2 Transformações fracionárias lineares

Transformações fracionárias lineares, também chamadas transformações de Möbius (*1790 - August Ferdinand Möbius - 1868*) são aplicações do tipo

$$\text{w} = \frac{az+b}{cz+d}$$

onde a, b, c e d são números reais ou complexos, com a condição $ad - bc \neq 0$.

A importância prática destas transformações deve-se ao fato de que elas são aplicações conformes de discos em semiplanos ou em outros discos e inversamente.

A condição $ad - bc \neq 0$ fica clara se diferenciamos w em relação a z, ou seja,

$$\text{w}' = \frac{a(cz+d) - c(az+b)}{(cz+d)^2} = \frac{ad-bc}{(az+d)^2}$$

de onde vemos que a restrição implica que $w' \neq 0$, logo a transformação é conforme em todo lugar, exceto em $z = -d/c$.

Exemplo 1: Translações e rotações As translações

$$w = z + b$$

e as roto-homotetias (rotações e homotetias)

$$w = az$$

são casos particulares da transformação

$$w = \frac{az + b}{cz + d}$$

para convenientes escolhas dos parâmetros a, b, c e d. Para a rotação, quando $|a| = 1$, digamos $e^{i\alpha}$ onde α é o ângulo de rotação. Com a real, temos as chamadas expansões para $a > 1$ e as contrações quando $0 < a < 1$.

Exemplo 2: Inversão A transformação

$$w = \frac{1}{z}$$

é um caso particular das transformações fracionárias lineares. Escrevendo-se na forma polar $z = r\exp(i\theta)$ e $w = R\exp(i\phi)$, temos

$$R\,e^{i\phi} = \frac{1}{r\,e^{i\theta}}$$

de onde $R = \frac{1}{r}$ e $\phi = -\theta$. Vemos disto que a imagem $w = 1/z$ de um $z \neq 0$ compreende um raio da origem através de $\overline{z}$ a uma distância igual a $1/|z|$. Em particular, $z = \exp(i\theta)$ sobre uma circunferência unitária $|z| = 1$ é transformado em $w = \exp(i\phi) = \exp(-i\theta)$ sobre a circunferência $|w| = 1$. Geometricamente é como mostrado na Figura 6.20. Então, $w = 1/z$ pode ser obtido geometricamente de z por uma inversão[18] na circunferência unitária seguido por uma reflexão em torno do eixo x.

Aproveitando o exemplo anterior, vamos provar a seguinte afirmação: "A transformação $w = 1/z$ leva toda linha reta ou circunferência em uma circunferência ou uma linha reta".

Toda linha reta ou circunferência no plano z pode ser escrita a partir da seguinte equação

$$A(x^2 + y^2) + Bx + Cy + D = 0$$

onde os parâmetros A, B, C e D são reais. Se $A = 0$ temos uma linha reta caso contrário uma circunferência.

[18] Intimamente relacionado com o método das imagens. Ver, por exemplo, ref. [12].

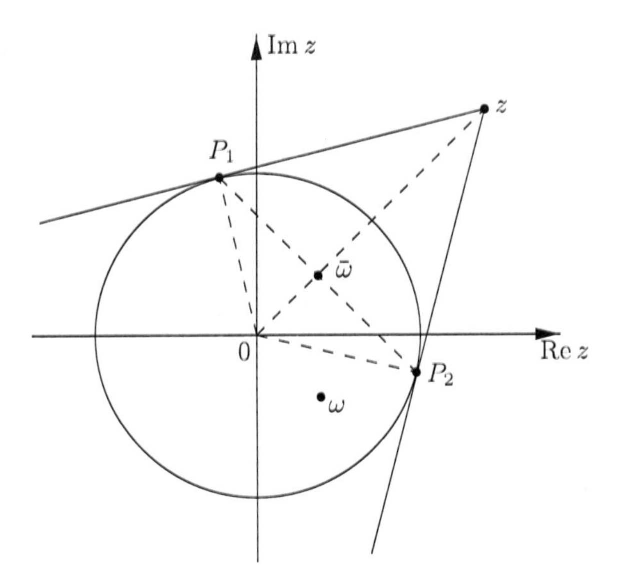

Figura 6.20: Construção geométrica.

Em termos do complexo conjugado $\overline{z}$ podemos escrever

$$Az\overline{z} + B\frac{z+\overline{z}}{2} + C\frac{z-\overline{z}}{2i} + D = 0.$$

Substituindo $z = 1/\mathrm{w}$ e multiplicando por $\mathrm{w}\overline{\mathrm{w}}$ temos

$$A + B\frac{\overline{\mathrm{w}}+\mathrm{w}}{2} + C\frac{\overline{\mathrm{w}}-\mathrm{w}}{2i} + D\mathrm{w}\overline{\mathrm{w}} = 0$$

ou ainda, em termos de u e v podemos escrever

$$A + Bu - Cv + D(u^2 + v^2) = 0$$

que representa uma circunferência se $D \neq 0$ ou uma linha reta se $D = 0$, no plano w.

Definição 2. (Pontos Fixos) Pontos fixos de uma transformação $\mathrm{w} = f(z)$ são pontos que são aplicados neles mesmos, ou seja, são mantidos fixos sob tal transformação.

A transformação identidade

$$\mathrm{w} = z$$

tem todos os pontos como pontos fixos. A transformação

$$\mathrm{w} = \overline{z}$$

tem os pontos do eixo real como pontos fixos; w=$1/z$ tem dois pontos fixos, isto é, $\{\pm 1\}$ enquanto que uma rotação tem um ponto fixo, a origem, e uma translação nenhum ponto no plano.

Então, para a transformação fracionária linear

$$\text{w} = \frac{az + b}{cz + d}$$

a condição de ponto fixo nos leva à seguinte equação quadrática em z, isto é

$$cz^2 - (a - d)z - b = 0$$

para a qual todos os coeficientes devem ser nulos, se e somente se, $a = d \neq 0$ e $b = c = 0$.

6.4.3 Caso especial da transformação fracionária linear

Discutimos aqui, na forma de exemplo, um casos especial de transformação fracionária lineare. Porém, antes de discutirmos tal exemplo, apresentamos o seguinte teorema:

Teorema 6. (Três pontos singulares distintos) Dados três pontos distintos z_1, z_2 e z_3 podemos sempre transformá-los em três outros pontos distintos w_1, w_2 e w_3 por uma, e somente uma, transformação fracionária linear $\text{w} = f(z)$. Esta transformação é dada implicitamente pela equação

$$\frac{\text{w} - \text{w}_1}{\text{w} - \text{w}_3} \cdot \frac{\text{w}_2 - \text{w}_3}{\text{w}_2 - \text{w}_1} = \frac{z - z_1}{z - z_3} \cdot \frac{z_2 - z_3}{z_2 - z_1}$$

e, se um destes pontos é o ponto ∞, o quociente de duas destas diferenças que contém este ponto deve ser colocado igual a um.

Demonstração. Esta equação é da forma $F(\text{w}) = G(z)$ onde F e G denotam funções fracionárias lineares das respectivas variáveis independentes. Podemos então escrever a seguinte expressão $\text{w} = f(z) = F^{-1}[G(z)]$ onde F^{-1} denota a inversa de F. Como a inversa e a composta de uma transformação fracionária linear são transformadas fracionárias lineares, $\text{w} = f(z)$ é uma transformação fracionária linear. Ainda mais, temos

$$\begin{array}{lll} F(\text{w}_1) = 0 & F(\text{w}_2) = 1 & F(\text{w}_3) = \infty \\ G(z_1) = 0 & G(z_2) = 1 & G(z_3) = \infty. \end{array}$$

Segue que, $\text{w}_1 = f(z_1)$, $\text{w}_2 = f(z_2)$ e $\text{w}_3 = f(z_3)$ o que prova a existência de uma transformação fracionária linear $\text{w} = f(z)$ que aplica z_1, z_2 e z_3 em w_1, w_2 e w_3, respectivamente.

Suponhamos agora que $\text{w} = g(z)$ é uma outra transformação fracionária linear que aplica z_1, z_2 e z_3 em w_1, w_2 e w_3, respectivamente. Então, a inversa $g^{-1}(\text{w})$

aplica w_1 em z_1, w_2 em z_2 e w_3 em z_3. Conseqüentemente, a composta $H = g^{-1}[f(z)]$ aplica cada um dos pontos z_1, z_2 e z_3 neles mesmos, isto é, existem três pontos fixos distintos.[19]

Uma transformação fracionária linear, diferente da identidade, tem no máximo dois pontos fixos. Se uma transformação fracionária linear é conhecida e tem três ou mais pontos fixos ela deve ser a identidade. Logo, H deve ser a identidade e, então $g(z) = f(z)$, o que completa a prova. □

Exemplo 3: Transformação de semiplanos em semiplanos Podemos mapear o semiplano superior $y \geq 0$ no semiplano superior $v \geq 0$. Então o eixo x deve ser mapeado no eixo u. Como caso particular, encontramos a transformação fracionária linear que mapeia os pontos $z_1 = -2, z_2 = 0$ e $z_3 = 2$ nos pontos $w_1 = \infty$, $w_2 = 1/4$ e $w_3 = 3/8$, respectivamente. Procedendo como no caso anterior podemos escrever

$$w = \frac{z+1}{2z+4}.$$

6.4.4 Superfícies de Riemann

Vimos no Capítulo 2 que um bom número de funções de variável complexa interessantes são polídromas. Nestas condições, para aplicarmos resultados conhecidos que são válidos somente ao caso das funções univalentes, fomos obrigados a trabalhar em cada caso, onde estas funções apareceram, com um de seus diversos ramos por vez. Relembramos aqui, que cada um desses ramos (uma função monódroma) é definido em uma região especial do plano complexo que é, em geral, um subconjunto do domínio original de definição da função polídroma. A questão que se apresenta naturalmente é a seguinte: Dada uma função *polídroma*, conforme Definição 24 do Capítulo 2,

$$f : \mathbb{C} \supset D \to 2^{\mathbb{C}},$$

será que é possível descobrirmos para f um conjunto, digamos $\mathfrak{R}_f$ (que esteja relacionado ao corpo dos complexos) que torne f uma função monódroma?

A resposta a questão é sim, e o conjunto $\mathfrak{R}$ apropriado (que é diferente para cada particular função f) é dito uma *superfície de Riemann*.

Tal construção não é apenas uma curiosidade matemática, ela de fato permite tratarmos o problema da continuidade das funções de variável complexa de uma maneira bastante satisfatória, como ficará claro nos exemplos que se seguem, quando estudamos como construir as superfícies de Riemann apropriadas para algumas funções polídromas que aparecem freqüentemente em aplicações.

[19] Para contemplarmos os casos em que um (ou mais) dos pontos fixos seja o ponto no infinito precisamos considerar o plano complexo estendido (modelado pela esfera de Riemann) que foi introduzido no Capítulo 2. Ver, por exemplo, ref. [1].

A função $\sqrt{z}$

Recordemos, que a função

$$[\sqrt{\ }] : \mathbb{C} \to 2^{\mathbb{C}},$$
$$z \mapsto [\sqrt{z}]$$

é polídroma. É possível para tal função definir-se dois ramos em subconjuntos apropriados de $\mathbb{C}$. Estes podem ser facilmente obtidos da fórmula para a extração de raízes que apresentamos no Capítulo 1. Assim, escrevendo $z = r\exp(i\theta)$ temos

(i) primeiro ramo ou ramo principal $\quad f_1(z) = \sqrt{r}\,\exp(i\theta/2)$

(ii) segundo ramo $\quad f_2(z) = \sqrt{r}\,\exp[i(\theta + 2\pi)/2]$

com $r = |z|$ e tomamos $-\pi < \theta < \pi$.[20]

Observe que f_1 aplica o plano z no semiplano w direito ($\mathrm{Re}\,\mathrm{w} = u > 0$) mais o semi-eixo imaginário positivo ($v > 0$). Por outro lado f_2 aplica o plano z no semiplano w esquerdo ($\mathrm{Re}\,\mathrm{w} = u < 0$) mais o semi-eixo imaginário negativo ($v < 0$).

Além disso, tanto f_1 quanto f_2 são *descontínuas* sobre o semi-eixo real negativo. De fato, considere os pontos z_1 e z_2 (Figura 6.21) tais que

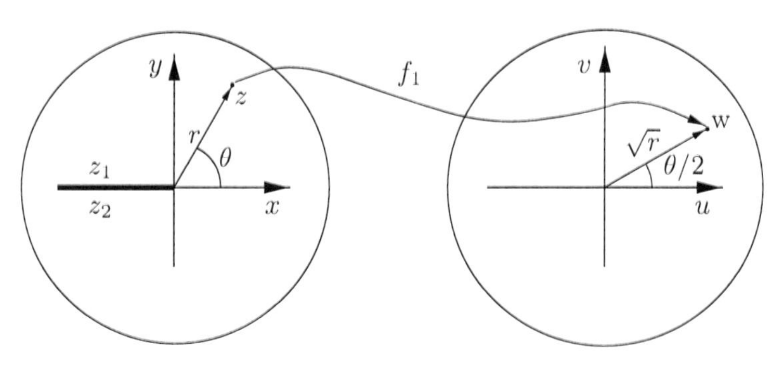

Figura 6.21: Os planos z e w.

$$z_1 = \mathrm{e}^{i(\pi-\delta)} \qquad \text{e} \qquad z_2 = \mathrm{e}^{i(-\pi+\delta)}\,.$$

As imagens de z_1 e z_2 sob a ação da função ramo principal são:

$$f_1(z_1) = \mathrm{e}^{i[(\pi-\epsilon)/2]} \qquad \text{e} \qquad f_2(z_2) = \mathrm{e}^{-i[(\pi-\epsilon)/2]}\,.$$

[20]Note-se que outras escolhas para o intervalo de variação de θ são possíveis.

Portanto, se $\epsilon > 0$ é suficientemente pequeno, z_1 e z_2 encontram-se próximos, mas suas imagens w_1 e w_2 estarão muito distantes no plano w. Contudo, temos que

$$f_2(z_2) = e^{i[(-\pi+2\pi+\epsilon)/2]} = e^{i[(\pi+\epsilon)/2]}$$

e vemos que $f_2(z_2)$ encontra-se próximo a $f_1(z_1)$ no plano w.

Recordamos que definimos no Capítulo 2 que uma dada função

$$f : \mathbb{C} \supset D \to \mathbb{C},$$
$$z \mapsto w = f(z),$$

é contínua em $z_0 \in D$ se

$$\lim_{z \to z_0} f(z) = f(z_0) = w_0.$$

Agora, para nossa particular função $[\sqrt{z}]$ definimos dois ramos f_1 e f_2 em regiões apropriadas de $\mathbb{C}$. É *intuitivo* que a continuidade da aplicação $z \mapsto [\sqrt{z}]$ ficará preservada se ao cruzarmos o semi-eixo real positivo mudarmos do ramo f_1 para o ramo f_2.

Baseado nesta observação Riemann teve a idéia genial de propor a definição de uma função

$$\sqrt{\ } : \mathfrak{R}_{\sqrt{}} \to \mathbb{C}$$

de maneira que os dois ramos f_1 e f_2 $[\sqrt{z}]$ se fundissem em uma só função contínua e monódroma. A construção de tal região é feita como segue:

(*i*) Imaginemos dois planos z cortados ao longo do semi-eixo real negativo de $-\infty$ até 0. Suponhamos que os dois planos são superpostos, retendo cada um deles a sua individualidade, de maneira análoga a duas folhas de papel que são superpostas.

(*ii*) Unamos agora o segundo quadrante da folha superior, ao longo do corte, ao quarto quadrante da folha inferior de maneira tal a formar uma superfície contínua, conforme Figura a 6.22.

Nesta superfície é possível traçarmos continuamente uma curva C que inicia-se no ponto P no terceiro quadrante da folha superior, dar a volta em torno da origem e cruzar o semi-eixo real negativo indo parar no terceiro quadrante da folha inferior. A curva C pode ser prolongada dando a volta em torno da origem indo parar no segundo quadrante da folha inferior.

(*iii*) Unamos agora o segundo quadrante da folha inferior ao terceiro quadrante da folha superior ao longo do mesmo corte (independentemente da primeira união, descrita em (*ii*)).

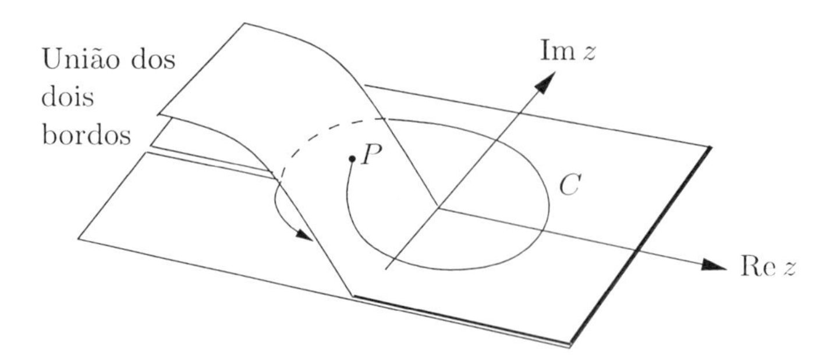

Figura 6.22: As folhas inferior e superior.

Nestas condições, a curva C pode ser prolongada na folha superior e retornar ao ponto de partida, P. A superfície construída de acordo com (*i–iii*) acima é dita *superfície de Riemann* para a função $\sqrt{z}$ e denotada por $\mathfrak{R}_{\sqrt{z}}$. Esta pode ser visualizada como uma superfície contínua formada por duas folhas de Riemann, conforme a Figura 6.23.

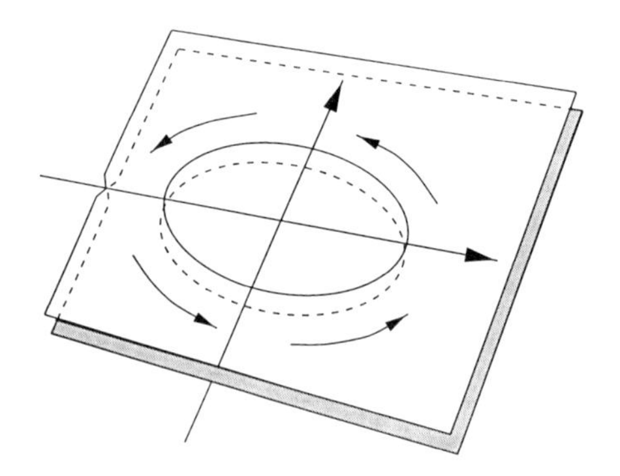

Figura 6.23: A superfície para $\mathfrak{R}_{\sqrt{z}}$.

Na construção de $\mathfrak{R}_{\surd}$ é importante observar que a linha entre o segundo quadrante da folha superior e o terceiro quadrante da folha inferior precisa necessariamente ser considerada como *distinta* da linha entre o segundo quadrante da folha inferior e o terceiro quadrante da folha superior. Assim, vemos que a visualização de $\mathfrak{R}_{\surd}$ por intermédio de folhas de papel é enganosa, pois neste modelo o semi-eixo real negativo aparece como a linha onde as quatro *bordas* dos cortes se encontram. $\mathfrak{R}_{\surd}$ não possui tal propriedade, de fato, em $\mathfrak{R}_{\surd}$ existem dois semi-eixos reais negativos bem como dois semi-eixos reais positivos.

Efetivamente, a aplicação

$$\surd : \mathfrak{R}_{\surd} \to \mathbb{C}, \;\; z \mapsto \sqrt{z}$$

é como segue: O ramo principal aplica à folha de Riemann superior (com o semi-eixo-imaginário excluído) sobre a região $\operatorname{Re} \mathrm{w} > 0$ do plano w.

Note também que o ramo principal mapeia a linha que liga o segundo quadrante da folha superior com o terceiro quadrante da folha inferior sobre o semi-eixo imaginário positivo.

A folha de Riemann inferior (com o semi-eixo real negativo excluído) é aplicada pelo segundo ramo sobre a região $\operatorname{Re} w < 0$ do plano w. Observe também que o segundo ramo aplica a linha que liga o segundo quadrante inferior ao terceiro quadrante superior sobre o semi-eixo imaginário positivo.

Desta maneira a aplicação $\surd : \mathfrak{R}_{\surd} \to \mathbb{C}$ é um-a-um, com $z = 0$ sendo aplicado em $w = 0$. Esta correspondência particular não pertence a nenhum dos ramos, visto que θ não está definido para $z = 0$.

O ponto $z = 0$, conforme Figura 6.23, que conecta as duas folhas de $\mathfrak{R}_{\surd}$ é dito *nó de primeira ordem*. Discutimos agora a construção das superfícies de Riemann para a função logaritmo natural.

6.4.5 Superfície de Riemann para o logaritmo natural

Considere a aplicação (já discutimos no Capítulo 2)

$$\begin{aligned}[\ln] : \mathbb{C} - \{0\} &\to 2^{\mathbb{C}}, \\ z &\mapsto [\ln z] = \{\operatorname{Ln} z + 2n\pi \mathrm{i}\}, \quad n \in \mathbb{Z}.\end{aligned}$$

A função $[\ln]$ é infinitamente multivalente. Desejamos introduzir uma função monódroma, definida em um conjunto apropriado, que reúna todos os infinitos ramos de $[\ln]$ de uma maneira que se tenha continuidade. Tal construção implica na introdução de uma função

$$\ln : \mathfrak{R}_{\ln} \to \mathbb{C}$$

definida sobre uma superfície de Riemann, $\mathfrak{R}_{\ln}$ de infinitas folhas. A função $\operatorname{Ln} z$, dita ramo principal de $[\ln]$ corresponde à restrição da aplicação ln à uma dessas infinitas folhas, mais precisamente àquela na qual o argumento de z varia no intervalo $-\pi < \theta \leq \pi$. A folha é cortada ao longo do eixo real negativo e a extremidade superior do corte é unido à extremidade inferior da próxima folha, que corresponde ao intervalo $\pi < \theta \leq 3\pi$, isto é, à seguinte função $w = \operatorname{Ln} z + 2\pi i$. Neste sentido, cada valor de n, na expressão anterior, corresponde a precisamente uma destas infinitas folhas.

A função $\operatorname{Ln} z$ aplica a folha correspondente em uma faixa horizontal $-\pi < v \leq \pi$ no plano w. A próxima folha é mapeada na faixa vizinha tal que $\pi < v \leq 3\pi$ e assim por diante. A função $w(z) = \ln z$ aplica todas as folhas da correspondente superfície de Riemann no plano w, de maneira que a correspondência entre os pontos $z \neq 0$ da superfície de Riemann e do plano w é um-a-um, conforme Figura 6.24.

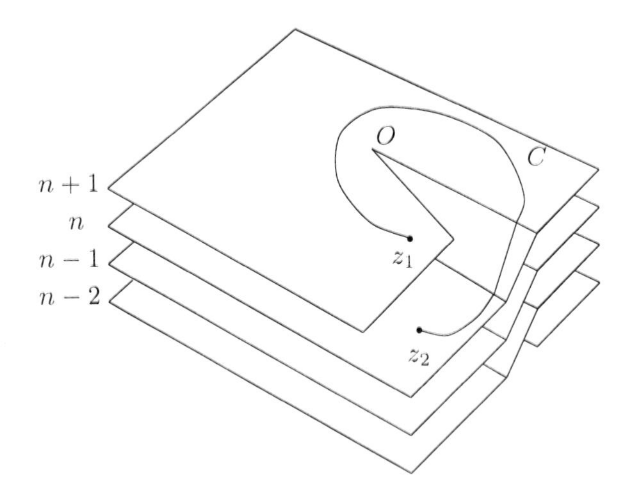

Figura 6.24: Uma parte da superfície de Riemann $\mathfrak{R}_{\ln}$ da função logaritmo. z_1 e z_2 são pontos localizados em duas folhas de Riemann adjacentes.

6.4.6 Eletrostática: problemas bidimensionais

Nesta subseção resolvemos um problema de eletrostática bidimensional que envolve a solução da equação de Laplace em um domínio D com condições de fronteiras dadas no bordo ∂D de D, usando-se o método de transformações conformes.

Tal método é eficiente se conseguirmos mapear, por intermédio de uma transformação conforme, $\mathrm{w} = f(z)$ o domínio D, uma região onde nosso problema possui, em princípio, difícil descrição analítica, em uma outra região $D^\star = f(D)$ onde nosso problema seja mais simples de se descrever analiticamente.

Suponhamos que descobrimos uma tal transformação para um dado problema que permita facilmente obtermos $F^\star(\mathrm{w})$, a função analítica que representa a solução do nosso problema na região $D^\star = f(D)$ e que satisfaz as condições de contorno transformadas em $\partial D^\star = f(\partial D)$.

De posse de $F^\star(\mathrm{w})$ podemos escrever a solução do problema original como sendo representada pela função

$$F(z) = F^\star(f(z)).$$

A razão pela qual este método poderoso funciona é muito simples: sob transformações conformes, funções harmônicas permanecem harmônicas. Mais precisamente, temos o teorema:

Teorema 7. Se $\Phi^\star(u,v)$ é harmônica num domínio $D^\star$ no plano w e se uma função analítica $\mathrm{w} = u+iv = f(z)$, não necessariamente conforme na fronteira, transforma um domínio D no plano z conformemente num domínio $D^\star$, então

$$\Phi(x,y) = \Phi^\star[u(x,y), v(x,y)]$$

é harmônica no domínio D.

Demonstração. A partir da regra da cadeia, a composta de funções analíticas é analítica. Então, tomando-se uma conjugada harmônica $\Psi^\star(u, v)$ de $\Phi^\star(u, v)$ e formando a função analítica

$$F^\star(\mathrm{w}) = \Phi^\star(u, v) + i\Psi^\star(u, v)$$

concluímos que $F(z) = F^\star[f(z)]$ é analítica em D e sua parte real $\Phi(x, y) = \mathrm{Re}\, F(z)$ é harmônica em D. □

Agora sim, podemos discutir o seguinte problema de eletrostática: encontrar a função potencial entre dois cilindros não coaxiais. Como um caso particular, consideramos o seguinte problema: Encontrar o potencial entre dois cilindros c_1 : $|z| = 1$, mantido a potencial $u_1 = 0$ e o cilindro $c_2 : |z - 6/13| = 6/13$, mantido ao potencial $u_2 = V =$ constante.

Transformamos o disco unitário $|z| = 1$ num disco unitário $|\mathrm{w}|=1$ de tal modo que c_2 seja transformado num outro cilindro $c_2^\star : |\mathrm{w}| = r_0$. Uma transformação fracionária linear que mapeia um disco unitário em um outro disco unitário é dada por

$$\mathrm{w} = \frac{z - b}{bz - 1}$$

onde b é um parâmetro a ser escolhido convenientemente. Tomemos, sem perda de generalidade, $b = z_0$, onde $|z_0| < 1$. Então w, como acima definido, aplica o ponto z_0 na origem do plano w, isto é, $\mathrm{w} = 0$.

Temos, agora, dois parâmetros livres r_0 e b e vamos impor duas condições razoáveis para mapear zero e $12/13$ em r_0 e $-r_0$, respectivamente, conforme a Figura 6.25.[21]

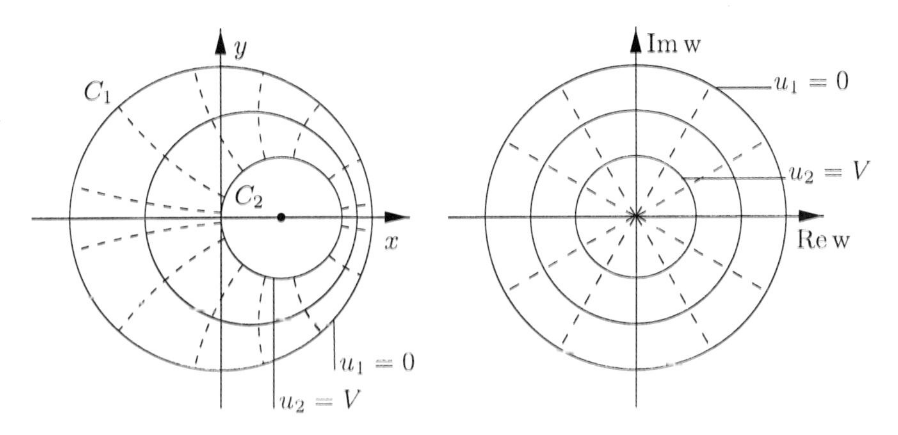

Figura 6.25: Potencial entre dois cilindros não co-axiais.

[21] Note que $z = 0$ e $z = 12/13$ são as raízes da equação $|z - 6/13| = 6/13$.

Então, utilizando a expressão anterior podemos escrever

$$r_0 = \frac{-b}{-1} \qquad -r_0 = \frac{12/13 - b}{12b/13 - 1} = \frac{12 - 13r_0}{12r_0 - 13}$$

que fornece uma equação quadrática em r_0 com solução $r_0 = 3/2$, a qual não convém visto que $r_0 < 1$, bem como $r_0 = 2/3$. Logo, a nossa transformação toma a forma

$$\mathrm{w} = f(z) = \frac{3z - 2}{2z - 3}.$$

Por outro lado, o potencial complexo é escrito como $F(z) = a \ln z + c$. Escrevendo-se w no lugar de z temos, no plano w, a seguinte expressão

$$F^\star(\mathrm{w}) = a \ln \mathrm{w} + c$$

sendo a e c parâmetros a serem determinados, de onde, para o potencial real, podemos escrever

$$\Phi^\star(u, v) = \mathrm{Re}\ F^\star(\mathrm{w}) = a \ln |\mathrm{w}| + c.$$

Os parâmetros a e c são determinados pelas condições de contorno. Quando $|\mathrm{w}|=1$, então

$$\Phi^\star(\mathrm{w}) = a \ln 1 + c = 0$$

de onde $c = 0$. Para $|\mathrm{w}| = 2/3$, podemos escrever

$$\Phi^\star(\mathrm{w}) = a \ln(2/3) = V$$

de onde $a = V/\ln(2/3)$.

Temos, então, a solução desejada no domínio dado, ou seja

$$F(z) = F^\star[f(z)] = \frac{V}{\ln(2/3)} \ln \left| \frac{3z - 2}{2z - 3} \right|.$$

Logo, para o potencial real, solução de nosso problema, temos

$$\Phi(x, y) = \mathrm{Re}\ F(z) = \frac{V}{\ln(2/3)} \ln \left| \frac{3z - 2}{2z - 3} \right|.$$

As linhas equipotenciais $\Phi(x, y) =$ constante são circunferências, e as linhas de força são arcos de circunferência, tracejados na Figura 6.25. Estas duas famílias de curvas se interceptam ortogonalmente, isto é, formam ângulo reto, como também é mostrado na figura.

6.4.7 Exercícios

1. Represente as seguintes curvas no plano z na forma $z = z(t)$ e determine o respectivo valor da tangente, $\dot{z}(t)$.

$$(a) \quad x^2 + 9y^2 = 9 \qquad \text{e} \qquad (b) \quad y = x + 1.$$

2. Determine os pontos no plano z para os quais a transformação $\mathrm{w} = f(z)$ indicada deixa de ser conforme.

$$(a) \quad f(z) = \operatorname{sen} z \qquad \text{e} \qquad (b) \quad f(z) = z^3 + 2z.$$

3. Encontre os pontos fixos para os seguintes mapas:

$$(a) \quad \mathrm{w} = z^2 \qquad \text{e} \qquad (b) \quad \mathrm{w} = \frac{2iz - 9}{z + 2i}.$$

4. Encontre uma transformação fracionária linear para a qual os pontos fixos são dados por

$$(a) \quad -i \ \text{ e } \ i \qquad \text{e} \qquad (b) \quad 0 \ \text{ e } \ \infty.$$

5. Encontre a transformação inversa para $\mathrm{w} = \dfrac{3z + 4i}{iz + 5}$.

Nos próximos três exercícios, encontre a transformação fracionária linear que mapeia:

6. i, 0 e 1 em $2 + i$, 2 e 3, respectivamente.

7. 1, 0 e -1 em ∞, -1 e 0, respectivamente.

8. 1/2, 1 e 3 em ∞, 4 e 6/5, respectivamente.

9. Encontre as imagens das linhas $x =$ constante sobre a transformação $\mathrm{w} = \cos z$.

10. Determine todos os pontos para os quais a transformação $\mathrm{w} = \cosh z$ não é conforme.

11. Mostre que a superfície de Riemann de $\mathrm{w} = \sqrt[3]{z}$ consiste de três folhas e tem um ponto de ramificação de segunda ordem.

12. Determine a localização dos pontos de ramificação e o número de folhas das superfícies de Riemann para as seguintes funções:

$$\text{a)} \quad \mathrm{w} = \sqrt[3]{z - 1} \qquad \text{b)} \quad \mathrm{w} = \sqrt{z^2 + 1}$$
$$\text{c)} \quad \mathrm{w} = \ln(z - a) \qquad \text{d)} \quad \mathrm{w} = \sqrt{z^3 - z}$$

13. Esboce os gráficos das seguintes regiões do plano complexo:

$$\text{a)} \quad \operatorname{Re} z > 0 \qquad \text{e} \qquad \text{b)} \quad |z| \leq 1,5 \quad \text{com} \quad |\arg z| < \pi/4.$$

Nos dois próximos exercícios, encontre uma função analítica $\mathrm{w} = u + iv = f(z)$ que mapeia:

14. A região $0 < \arg z < \pi/3$ na região $u < 1$.

15. A região $x > 0$, $y > 0$ com $xy < 1$ na faixa $0 < v < 1$.

6.5 Continuação analítica

Recordamos que, dada uma função contínua real de variável real f : $\mathbb{R} \supset \mathbf{I} \to \mathbb{R}$ é, em geral, possível estendermos em infinitas maneiras distintas o domínio de definição da função de maneira a preservar-se a continuidade. Por outro lado, dada uma função analítica $f : \mathbb{C} \supset D \to \mathbb{C}$, se desejarmos preservar a analiticidade, então é possível estendermos o domínio de definição de uma *única* maneira. Esta extensão é dita continuação analítica (ou prolongamento analítico) da função. A existência desse prolongamento *único* significa que dada uma função analítica definida em um domínio aberto $D \subset \mathbb{C}$, ainda que este aberto seja bem pequeno (isto é, $D \subset D(z_0, R)$, com $R \ll 1$) estamos fornecendo, ainda que implicitamente, a função analítica em todos os pontos em que a mesma pode ser definida.

Antes de introduzirmos, através de um caso particular, o processo de continuação analítica, vamos recordar os conceitos de zero e de singularidade isolada de uma dada função analítica.

6.5.1 Zeros de uma função analítica

Seja $f : \mathbb{C} \supset D \to \mathbb{C}$. Dizemos que um ponto $z = z_0$ é um zero de ordem n de uma função $f(z)$ se $f(z_0) = 0$ e, por outro lado, são nulas todas as $(n-1)$ derivadas de $f(z)$ calculadas em $z = z_0$, mas a n-ésima derivada, calculada em z_0 é diferente de zero.

Então, se temos um zero de ordem n de $f(z)$ no ponto $z = z_0$ temos

$$f(z_0) = \left(\frac{df}{dz}\right)_{z=z_0} = \cdots = \left(\frac{d^{(n-1)} f}{dz^{(n-1)}}\right)_{z=z_0} = 0$$

e

$$\left(\frac{d^n f}{dz^n}\right)_{z=z_0} \neq 0.$$

Na vizinhança de um zero, que é um ponto regular, a função $f(z)$ é representável, como já vimos, mediante o seu desenvolvimento em série de Taylor. Uma vez que os n primeiros termos são nulos, o desenvolvimento em série de Taylor contém somente os termos de ordem $(n+1)$ em diante, isto é,

$$f(z) = a_n(z - z_0)^n + a_{n+1}(z - z_0)^{n+1} + \cdots =$$

$$= \sum_{k=n}^{\infty} a_k (z - z_0)^k = (z - z_0)^n \sum_{k=0}^{\infty} a_{k+n}(z - z_0)^k.$$

Introduzindo-se a seguinte função

$$g(z) \equiv \sum_{k=0}^{\infty} a_{k+n}(z - z_0)^k$$

é imediato verificar que $g(z)$ representa uma função analítica e regular na vizinhança de $z = z_0$ e que por outro lado $g(z_0) \neq 0$. Na vizinhança de um ponto $z = z_0$ que seja seu zero de ordem n, uma função analítica pode, por isso, ser colocada na seguinte forma:

$$f(z) = (z - z_0)^n g(z)$$

sendo $g(z)$ uma função holomorfa[22] e não nula em $z = z_0$.

Desta representação fica claro que os zeros de uma função analítica formam um conjunto discreto, sem pontos de acumulação, no interior do domínio de holomorfia dessa função. De fato, uma vez que $g(z)$ é analítica, e por isso contínua e diferente de zero no ponto $z = z_0$, o ponto z_0 não pode ser um ponto de acumulação dos zeros de $f(z)$. Para os zeros de uma função analítica, no interior do domínio de holomorfia, não existem pontos de acumulação, isto é, tais zeros são todos isolados.

Se para uma função $f(z)$ um dado ponto z_0 é de acumulação de zeros este será necessariamente um ponto singular. Se, por outro lado se tem que se um ponto de acumulação de zeros é um ponto regular de uma função $f(z)$ então a única possibilidade é que essa seja identicamente nula.

Uma conseqüência fundamental deste fato é que se duas funções analíticas $f_1(z)$ e $f_2(z)$ coincidem em um conjunto de pontos que tenha um só ponto de acumulação interno ao domínio de regularidade de ambas, elas são necessariamente idênticas. De fato, o conjunto dos zeros da função $f_1(z) - f_2(z)$ apresenta então um ponto de acumulação, mas a função $f_1(z) - f_2(z)$ é regular e por isso deve ser identicamente nula.

6.5.2 Singularidade isolada

Se para a função analítica $f(z)$, um ponto $z = z_0$ é um ponto singular isolado então, na vizinhança de $z = z_0$ vale, como já vimos, um desenvolvimento em série de Laurent

$$f(z) = \sum_{k=0}^{\infty} a_k (z - z_0)^k + \sum_{k=1}^{\infty} \frac{b_k}{(z - z_0)^k}.$$

Dizemos que para $z = z_0$, a função $f(z)$ tem um pólo de ordem n se o coeficiente b_n da n-ésima potência negativa de $(z - z_0)$ é diferente de zero, mas todos os coeficientes das potências negativas de ordem superior são todos nulos.

Na vizinhança de um ponto $z = z_0$, que seja um pólo de ordem n, a função $f(z)$ será representada por uma uma série que pode ser escrita como

$$f(z) = \sum_{k=-n}^{\infty} d_k (z - z_0)^k = (z - z_0)^{-n} \sum_{k=-n}^{\infty} d_k (z - z_0)^{k+n} =$$

$$= (z - z_0)^{-n} \sum_{k=0}^{\infty} d_{k-n} (z - z_0)^k.$$

[22] Analítica e regular.

Sendo

$$\sum_{k=0}^{\infty} d_{k-n}(z-z_0)^k \equiv g(z)$$

podemos ver que $g(z)$ é uma função analítica regular e não nula em torno do ponto $z = z_0$. Por isso, na vizinhança de um ponto $z = z_0$, que seja um pólo de ordem n de uma função $f(z)$, essa parte pode ser representada por

$$f(z) = \frac{g(z)}{(z-z_0)^n},$$

sendo $g(z)$ uma função analítica regular não nula para $z = z_0$. Da expressão anterior concluímos que um pólo de ordem n de $f(z)$ é um zero de ordem n para o inverso da função, isto é, para $1/f(z)$, e vice-versa.[23]

Vimos que, se denominam pólos de uma função as singularidades que correspondem à existência de um número finito de termos de potências negativas em seu desenvolvimento em série de Laurent.

Por outro lado, se na série de Laurent de uma função $f(z)$ na vizinhança de um seu ponto singular isolado $z = z_0$, um número infinito de coeficientes b_k é diferente de zero, dizemos que o ponto $z = z_0$ é uma singularidade essencial isolada de $f(z)$.

O estudo das singularidades essenciais é muito mais difícil do que as singularidades isoladas. Por exemplo, temos que na vizinhança de uma singularidade essencial isolada uma função oscila rapidamente podendo se aproximar de qualquer valor. Para este caso temos o seguinte teorema, devido a Weierstrass.

Teorema 8. Se $z = z_0$ é um ponto singular essencial de $f(z)$ então, fixados dois números positivos arbitrários ϵ e δ, tão pequenos quanto se queira, e sendo $c \in \mathbb{C}$ um número complexo arbitrário, tem-se

$$|f(z) - c| < \epsilon$$

para algum ponto z satisfazendo [3] à condição $|z - z_0| < \delta$.[24]

Demonstração. Em primeiro lugar, vamos mostrar que, se no desenvolvimento em série de Laurent de $f(z)$ na vizinhança de $z = z_0$, existem infinitos coeficientes b_k diferentes de zero, então $f(z)$ não pode ser limitada para $z \to z_0$. Temos que, a expressão para um coeficiente genérico b_k é dada por

$$b_k = \frac{1}{2\pi i} \oint_{\Gamma} (z-z_0)^{k-1} f(z) dz$$

[23] Um resultado importante envolvendo os zeros e os pólos de uma função é o chamado princípio do argumento. Ver Apêndice C.

[24] Em outras palavras o teorema afirma que em qualquer vizinhança de um ponto $z = z_0$ que seja uma singularidade essencial isolada de uma função $f(z)$, $f(z)$ aproxima qualquer valor pré-fixado, mas não necessariamente o atinge.

onde podemos escolher o percurso de integração como sendo uma circunferência c_0 de raio r com centro no ponto $z = z_0$. Se supormos que $f(z)$ seja limitada para $z \to z_0$ e utilizando a desigualdade de Darboux[25] (*1842 – Jean Gaston Darboux – 1917*) obtemos

$$|b_k| \leq \frac{1}{2\pi} r^{k-1} \oint_{c_0} |f(z)||dz| \leq r^k \max |f(z)|$$

e fazendo $r \to 0$, vemos que b_k tende a zero se $k \geq 1$ o que contraria a hipótese de que existem infinitos $b_k \neq 0$. Segue que $f(z)$ não pode ser limitada para $z \to z_0$.

Passemos agora a verificar que $f(z)$ se aproxima o quanto se queira de um número complexo arbitrário c. Consideramos para tanto a função $f(z) - c$ na vizinhança de $z = z_0$; podemos ter dois casos: o ponto $z = z_0$ é um ponto de acumulação dos zeros da função $f(z) - c$ ou, não o é. Se é um ponto de acumulação, então em qualquer vizinhança de $z = z_0$ existem infinitos pontos nos quais $f(z) - c = 0$, isto é, infinitos pontos nos quais $f(z)$ assume efetivamente o valor c. Se ao contrário, $z = z_0$ não é um ponto de acumulação de zeros de $f(z) - c$ então existe uma vizinhança de z_0 na qual a função não se anula; tomando-se

$$g(z) = \frac{1}{f(z) - c}$$

esta será uma função bem definida na vizinhança $|z - z_0| < \eta$, na qual $f(z) - c \neq 0$. Ora, se $f(z)$ tem uma singularidade essencial para $z = z_0$, então também $g(z)$ apresenta uma singularidade para $z = z_0$. De fato, escrevendo-se a expressão anterior na forma

$$f(z) = \frac{1}{g(z)} + c$$

vê-se que: Se $g(z)$ fosse regular e $g(z) \neq 0$ para $z = z_0$, a função $f(z)$ seria analítica e regular em $z = z_0$. Se $g(z)$ tivesse um zero de ordem n em $z = z_0$, $f(z)$ teria um pólo de ordem n também em $z = z_0$ e, finalmente, se $g(z)$ tivesse, em $z = z_0$, um pólo de ordem n, $f(z)$ seria regular em $z = z_0$.

Mas, então, vimos que $g(z)$ não pode ser limitada para cada z tal que $|z - z_0| < \delta$ e por isso existirá pelo menos um valor de z satisfazendo à condição $|z - z_0| < \delta$ tal que $|g(z)| > 1/\epsilon$, isto é, como

$$g(z) = \frac{1}{f(z) - c}$$

temos $|f(z) - c| < \epsilon$, o que prova o teorema.

□

[25] Ver, por exemplo, ref. [3].

6.5.3 Singularidade no infinito

Até agora, nos limitamos a considerar o comportamento de uma função analítica em um ponto genérico $z = z_0$, suposto finito. Todavia, tais considerações também podem ser aplicadas ao estudo do comportamento de uma função analítica $f(z)$ na vizinhança do ponto no infinito, legítimo habitante do plano complexo estendido, que introduzimos no Capítulo 2.

Introduzindo a substituição

$$z = \frac{1}{\xi},$$

que é uma transformação conforme que leva o ponto no infinito do plano z à origem do plano ξ e vice-versa, e definindo a função

$$\phi(\xi) = f(z) \equiv f(\frac{1}{\xi}),$$

é fácil ver que o ponto $z = \infty$ será um pólo de ordem n de $f(z)$ se o ponto $\xi = 0$ for um pólo de ordem n da função $\phi(\xi)$; assim, o ponto $z = \infty$ será um zero de ordem n de $f(z)$, se $\xi = 0$ for um zero de ordem n de $\phi(\xi)$; ainda mais, $f(z)$ será regular em $z = \infty$ se $\phi(\xi)$ for regular em $\xi = 0$ e finalmente, $z = \infty$ será uma singularidade essencial de $f(z)$ se $\xi = 0$ é singularidade essencial de $\phi(\xi)$.

6.5.4 Continuação analítica

Se duas funções analíticas $f_1(z)$ e $f_2(z)$ coincidem em um conjunto de pontos que possua só um ponto de acumulação interior à região de regularidade de ambas, elas são necessariamente idênticas. Este fato é a base do que chamamos de continuação analítica de função e ao qual vamos nos referir como sendo o princípio de continuação analítica. Em geral, uma função analítica $f(z)$ é dada a partir de uma certa representação[26] válida para um certo domínio limitado do plano z que pode ser completamente diferente do domínio de analiticidade dessa função.

Como um simples, porém ilustrativo exemplo, consideramos a função $f(z) = 1/(1 - z)$ que é representada por sua série de potências como segue

$$f(z) \equiv \frac{1}{1 - z} = \sum_{k=0}^{\infty} z^k.$$

Esta representação é válida somente para $|z| < 1$ enquanto que a função $f(z)$ é holomorfa em todo o plano complexo exceto no ponto $z = 1$.

Do exposto segue a necessidade de se saber como se pode continuar a função analítica para além do domínio primitivo, no qual sua representação encontra-se bem definida. O critério geral em que se baseia esta possibilidade é o citado critério de continuação analítica.

[26] Representação em série ou uma representação integral.

Suponhamos que uma função analítica $f(z)$ admita uma certa representação $S_1(z)$ para $z \in D_1$, num domínio dado no plano complexo $\mathbb{C}$. Em outras palavras,

$$f(z) = S_1(z) \qquad \text{para} \quad z \in D_1.$$

Suponhamos também que uma dada função analítica $g(z)$ admita uma representação $S_2(z)$ para $z \in D_2$, isto é,

$$g(z) = S_2(z) \qquad \text{para} \quad z \in D_2$$

e que D_1 e D_2 possuam uma intersecção não nula. Suponhamos finalmente que podemos mostrar que $S_1(z)$ e $S_2(z)$ coincidem em um conjunto $D \subset D_1 \cap D_2$, isto é,

$$S_1(z) = S_2(z), \ \forall z \in D \subset D_1 \cap D_2.$$

Nestas condições, o princípio de continuação analítica nos permite assegurar que $f(z)$ e $g(z)$ são a mesma função analítica, e dizemos que cada uma das representações $S_1(z)$ ou $S_2(z)$ determina uma continuação analítica da outra. A função $f(z)$ suposta, conhecida inicialmente só em D_1, será agora conhecida em $D_1 \cup D_2$.

Para esclarecermos as idéias apresentadas acima, vamos discutir um exemplo simples. Consideramos então primeiramente a série de potências

$$\sum_{k=0}^{\infty} z^k$$

que converge na região $|z| < 1$ e por isso representa uma função analítica $f(z)$. Independentemente do fato de que sabemos somar ou não a série, podemos escrever

$$f(z) = \sum_{k=0}^{\infty} z^k \qquad \text{para} \quad |z| < 1.$$

Agora, consideramos a seguinte integral

$$\int_0^{\infty} \mathrm{e}^{-(1-z)t}\, dt$$

que é bem definida (convergente) para cada z tal que $\mathrm{Re}(1-z) > 0$ e representa, na região de definição uma função analítica bem determinada, digamos $g(z)$.

Independentemente do fato de sabermos ou não como efetuar a integração temos

$$g(z) = \int_0^{\infty} \mathrm{e}^{-(1-z)t}\, dt \qquad \text{para} \qquad \mathrm{Re}\, z < 1.$$

Observemos, então, que podemos escrever

$$\int_0^{\infty} \mathrm{e}^{-(1-z)t}\, dt = \int_0^{\infty} \mathrm{e}^{-t}\, \mathrm{e}^{zt}\, dt = \int_0^{\infty} \mathrm{e}^{-t} \sum_{k=0}^{\infty} \frac{z^k}{k!} t^k dt =$$

$$= \sum_{k=0}^{\infty} \frac{z^k}{k!} \int_0^{\infty} \mathrm{e}^{-t}\, t^k dt.$$

A última passagem, a troca da integral com o somatório, é possível somente se a série resultante é ainda convergente [5], isto é, será válida somente na região de intersecção entre a região de convergência da integral, $\mathrm{Re} z < 1$ e aquela de convergência da série. Para obter os coeficientes desta série em forma explícita devemos calcular a integral $\int_0^{\infty} \mathrm{e}^{-t}\, t^k dt$. Para tanto procedemos como segue. Levando em conta que

$$\int_0^{\infty} \mathrm{e}^{-t}\, t^k dt = \lim_{\alpha \to 1} \int_0^{\infty} \mathrm{e}^{-\alpha t}\, t^k dt =$$

$$= \lim_{\alpha \to 1} (-1)^k \frac{d^k}{d\alpha^k} \int_0^{\infty} \mathrm{e}^{-\alpha t}\, dt = \lim_{\alpha \to 1} (-1)^k \frac{d^k}{d\alpha^k} (\alpha^{-1}) =$$

$$= \lim_{\alpha \to 1} (-1)^k (-1)(-2) \cdots (-k) \alpha^{-1-k} = k!$$

podemos escrever a seguinte igualdade

$$\int_0^{\infty} \mathrm{e}^{-(1-z)t}\, dt = \sum_{k=0}^{\infty} \frac{z^k}{k!} k! = \sum_{k=0}^{\infty} z^k$$

que é válida na região

$$(\mathrm{Re}\, z < 1) \bigcap (|z| < 1) = |z| < 1.$$

O princípio de continuação analítica nos permite dizer que $g(z)$ e $f(z)$ são a mesma função analítica dado que as duas representações coincidem na região $|z| < 1$. Dito em outras palavras, a representação integral que acabamos de encontrar constitui-se em uma continuação analítica, válida para todo semi-plano $\mathrm{Re}\, z < 1$, da função $f(z)$ cuja representação como série $\sum_{k=0}^{\infty} z^k$ só tem validade para $|z| < 1$. Um fato digno de nota é o seguinte: Todas nossas considerações acima foram feitas independentemente do conhecimento das formas explícitas das funções $f(z)$ e $g(z)$. Para o caso geral, enviamos o leitor para a ref. [3].

O procedimento de continuação analítica acima apresentado, também conhecido pelo nome de continuação analítica à maneira de Weierstrass fornece, em geral, a possibilidade de estender a definição de uma função analítica, definida inicialmente, por meio de uma série de potências, só no interior da circunferência C_0, para uma região mais ampla no plano complexo. Pode, porém, também acontecer que sobre a circunferência de convergência da série original existam infinitos pontos singulares dispostos de modo a tornar a continuação analítica impossível. Dizemos então que a circunferência é uma fronteira natural de analiticidade para a função e a região interna à circunferência C_0 constitui a região natural de holomorfismo.

Consideramos, como um exemplo, a seguinte série

$$\sum_{k=0}^{\infty} z^{2^k} = 1 + z^2 + z^4 + z^8 + \cdots$$

que converge para $|z| < 1$ porque a série geométrica

$$\sum_{k=0}^{\infty} z^{2k} = 1 + z^2 + z^4 + z^6 + \cdots$$

constitui, para $|z| < 1$ uma majorante convergente enquanto para $|z| > 1$ é uma minorante divergente para a mesma série. A série $\sum_{k=0}^{\infty} z^{2^k}$ define, para $|z| < 1$, uma função analítica $f(z)$, isto é,

$$f(z) = \sum_{k=0}^{\infty} z^{2^k} \qquad \text{para} \qquad |z| < 1.$$

Observamos agora que para $z \to 1$ a série diverge e por isso o ponto $z = 1$ é um ponto singular de $f(z)$. Uma vez que a série é uniforme e absolutamente convergente para $|z| < 1$ podemos reordená-la como

$$f(z) = z^2 + 1 + (z^2)^2 + (z^2)^4 + \cdots = z^2 + f(z^2)$$

e portanto é singular também para $z \to -1$. Em resumo, a função é singular para $z \to \pm 1$. Iterando a relação funcional temos

$$f(z) = z^2 + f(z^2) = z^2 + z^4 + f(z^4) = \cdots = \sum_{n=1}^{k} z^{2^n} + f(z^{2^k})$$

de onde se deduz que $f(z)$ é singular nos pontos tais que

$$z^{2^k} = 1$$

que são as raízes de ordem 2^k da unidade, para qualquer k. Uma vez que as raízes 2^k-ésimas da unidade são os vértices de um polígono regular de 2^k lados, inscrito numa circunferência unitária, temos que todo ponto da circunferência $|z| = 1$ é um ponto de acumulação de pontos singulares. Uma continuação analítica é portanto, neste caso, impossível; isto é, $f(z)$ não pode ser prolongada para fora da circunferência primitiva da definição. A circunferência $|z| = 1$ representa a fronteira natural de holomorfismo de $f(z)$.

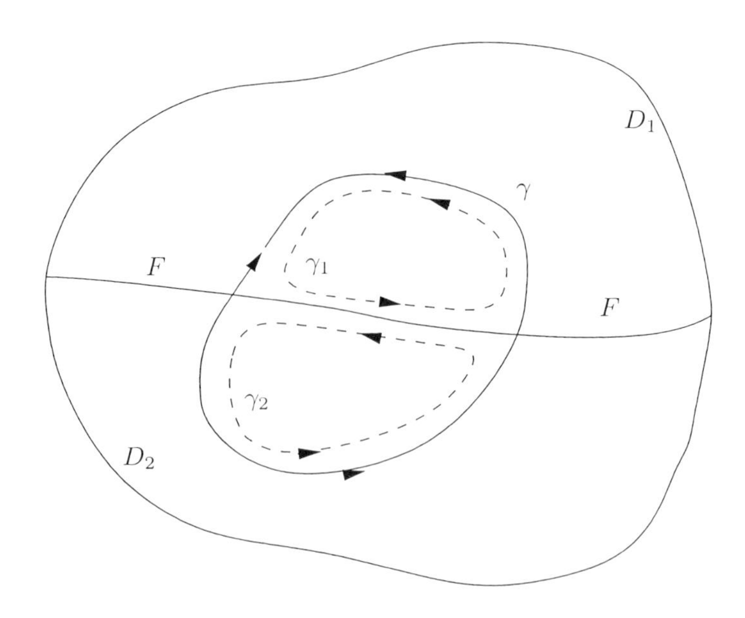

Figura 6.26: Princípio de reflexão de Schwarz.

6.5.5 O princípio de reflexão de Schwarz

Consideramos dois domínio D_1 e D_2 que não se sobreponham, mas que tenham em comum uma porção F da fronteira comum, como mostra a Figura 6.26.

Sejam, $f_1(z)$ e $f_2(z)$ duas funções analíticas respectivamente para $z \in D_1$ e $z \in D_2$ ambas contínuas em F, tal que

$$f_1(z) = f_2(z) \qquad \text{para} \qquad z \in F.$$

Vamos ver que $f_1(z)$ e $f_2(z)$ são continuações analíticas uma da outra e juntas definem uma única função

$$f(z) = \begin{cases} f_1(z) & \text{para} \quad z \in (D_1 \cup F) \\ f_2(z) & \text{para} \quad z \in (D_2 \cup F) \end{cases}$$

que é analítica em todo o domínio $D \equiv D_1 \bigcup F \bigcup D_2$.

A demonstração está baseada no teorema de Morera, como mostrado no Capítulo 3, Seção 5. Mostramos, de fato que

$$\oint_\gamma f(z)dz = 0$$

para qualquer curva fechada $\gamma \subset D$.

Para uma curva genérica $\gamma \subset D_1$ o resultado é óbvio porque tem-se

$$\oint_{\gamma \subset D_1} f(z)dz = \oint_{\gamma \subset D_1} f_1(z)dz = 0$$

dado que, por hipótese, $f_1(z)$ é analítica para $z \subset D_1$. Analogamente concluímos que

$$\oint_{\gamma \subset D_2} f(z)dz = 0.$$

Se, ao contrário, a curva atravessa a fronteira F, como na Figura 6.26, partimos da consideração das integrais estendidas às duas curvas γ_1 e γ_2. A curva γ_1 coincide com a parte de $\gamma \subset D$ e é fechada por uma curva tracejada infinitamente próxima a F e $D \subset D_1$. Analogamente para γ_2. Então

$$\oint_{\gamma_1} f(z)dz + \oint_{\gamma_2} f(z)dz = 0.$$

Se agora fazemos tender a F as duas curvas tracejadas, infinitamente próximas a F, as contribuições ao longo de F nas duas integrais se cancelarão porque F é percorrido em sentidos opostos nos dois casos e, por hipótese, $f_1(z)$ e $f_2(z)$ são contínuas e coincidem em F.

Em tal limite temos

$$\oint_{\gamma} f(z)dz = 0$$

e daí, isto ocorrendo, para qualquer curva $\gamma \subset D$ segue do teorema de Morera que $f(z)$ é analítica e regular em todo o domínio D e por isso $f_1(z)$ e $f_2(z)$ são continuações analíticas uma da outra.

Podemos agora demonstrar o chamado princípio de reflexão de Schwarz, dado pelo seguinte teorema:

Teorema 9. (Princípio de reflexão de Schwarz) Seja $f_1(z)$ uma função analítica em um domínio $D \subset (\text{Im}\, z > 0)$ e tendo como parte do próprio contorno um segmento F do eixo real, como na Figura 6.27, e seja $f_1(z)$ real para $z \in D$. Existe, então, uma continuação unívoca de $f_1(z)$ no domínio D^* que é imagem especular (refletida) de D em relação ao eixo real que é dada pela função[27]

$$f_2(z) = f_1^*(z^*) \qquad \text{para} \qquad z \in D^*$$

Demonstração. Para toda curva fechada $\gamma \subset D$ temos

$$\oint_{\gamma} f_1(z)dz = 0.$$

Introduzindo a forma paramétrica (Capítulo 3) para γ, como

$$z = z(t) \qquad t_1 \leq t \leq t_2 \qquad z \in D$$

[27]Note-se que anteriormente tínhamos definido o complexo conjugado através da notação $\overline{z}$; aqui, por conveniência, estamos denotando o complexo conjugado por z^*.

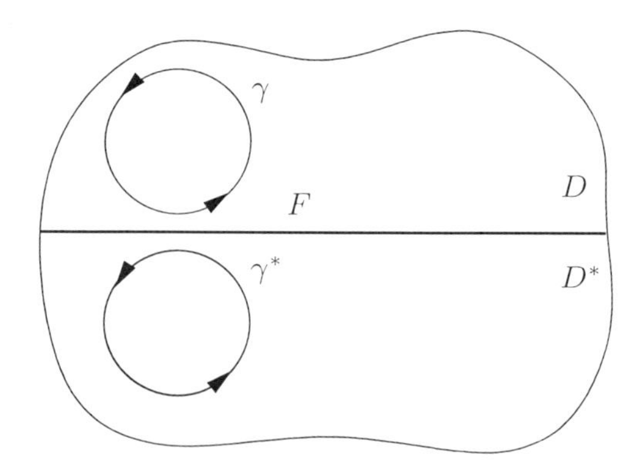

Figura 6.27: Ilustração para o princípio de reflexão.

esta equação se torna

$$\int_{t_1}^{t_2} f_1[z(t)]\frac{dz}{dt}dt = 0.$$

Comecemos por mostrar que a função definida por $f_2(z) = f_1^*(z^*)$ é analítica para $z \in D^*$. Seja γ^* a imagem especular de γ. A sua equação paramétrica será

$$z = z^*(t), \qquad t_1 \leq t \leq t_2, \qquad z \in D^*.$$

Temos então

$$\begin{aligned}\oint_{\gamma^*} f_2(z)dz &= \int_{t_1}^{t_2} f_2[z^*(t)]\frac{dz^*}{dt}dt \\ &= \int_{t_1}^{t_2} f_1^*[z(t)]\frac{dz^*}{dt}dt = \left\{\int_{t_1}^{t_2} f_1[z(t)]\frac{dz}{dt}dt\right\}^* = 0\end{aligned}$$

onde a última igualdade é justificada por

$$\int_{t_1}^{t_2} f_1[z(t)]\frac{dz}{dt}dt = 0$$

e como conseqüência do teorema de Morera temos que $f_2(z)$ é analítica para $z \in D^*$.

Visto que, por hipótese, $f_1(z)$ é real para $z \in F$ e desde que $f_2(z) = f_1^*(z^*)$, segue-se que

$$f_2(z) = f_1(z), \qquad z \in F.$$

Logo $f_1(z)$ é analítica acima do eixo real e então $f_2(z)$ é analítica abaixo do eixo real e $f_1(z) = f_2(z)$ em F e, por isso, temos que a função

$$f(z) = \begin{cases} f_1(z) & \text{para} \quad z \in D \\ f_2(z) = f_1^*(z^*) & \text{para} \quad z \in D^* \end{cases}$$

é analítica para $z \in (D \cup F \cup D^*)$.

Desta expressão tem-se de imediato que $f(z)$ goza da propriedade

$$f^*(z) = f(z^*), \quad z \in D \cup F \cup D^*.$$

De fato, se $z \in D$ e por isso $z^* \in D^*$, podemos escrever

$$f(z^*) = f_2(z^*) = f_1^*(z) = f^*(z)$$

e, vice-versa, se $z \in D^*$ e por isso $z^* \in D$ tem-se

$$f(z^*) = f_1(z^*) = f_2^*(z) = f^*(z).$$

Finalmente, observamos que a relação

$$f^*(z) = f(z^*) \qquad z \in D \cup F \cup D^*$$

será certamente satisfeita por toda função que é analítica em uma região que compreenda uma porção do eixo real e que ali tome valores reais quando o seu argumento é real. □

6.5.6 Relações de dispersão

Seja dada uma função $f(z)$ analítica em todo o plano complexo z, excetuando-se os cortes no eixo real desde $-\infty$ até a e entre b e $+\infty$, sendo $a < b$. Para um ponto qualquer z do plano complexo, não pertencente aos cortes, podemos escrever para $f(z)$ a representação de Cauchy

$$f(z) = \frac{1}{2\pi i} \oint_\gamma \frac{f(z')}{z' - z} dz'$$

sendo γ uma curva fechada qualquer, simplesmente conexa, toda contida no domínio de holomorfismo de $f(z)$ e circundando o ponto z. Em particular podemos deformar γ até que coincida com a curva γ', representada na Figura 6.28, para depois fazer ϵ tender a zero e R ao infinito. Dessa maneira a integral pode ser escrita explicitamente (omitindo-se o integrando) como:

$$\oint_\gamma = \int_{\Gamma_R} + \int_{\Gamma'_R} - \int_{\gamma_\epsilon^{(a)}} - \int_{\gamma_\epsilon^{(b)}} + \int_{-R+i0}^{a-\epsilon+i0} + \int_{b-\epsilon+i0}^{R+i0} - \int_{-R-i0}^{a-\epsilon-i0} - \int_{b-\epsilon-i0}^{R-i0}$$

Suponhamos, agora, que $f(z) \to 0$ uniformemente para $|z| \to \infty$ em todo o plano z, então, pelo lema de Jordan temos que: para $R \to \infty$ as integrais $\int_{\Gamma_R}$ e $\int_{\Gamma'_R}$ tendem a zero e não contribuem para a integral.

Consideramos agora a integral em $\gamma_\epsilon^{(a)}$. Vemos que esta integral tende a zero quando $\epsilon \to 0$, se, para $z \to a$, a função $f(z)$ satisfaz a condição de assintoticidade,

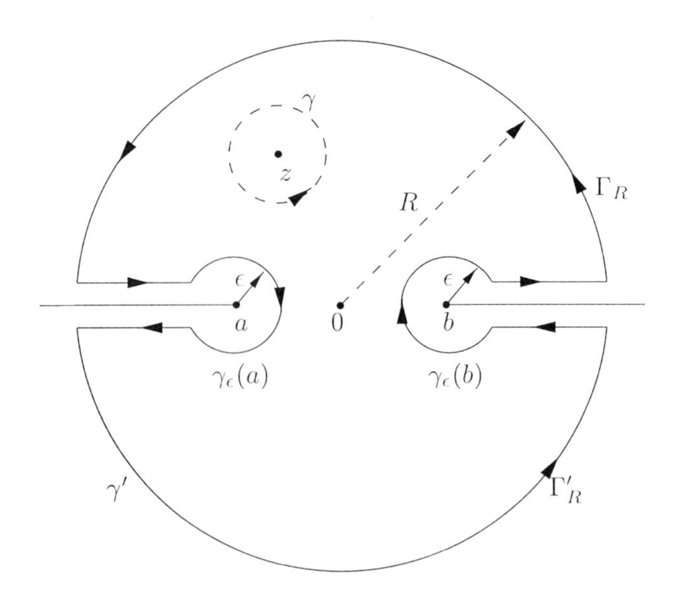

Figura 6.28: Contorno para a integral das relações de dispersão.

$$f(z) \overset{z\to a}{\longrightarrow} A(z-a)^{\alpha}, \quad A = \text{constante} \quad \text{e} \quad \operatorname{Re}\alpha > -1.$$

De fato, sendo a parametrização, em $\gamma_\epsilon^{(a)}$

$$z' - a = \epsilon\, e^{i\theta}$$

temos que

$$\int_{\gamma_\epsilon^{(a)}} \frac{f(z')}{z'-z} dz' = i \int_{2\pi}^{0} \frac{f(z')}{a - z + \epsilon\, e^{i\theta}} \epsilon\, e^{i\theta}\, d\theta \overset{\epsilon\to a}{\longrightarrow} 0.$$

Analogamente, sobre $\gamma_\epsilon^{(b)}$ vale a relação

$$f(z) \overset{z\to b}{\longrightarrow} B(z-b)^{\beta}, \qquad B = \text{constante} \quad \text{e} \quad \operatorname{Re}\beta > -1.$$

Finalmente, se as condições

$$\begin{aligned} f(z) &= \mathcal{O}(1) \quad \text{para} \quad z \to \infty, \\ f(z) &\overset{z\to a}{\sim} A(z-a)^{\alpha} \quad \text{para} \quad \operatorname{Re}\alpha > -1, \\ f(z) &\overset{z\to b}{\sim} B(z-b)^{\beta} \quad \text{para} \quad \operatorname{Re}\beta > -1, \end{aligned}$$

com A, B, a e b constantes, são satisfeitas e passando aos limites $R \to \infty$ e $\epsilon \to 0$, obtemos

$$\begin{aligned} f(z) &= \frac{1}{2\pi i} \int_{-\infty}^{a} \frac{f(x+i0) - f(x-i0)}{x-z} dx \\ &+ \frac{1}{2\pi i} \int_{b}^{\infty} \frac{f(x+i0) - f(x-i0)}{x-z} dx. \end{aligned}$$

Temos então que $f(z)$ satisfaz a uma representação espectral na qual a função espectral

$$g(x) \equiv f(x+i0) - f(x-i0)$$

é a descontinuidade da função $f(z)$ através do corte.

Podemos, formalmente, reescrever a expressão para $f(z)$ como

$$f(z) = \frac{1}{2\pi i} \int_{-\infty}^{\infty} \frac{g(x)}{x-z} dx$$

dado que $g(z) \equiv 0$ para $a < x < b$, uma vez que por hipótese $f(z)$ é regular para z real entre a e b e daí $f(x+i0) = f(x-i0)$.

Então, dada uma representação espectral do tipo

$$f(z) = \frac{1}{2\pi i} \int_{\gamma} \frac{g(z')}{z'-z} dz'$$

sendo γ uma curva simples qualquer no plano complexo, a função $f(z)$ é analítica no plano z, cortado ao longo de γ e $g(z)$ representa sempre a descontinuidade da função $f(z)$ através do corte.

Considerando-se agora a hipótese que $f(z)$ seja real para z real compreendido entre a e b temos, pelo princípio de reflexão de Schwarz, que

$$f(z^*) = f^*(z)$$

e por isso, podemos escrever

$$f(x-i\epsilon) = f^*(x+i\epsilon).$$

Neste caso a função espectral $g(z)$ dada por

$$g(x) = f(x+i0) - f(x-i0)$$

torna-se

$$g(x) = f(x+i0) - f^*(x+i0) = 2i \operatorname{Im} f(x+i0)$$

e, finalmente, obtemos

$$f(z) = \frac{1}{\pi} \int_{-\infty}^{\infty} \frac{\operatorname{Im} f(x)}{x-z} dx$$

onde escrevemos simplesmente $\operatorname{Im} f(x)$ no lugar de $\operatorname{Im} f(x+i0)$ entendendo-se como convenção que em equações deste tipo, $\operatorname{Im} f(x)$ seja sempre considerado como calculada sobre o bordo superior do corte.

Note-se que esta integral vai de $-\infty$ a $+\infty$, e portanto o suporte[28] de $\operatorname{Im} f(x)$ não pode ser todo o eixo real. No procedimento usado para se obter tal equação de

[28]Define-se suporte de uma função espectral a linha ou os segmentos de linha sobre os quais a função espectral é diferente de zero.

fato, é essencial que ao menos em um intervalo do eixo real tenhamos $\text{Im} f(z) = 0$, isto é, $f(z)$ é analítica.

A expressão

$$f(z) = \frac{1}{\pi} \int_{-\infty}^{\infty} \frac{\text{Im}\, f(x)}{x - z} dx$$

também é válida para funções $f(z)$ que apresentam mais pontos de ramificação sobre o eixo real, visto que em cada ponto de ramificação está satisfeita, quando $z \to a$, uma condição do tipo

$$f(z) \overset{z \to a}{\longrightarrow} A(z - a)^{\alpha}, \quad A = \text{constante} \quad \text{e} \quad \text{Re}\, \alpha > -1.$$

Por exemplo, vamos considerar uma função com quatro pontos de ramificação sobre o eixo real,

$$a_1 < a_2 < a_3 < a_4,$$

e mais um outro ponto de ramificação no infinito. Imaginemos cortar o plano complexo entre $-\infty$ e a_1; entre a_2 e a_3 e entre a_4 e ∞. A função $f(z)$ terá uma representação espectral da forma

$$\begin{aligned} f(z) = &\frac{1}{2\pi i} \int_{-\infty}^{a_1} \frac{f(x + i0) - f(x - i0)}{x - z} dx \\ &+ \frac{1}{2\pi i} \int_{a_2}^{a_3} \frac{f(x + i0) - f(x - i0)}{x - z} dx \\ &+ \frac{1}{2\pi i} \int_{a_4}^{\infty} \frac{f(x + i0) - f(x - i0)}{x - z} dx, \end{aligned}$$

visto que,

$$\begin{aligned} &f(z) = \mathcal{O}(1), && \text{para } z \to \infty, \\ &f(z) \longrightarrow A_i (z - a_i)^{\alpha_i}, && \text{para } z \to a_i, \quad \text{Re}\, \alpha_i > -1, \end{aligned}$$

e que, além disso, $f(z)$ é real para z real $\in (a_1, a_2)$ ou $z \in (a_3, a_4)$. Naturalmente o suporte de $\text{Im} f(x)$ será constituído dos intervalos $(-\infty, a_1)$, (a_2, a_3) e (a_4, ∞) do eixo real.

Uma representação do tipo

$$f(z) = \frac{1}{\pi} \int_{-\infty}^{\infty} \frac{\text{Im}\, f(x)}{x - z} dx$$

na qual a descontinuidade da função através do corte é dada pela parte imaginária da mesma função é conhecida com o nome de relação de dispersão. Uma relação de dispersão fornece os valores, em qualquer ponto z, de uma função $f(z)$, analítica no plano z com corte, uma vez que sejam conhecidos os valores da sua parte imaginária ao longo do corte. Relações de dispersão aparecem em inúmeros problemas de física teórica como, por exemplo, nas regras de Kramers-Krönig da teoria do índice de refração, em eletrodinâmica e na teoria do espalhamento.[29]

Se, agora, na expressão acima, fazemos z tender ao eixo real por cima, isto é, considerando $z = x + i\epsilon$, com $\epsilon \to 0^+$, temos

$$f(x + i\epsilon) = \frac{1}{\pi} \int_{-\infty}^{\infty} \frac{\operatorname{Im} f(x')}{x' - x - i\epsilon} dx'.$$

Lembramos agora que, para $\epsilon \to 0$, vale a relação[30]

$$\frac{1}{x' - x - i\epsilon} = P\left(\frac{1}{x' - x}\right) + i\pi\delta(x' - x)$$

onde P é o valor principal de Cauchy e $\delta(x)$ é a chamada função (distribuição) delta de Dirac. Passando-se ao limite $\epsilon \to 0$ e igualando as partes reais dos dois membros para $f(x + i\epsilon)$, obtemos

$$\operatorname{Re} f(x) = \frac{1}{\pi} P \int_{-\infty}^{\infty} \frac{\operatorname{Im} f(x')}{x' - x} dx'.$$

Esta expressão é uma relação de dispersão para a parte real de $f(x)$, que é obtida a partir do conhecimento da parte imaginária de $f(x)$.

Finalmente, lembramos que uma representação espectral geral pode ser derivada um número n de vezes. Assim, se

$$f(z) = \frac{1}{\pi} \int_{-\infty}^{\infty} \frac{\operatorname{Im} f(x)}{x - z} dx$$

vale a seguinte relação

$$\frac{d^n}{dz^n} f(z) = \frac{n!}{\pi} \int_{-\infty}^{\infty} \frac{\operatorname{Im} f(x)}{(x - z)^{n+1}} dx.$$

6.5.7 Exercícios

1. Descreva as singularidades das funções: (a) $\sec z$ e (b) $\sqrt{(z-3)(z-5)}$.

2. Discuta as singularidades da função $\dfrac{\operatorname{sen}\sqrt{z}}{\sqrt{z}}$. Esta função é inteira?

3. Discuta as singularidades para as funções (a) $e^{\ln z}$, (b) $\ln P(z)$, $[P(z) =$ polinômio$]$

4. Prove que: Uma função $f(z)$ é analítica para $\operatorname{Im} z \geq 0$ e real para $\operatorname{Im} z = 0$. Uma continuação analítica de $f(z)$ para $\operatorname{Im} z < 0$ é $f^*(z^*)$.

---

[29] Ver, por exemplo, refs. [15, 17].

[30] Esta fórmula só tem sentido se as funções forem entendidas como objetos matemáticos chamados distribuições. Ver, por exemplo, ref. [19].

5. Uma função $f(z)$ é analítica para $\text{Re}(a^*z) \geq 0$ e é real para $\text{Re}(a^*z) = 0$. Encontre uma continuação analítica de $f(z)$ em $\text{Re}(a^*z) < 0$.

6. Uma função é analítica para $|z| \leq 1$ e real para $|z| = 1$. Mostre que uma continuação analítica de $f(z)$ para $|z| > 1$ é $f^*(a^2/z^*)$.

7. Utilize continuação analítica para estabelecer o seguinte resultado:

$$\int_0^\infty e^{-t}(\cosh zt + \cos zt)dt = \frac{2}{1-z^4}$$

para $|\,\text{Re}\, z| \leq 1-\delta < 1$ e $|\,\text{Im}\, z| \leq \delta < 1$.

8. Descreva as singularidades da função $f(z) = \dfrac{1}{z}\ln\left(\dfrac{1}{1-2z}\right)$.

9. Prove que $F(z) = \int_0^\infty e^{-t}\cosh zt\, dt$ representa uma função analítica na região $\text{Re}\, z \leq 1-\delta < 1$ e que a região de analiticidade pode ser estendida a todo o plano z, exceto $z = \pm 1$, pela expressão

$$\frac{1}{1-z^2}.$$

10. Utilize uma integral de contorno para mostrar que, quando $a \geq 0$,

$$\int_0^1 \frac{dx}{(1+ax^2)\sqrt{1-x^2}} = \frac{\pi}{2\sqrt{1+a}}.$$

11. Mostre que as séries (a) $\dfrac{1}{a}\displaystyle\sum_{k=0}^{\infty}\left(\frac{z}{a}\right)^k$ e (b) $\dfrac{1}{a-b}\displaystyle\sum_{k=0}^{\infty}\left(\frac{z-b}{a-b}\right)^k$ são uma continuação analítica da outra.

12. Mostre que $|z| < 1$ é fronteira natural de holomorfismo para a função $f(z) = \displaystyle\sum_{k=0}^{\infty} z^{k!}$.

13. Mostre que a função $f_2(z) = \dfrac{1}{1+z^2}$ com $z \neq \pm i$ é prolongamento analítico da função $f_1(z) = \displaystyle\sum_{k=0}^{\infty}(-1)^k z^{2k}$ para a região além do interior da circunferência unitária $|z| = 1$.

14. Determine o prolongamento analítico da função $f(z) = \displaystyle\int_0^\infty t\, e^{-zt}\, dt$ na região à esquerda do semiplano $x > 0$.

15. Sendo k uma constante real, mostre que o prolongamento analítico da função

$$f(z) = \int_0^\infty e^{-zt}\,\text{sen}\, kt\, dt$$

tem pólos simples nos pontos $z = \pm ik$.

16. Considere a expressão

$$f(x_0) = \frac{1}{i\pi} P \int_{-\infty}^{\infty} \frac{f(x)}{x - x_0} dx$$

onde escolhemos o contorno como sendo uma pequena circunferência no semiplano superior. Escreva f em termos das partes real e imaginária para obter as seguintes relações

$$\text{Re}[fx_0)] = \frac{1}{\pi} P \int_{-\infty}^{\infty} \frac{\text{Im}[f(x)]}{x - x_0} dx \quad \text{e} \quad \text{Im}[f(x_0)] = -\frac{1}{\pi} P \int_{-\infty}^{\infty} \frac{\text{Re}[f(x)]}{x - x_0} dx$$

17. Considere agora que a parte imaginária de f é uma função ímpar de seu argumento, isto é, $\text{Im}[f(-x)] = -\text{Im}[f(x)]$. Use este fato para mostrar a seguinte relação:

$$\text{Re}[f(x_0)] = \frac{2}{\pi} \int_0^{\infty} \frac{x\, \text{Im}[f(x)]}{x^2 - x_0^2} dx.$$

18. Para que relações de dispersão sejam válidas, um pré-requisito é que $\lim_{R \to 0} R|f(Re^{i\theta})| = 0$ onde R é o raio da semicircunferência no semiplano superior. Se f não satisfaz a este pré-requisito é ainda possível obter uma relação de dispersão chamada, relação de dispersão com uma subtração. [14, 15] Isto pode ser dado introduzindo-se um fator extra de x no denominador do integrando. Então, partindo-se da expressão

$$\frac{f(x_2) - f(x_1)}{x_2 - x_1} = \frac{1}{\pi i} P \int_{-\infty}^{\infty} \frac{f(x)}{(x - x_1)(x - x_2)} dx$$

faça: (i) Iguale partes real com real e imaginária com imaginária; (ii) Tome $x_1 = 0$ e $x_2 = x_0$ e use o fato que

$$\text{Im}[f(-x)] = -\text{Im}[f(x)]$$

a fim de mostrar que

$$\text{Re}[f(x_0)] = \text{Re}[f(0)] + \frac{2x_0^2}{\pi} P \int_0^{\infty} \frac{\text{Im}[f(x)]}{x(x^2 - x_0^2)} dx.$$

19. Mostra-se que a parte imaginária da amplitude da onda espalhada com freqüência ω, está relacionada pelo chamado teorema ótico [14]. com a seção de choque total, $\sigma_{\text{tot}}(w)$, para absorção de luz, através da seguinte expressão

$$\text{Im}[f(\omega)] = \frac{\omega}{4\pi} \sigma_{\text{tot}}(\omega).$$

Use este fato e o exercício anterior para mostrar que a parte (coerente) da luz espalhada, isto é, a parte real do índice de refração, é dada por

$$\text{Re}[f(\omega_0)] = \text{Re}[f(0)] + \frac{\omega_0^2}{2\pi^2} P \int_0^{\infty} \frac{\sigma_{\text{tot}}(\omega)}{\omega^2 - \omega_0^2} d\omega.$$

20. Construa uma função $f(z)$ satisfazendo as seguintes propriedades:

(a) $f(z)$ é analítica, exceto para um pólo simples em $z = z_0$, cujo resíduo é R, e uma linha de corte $(0, \infty)$, onde a função tem uma descontinuidade

$$f(x + i\epsilon) - f(x - i\epsilon) = 2\pi i F(x).$$

(b) Para $|z| \to \infty$ temos $|f(z)| \to 0$.

(c) Quando $|z| \to 0$, $|zf(z)| \to 0$.

21. Escreva a forma explícita da função $f(z)$ do exercício anterior para o caso particular em que $z_0 = -2$, $R = 1$ e $F(x) = (1 + x^2)^{-1}$.

Apêndice A

Ponto sobre o contorno

Seja C um contorno fechado no plano complexo. Se z_0 é um ponto interior de C, então

$$f(z_0) = \frac{1}{2\pi i}\int_C \frac{f(z)}{z - z_0}dz.$$

Por outro lado, se o contorno C não contém z_0 como ponto interior, o integrando nesta expressão é analítico em C, de modo que a integral vai a zero. Assim, independentemente de se tratar do caso simplesmente ou multiplamente conexo, temos

$$\frac{1}{2\pi i}\int_C \frac{f(z)}{z - z_0}dz = 0$$

para z_0 fora de C.

Se z_0 está sobre o contorno C, então a integral não existe, uma vez que o integrando vai para infinito em $z = z_0$. Entretanto, existem vários modos de interpretar a integral neste caso, isto é, uma interpretação é meramente um modo de definir.

Então, uma maneira de redefinir a integral, para o caso em que z_0 está sobre C, é calcular a integral para um ponto z_1, dentro ou fora do contorno, e daí tomar o limite quando $z_1 \to z_0$. Isto, naturalmente, fornece $f(z_0)$ ou zero, respectivamente, logo não é muito interessante. Um outro modo é utilizar a idéia de *valor principal* de uma integral, advinda da teoria de variáveis reais. Aqui isto corresponde a excluir de C uma porção centrada em z_0 e de comprimento 2ϵ, calculando a integral sobre o restante do contorno C e tomar o resultado quando $\epsilon \to 0$.

Primeiramente suponha que z_0 não é um canto, (um *bico*) do contorno. Então, para todo ϵ, podemos considerar um novo contorno C' como sendo composto de todo o contorno C exceto por uma porção próxima a z_0 que será também uma semicircunferência (ao menos no limite) dentro da região de analiticidade e centrada em z_0, conforme Figura A.1.

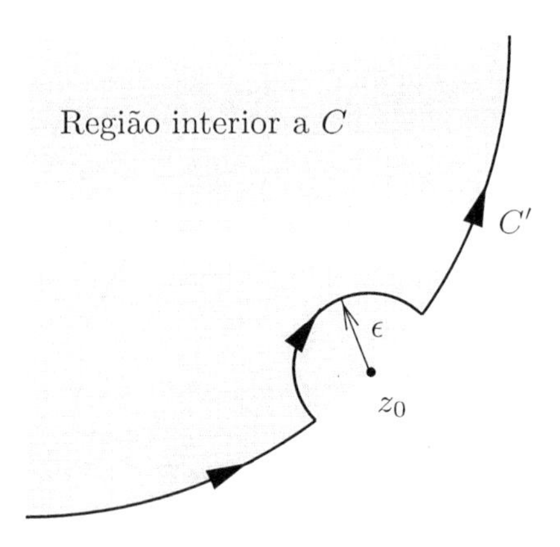

Figura A.1: Contorno C' para o cálculo do valor principal da fórmula integral de Cauchy.

Então, desde que z_0 está fora de C' temos

$$\frac{1}{2\pi i}\int_{C'}\frac{f(z)}{z-z_0}dz = 0.$$

Agora, quando $\epsilon \to 0$, a integral sobre a parte de C' que não inclui a semicircunferência nos leva ao valor principal da integral original. Para a parte remanescente escrevemos

$$z = z_0 + \epsilon\, e^{i\theta}$$

de onde obtemos

$$\frac{1}{2\pi i}\int_{\pi}^{0}\frac{f(z_0+\epsilon\, e^{i\theta})}{\epsilon\, e^{i\theta}}\epsilon\, e^{i\theta}\, id\theta \longrightarrow -\frac{1}{2}f(z_0).$$

Denotando por P o valor principal, temos que o resultado, dado pela soma do valor principal e $-1/2f(z_0)$, é igual a zero, isto é,

$$P\left\{\frac{1}{2\pi i}\int_{C}\frac{f(z)}{z-z_0}dz\right\} = \frac{1}{2}f(z_0)$$

para z_0 sobre C.

Enfim, se z_0 é um canto, circundamos um interior de ângulo α radianos, logo o mesmo procedimento usado anteriormente, mostra que o fator $1/2$ vem substituído por $\alpha/2\pi$.

Como exercício, resolva o seguinte problema: Seja α, dado em radianos, a abertura de um *canto*. Mostre que

$$P\left\{\frac{1}{2\pi i}\int_{C}\frac{f(z)}{z-z_0}dz\right\} = \frac{\alpha}{2\pi}f(z_0).$$

Apêndice B

Funções gama e beta

Aqui vamos introduzir as chamadas funções gama e beta, também conhecidas como funções de Euler de segunda e primeira espécies, respectivamente. Estas funções não podem ser obtidas como soluções de equações diferenciais. Apesar de alguns autores considerarem estas duas funções como pertencentes à classe das funções especiais, preferimos utilizar esta nomenclatura para funções que representam soluções de certas classes de equações diferenciais ordinárias [5].

A função gama é introduzida como uma generalização do conceito de fatorial, a qual se reduz para argumentos inteiros e positivos. Seja, z um número real não nulo e nem inteiro negativo. Definimos a função gama, denotada por $\Gamma(z)$, a partir da seguinte representação integral[1]

$$\Gamma(z) = \int_0^\infty \mathrm{e}^{-t}\, t^{z-1} dt$$

com $\mathrm{Re}(z) > 0$ de modo que a integral convirja.

Por meio de uma integração por partes podemos mostrar a seguinte relação funcional para a função gama,

$$\Gamma(z+1) = z\,\Gamma(z)$$

a qual generaliza o conceito de fatorial, isto é, para $z = n$ com n um inteiro positivo, obtemos

$$\Gamma(n+1) = n!$$

Através da técnica do prolongamento analítico (Seção 6.5.4) podemos escrever [5]

$$\Gamma(z) = \sum_{k=0}^{\infty} \frac{(-1)^k}{k!(z+k)} + \int_1^\infty \mathrm{e}^{-t} t^{z-1} dt.$$

[1]Existem outras maneiras de se definir a função gama como, por exemplo, através de uma produtória ou mesmo de um somatório. Para uma discussão da função gama ver, por exemplo, ref. [5]

Demonstra-se que a série nesta expressão tem por soma uma função que é analítica em todo o plano xy, excluídos os pontos $z = -k$, com $k = 0, 1, 2, \ldots$ que são os chamados pólos da função gama. Esta expressão é conhecida pelo nome de expansão de Mittag-Leffler (*1846 - Magnus Gösta Mittag-Leffler - 1927*).

Por outro lado, definimos a função beta, denotada por $B(p,q)$, através da seguinte integral

$$B(p,q) = \int_0^1 t^{p-1}(1-t)^{q-1}dt$$

com $\text{Re}(p) > 0$ e $\text{Re}(q) > 0$.

As funções gama e beta estão relacionadas pela relação

$$B(p,q) = \frac{\Gamma(p)\Gamma(q)}{\Gamma(p+q)}$$

respeitadas as devidas condições advindas das definições.

Desta última expressão, concluímos a seguinte propriedade de simetria,

$$B(p,q) = B(q,p).$$

Enfim, mostra-se que, para $0 < \text{Re}\, z < 1$, vale a relação

$$\Gamma(z)\Gamma(1-z) = \frac{\pi}{\text{sen}\, \pi z}.$$

Para certificar-se da importância das funções gama e beta, calcule as integrais abaixo, expressando-as em termos de tais funções:

(a) $\displaystyle\int_0^\infty \exp(-x^\mu)dx$

(b) $\displaystyle\int_{-\infty}^\infty \exp(-\,\text{e}^x)\,\text{e}^{\mu x}\,dx$

(c) $\displaystyle\int_0^\infty \frac{dx}{1+x^{300}}$

(d) $\displaystyle\int_0^1 (1-x^\lambda)^{\mu-1}dx$

com $\text{Re}(\mu) > 0$ e $\lambda > 0$.

Apêndice C

Princípio do argumento

O princípio do argumento relaciona uma integral de contorno de uma função $f(z)$ com os seus zeros e pólos. É utilizado, por exemplo, para mostrar o chamado teorema de Rouché (*1832 - Eugéne Rouché - 1910*) que por sua vez descreve a maneira de encontrar quantos zeros ou pólos da função $f(z)$ encontram-se numa determinada região.

Para discutirmos o princípio do argumento, vamos mostrar que:

(a) Se $f(z)$ é analítica sobre e dentro de um domínio D delimitado por uma curva simples fechada C e $f(z) \neq 0$ sobre C, então o número de zeros de $f(z)$ dentro de C é igual a:

$$\frac{1}{2\pi}[\text{mudança no ângulo (argumento) de } f(z) \text{ quando corta a curva}],$$

(b) Se $f(z)$ tem um número finito de pólos em D, então a mudança no ângulo de $f(z)$ em torno de C é igual a[1]

$$2\pi \cdot [\text{o número de zeros menos o número de pólos}].$$

Então, começamos com a seguinte integral:

$$\oint_C \frac{f'(z)}{f(z)} dx.$$

Pelo teorema dos resíduos, a integral é igual a $2\pi i$ vezes a soma dos resíduos nas singularidades dentro de C. O resíduo de $F(z) = f'(z)/f(z)$ em um zero de

[1]Em analogia ao caso de uma equação algébrica do segundo grau que tenha raízes iguais, dizemos um zero de ordem n conta como n zeros; da mesma forma, com relação aos pólos, um pólo de ordem n conta como n pólos.

$f(z)$ de ordem n é n, e o resíduo de $F(z)$ em um pólo de $f(z)$ de ordem p é $-p$. Então, se N é o número de zeros e P é o número de pólos de $f(z)$ em D, a integral é $2\pi i(N-P)$. Agora, por integração direta temos

$$\oint_C \frac{f'(z)}{f(z)} dz = \ln f(z)|_C = \ln R e^{i\theta}\,|_C = \ln R|_C + i\theta|_C$$

onde $R = |f(z)|$ e θ é o argumento de $f(z)$.

Lembremos que $\ln R$ é o logaritmo ordinário (real) na base e de um número positivo R isto é, de valor simples; $\ln f(z)$ é polídroma porque θ é polídroma. Logo, integrando de um certo ponto A contornando C e voltando em A, curva fechada, a parte $\ln R|_C$ é $\ln R$ em A menos $\ln R$ em A, isto é, zero. O mesmo não é verdadeiro para θ, ou seja, o ângulo pode sofrer uma mudança ao sair de um ponto A, contornar o caminho C e voltar para A.

Enfim, do precedente, podemos escrever [2]

$$\begin{aligned} N - P &= \frac{1}{2\pi i} \oint_C \frac{f'(z)}{f(z)} dz = \frac{1}{2\pi i} i\theta \\ &= \frac{[\text{mudança no argumento de } f(z) \text{ após uma volta completa em torno de } C]}{2\pi}. \end{aligned}$$

[2] Ver ref. [16].

Bibliografia

[1] ⋆ T. Apostol, *Mathematical Analysis*, Addison-Wesley Publishing Company, New York, 1957.

[2] G. B. Arfken and H. J. Weber, *Mathematical Methods for Physicists*, Academic Press, New York, 1995.

[3] E. T. Copson, *Theory of functions of a complex variable*, Oxford University Press, London, 1957.

[4] E. Capelas de Oliveira e J. Emílio Maiorino, *Introdução aos Métodos da Matemática Aplicada*, Editora da Unicamp, Segunda Edição, Campinas, 2003.

[5] E. Capelas de Oliveira, *Funções Especiais com Aplicações*, Editora Livraria da Física, São Paulo, 2005.

[6] E. Capelas de Oliveira, *Residue Theorem and Related Integrals*, Int. J. Math. Educ. Sci. and Tech., **32**, 156-160, (2001).

[7] E. Capelas de Oliveira and Ary O. Chiacchio *A Real Integral by Means of Complex Integration*, Int. J. Math. Educ. Sci. and Tech., **35**, 596-601, (2004).

[8] M. A. Evgrafov, *Analytic Functions*, Dover Publications, New York, 1966.

[9] D. G. Figueiredo, *Análise de Fourier e Equações Diferenciais Parciais*, Segunda Edição, Projeto Euclides, IMPA-CNPq, Rio de Janeiro, 1987.

[10] ⋆ E. Goursat, *Functions of a Complex Variable*, Volume II, Parte um, Dover Publications, Inc., New York, 1959.

[11] P. Griffiths and J. Harris, *Principles of Algebraic Geometry*, John Wiley & Sons, Inc., New York, 1978.

[12] J. D. Jackson, *Eletrodinâmica Clássica*, Guanabara Dois, Rio de Janeiro, 1983.

[13] E. L. Lima, *Curso de Análise*, Volumes 1 e 2, Projeto Euclides, IMPA-CNPq, Rio de Janeiro, 1985.

[14] J. Mathews and R. L. Walker, *Mathematical Methods of Physics*, W. A. Benjamin, Inc., Menlo Park, California, 1970.

[15] M. J. Menon e R. P. B. dos Santos, *Condição de Causalidade, Relações de Dispersão e o Modelo de Lorentz*, Rev. Bras. Ens. Fis., **20**, (38-47), 1998.

[16] A. L. Neto, *Funções de Uma Variável Complexa*, Projeto Euclides, IMPA, Rio de Janeiro, 1993.

[17] H. M. Nussenzveig, *Causality and Dispersion Relations*, Academic Press, New York, 1972.

[18] F. Reif, *Fundamentals of Statistical and Thermal Physics*, McGraw-Hill, New York, 1965.

[19] C. Rossetti, *Metodi Matematici per la Fisica*, Levrotto & Bella, Torino, 1979.

[20] ⋆ G. Sansone and J. Gerretsen, *Lectures on the Theory of Functions of a Complex Variable* I. Holomorphic Functions, P. Noordhoff Ltd., Groningen, 1960.

[21] I. Stakgold, *Green's functions and boundary value problems*, Wiley-Interscience, NY, 1979.

- Os livros relacionados abaixo contêm um número bastante grande de exercícios para serem resolvidos, envolvendo quase todos os tópicos aqui desenvolvidos.

1. M. R. Spiegel, *Complex Variables*, Schaum's Outline Series, McGraw-Hill, Inc., New york, 1994.

2. R. A. Silverman, *Complex Analysis With Applications*, Dover Publications, Inc., New York, 1974.

3. E. Kreyszig, *Advanced Engineering Mathematics*, John Wiley & Sons, New York, 1988.

4. H. F. Weinberger, *A First Couse in Partial Differential Equations With Complex Variables and Transform Methods*, Dover Publications, Inc., New York, 1995.

5. L. I. Volkovyskii, G. L. Lunts and I. G. Aramanovich, *A Collection of Problems on Complex Analysis*, Traduzido do Russo por J. Berry, Dover Publications, Inc., New York, 1991.

6. C. C. Mei, *Mathematical Analysis in Engineering*, Cambridge University Press, United Kingdon, 1997.

Respostas e Sugestões

Capítulo 1

1. a) $z_1 + z_2 = 1 - i$. b) $z_1 - z_2 = -9 + 5i$. c) $z_1 z_2 = -14 + 22i$. d) $\dfrac{z_1}{z_2} = -\dfrac{13+i}{17}$

2. a) $\overline{z} = 1 - i$. b) $z + \overline{z} = 2$. c) $z - \overline{z} = 2i$. d) $z\overline{z} = 2$.

3. a) $z = \sqrt{2}\left(\cos\frac{\pi}{4} + i \operatorname{sen}\frac{\pi}{4}\right)$. b) $\sqrt{2}\left(\cos\frac{7\pi}{4} + i \operatorname{sen}\frac{7\pi}{4}\right)$.
c) $z = 5[\cos(\operatorname{arctg} 4/3) + i \operatorname{sen}(\operatorname{arctg} 4/3)]$. d) $z = 5\,[\cos(\operatorname{arctg} 4/3) - i \operatorname{sen}(\operatorname{arctg} 4/3)]$.

4. 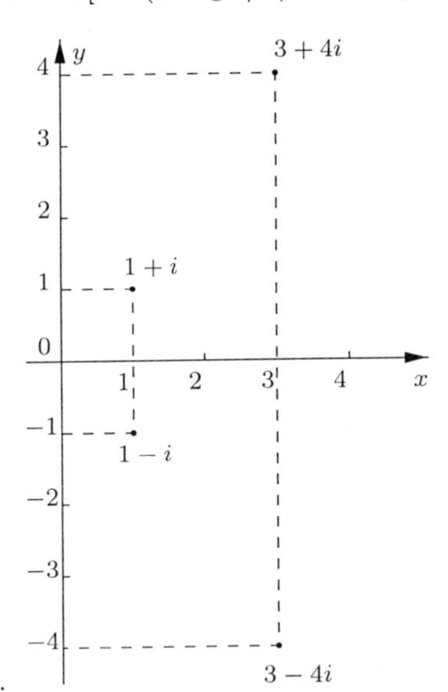

5. a) $z = \frac{1}{2}\left(5 + 2\sqrt{3}\right) + \frac{i}{2}\left(2 + 5\sqrt{3}\right)$. b) $z = \frac{1}{2}\left(-5 + 2\sqrt{3}\right) + \frac{i}{2}\left(2 - 5\sqrt{3}\right)$. c) $z = 10i$.
d) $z = \frac{1}{5}\left(\sqrt{3} - i\right)$.

6. a) $z^2 = -1$. b) $(\overline{z})^2 = -1$. c) $z^{100} = 1$. d) $(\overline{z})^{100} = 1$.

7. a) $z^2 = 2\left(1 + i\sqrt{3}\right)$. b) $(\overline{z})^2 = 2\left(1 - i\sqrt{3}\right)$. c) $z^{100} = 2^{99}\left(-1 + i\sqrt{3}\right)$. d) $(\overline{z})^{100} = 2^{99}\left(-\sqrt{3}i - 1\right)$.

8. $z_1 = \frac{1}{2}(\sqrt{3} + i)$, $z_2 = \frac{1}{2}(-\sqrt{3} + i)$, $z_3 = -i$.

9. a) $w_0 = \sqrt[4]{2}(\cos\frac{\pi}{8} + i\,\text{sen}\,\frac{\pi}{8})$; $w_1 = \sqrt[4]{2}(\cos\frac{9\pi}{8} + i\,\text{sen}\,\frac{9\pi}{8})$. b) $w_0 = \sqrt{2}(\cos\frac{\pi}{12} - i\,\text{sen}\,\frac{\pi}{12})$; $w_1 = \sqrt{2}(\cos\frac{11\pi}{12} + i\,\text{sen}\,\frac{11\pi}{12})$. c) $w_0 = \sqrt{2}(\cos\frac{\pi}{8} + i\,\text{sen}\,\frac{\pi}{8})$; $w_1 = \sqrt{2}(\cos\frac{9\pi}{8} + i\,\text{sen}\,\frac{9\pi}{8})$.

10. Apótema igual a $\sqrt{3}/2$.

11. a) $z_k = \frac{\sqrt{2}}{2}(1+i)(i)^k$ com $k = 0, 1, 2, 3$. b) $z_k = i(-1)^k$ com $k = 0, 1, 2, 3$. c) $z_k = \frac{1}{2}(\sqrt{3} - i)\left(\cos\frac{2\pi}{3} + i\,\text{sen}\,\frac{2\pi}{3}\right)^k$ com $k = 0, 1, 2$.

12. Não existem tais números.

13. $z = \cos\theta + i\,\text{sen}\,\theta$.

14. Utilize a definição de progressão aritmética.

15. $w_k = 2\left(\cos\frac{\pi}{3} + i\,\text{sen}\,\frac{\pi}{3}\right)(i)^k$, com $k = 0, 1, 2, 3$.

16. Real $n = 4$ e Imaginário puro $n = 2$.

17. a) Circunferência centrada na origem e raio unitário. b) Circunferência centrada na origem e raio quatro. c) Circunferência centrada em $(0, 1)$ e raio três. d) Circunferência centrada em $(-1, 0)$ e raio dois.

18. a) Utilize a desigualdade de Cauchy

$$x_1x_2 + y_1y_2 \leq \sqrt{x_1^2 + y_1^2}\sqrt{x_2^2 + y_2^2}.$$

b) Escreva $z_1 = (z_1 - z_2) + z_2$.

19. Basta elevar ao quadrado e rearranjar.

20. $z_1 = 2 + i$; $z_2 = -2 - i$; $z_3 = 1 + i$; $z_4 = -1 - i$.

21. Geometricamente o complexo conjugado está associado a uma reflexão.

22. Utilize o teorema de Pitágoras.

23. Basta elevar ao quadrado e identificar real com real e imaginário com imaginário.

24. Produto $= 5$.

25. Produto $= n$.

26. $w = \pm\left(\frac{b}{\Delta\sqrt{2}} + i\frac{\Delta}{\sqrt{2}}\right)$, onde $\Delta = \sqrt{-a + \sqrt{a^2 + b^2}}$.

27. $w = \pm\left(\sqrt{\frac{\sqrt{3}+2}{2}} + i\sqrt{\frac{2-\sqrt{3}}{2}}\right)$.

28. Lembre-se que $\text{Re}(z - \overline{z}) = 0$ e utilize a definição de determinante.

Capítulo 2

1. (a) Interior da circunferência centrada em $(0, -1)$ e raio dois. (b) O exterior e a fronteira, excetuando-se o ponto $(-1, 0)$, da circunferência de raio unitário e centrada em $(-1, -1)$.

2. $\{(x, y) \in \mathbb{R}^2 / (x+1)^2 + (y-2)^2 = 3^2\}$.

3. Elevar ambos os membros ao quadrado.

4. a) Contínua. b) Não é contínua. Basta tomar os limites por dois caminhos diferentes e verificar que são diferentes.

5. a) $5 + 2i$. b) $-18i$.

6. a) Analítica. b) Não é analítica, exceto em $x = y = 0$. c) Analítica para $x \in \mathbb{R}^+$ e $y \in \mathbb{R}$.

7. Utilizar as condições de Cauchy-Riemann.

8. $\dfrac{\partial u}{\partial r} = \dfrac{1}{r}\dfrac{\partial v}{\partial \theta} \qquad \dfrac{1}{r}\dfrac{\partial u}{\partial \theta} = -\dfrac{\partial v}{\partial r}$.

9. Verificar as condições de Cauchy-Riemann no domínio de definição.

10. Verificar que as condições de Cauchy-Riemann não são satisfeitas.

11. a) $z = 0$ e $z = 1$. b) $z = -1$ e $z = -2$.

12. Analítica. Escreva $\mathrm{w}_2 = i\,\mathrm{w}_1$.

13. Utilize as condições de Cauchy-Riemann.

14. a) Harmônica. b) Não harmônica. c) Harmônica. d) Harmônica.

15. a) $f(z) = -z^2$, c) $f(z) = \mathrm{e}^z$, d) $f(z) = \operatorname{sen} x \cosh y + i \cos x \operatorname{senh} y$.

16. a) Harmônica para todo α, $\beta \in \mathbb{R}$. b) Harmônica para todo $\alpha \in \mathbb{R}$ com $\beta = -\alpha$.

17. a) $v(x, y) = \alpha y - \beta x$ com $\alpha, \beta \in \mathbb{R}$. b) $v(x, y) = 2\alpha xy$ com $\alpha \in \mathbb{R}$.

18. Utilizar as definições de harmônica e conjugada harmônica.

19. Com c_1 = constante $\neq 0$ temos circunferências com centro $(1/2c_1, 0)$ e raio $1/2|c_1|$ enquanto que para c_2 = constante $\neq 0$ temos circunferências com centro em $(0, 1/2c_2)$ e raio $1/2|c_2|$.

20. Análogo ao anterior.

21. Utilizar a regra da cadeia.

22. $v(r, \theta) = \theta + k$.

23. Utilizar as condições de Cauchy-Riemann.

24. Utilize as propriedades da potenciação e a relação de Euler.

25. Direto da definição de complexo conjugado.

26. a) $z = -\frac{1}{2} \pm n\pi i$, $n = 0, 1, 2, \ldots$ b) $z = \ln 2 + i(\frac{\pi}{3} \pm 2n\pi)$, $n = 0, 1, 2, \ldots$

27. Utilizar as expressões para o seno e o co-seno da soma e da subtração.

28. $z = i \ln[2(-1)^k \pm \sqrt{3}] + k\pi$ com $k = 0, 1, 2, \ldots$

29. Utilizar a definição do complexo conjugado.

30. $z = i\left(\frac{\pi}{2} \pm 2n\pi\right)$ com $n = 0, 1, 2, \ldots$

31. É imediato.

32. Direto da definição de número complexo na forma trigonométrica.

33. $\exp\left[-(1 \pm 4n)\frac{\pi}{2}\right]$ com $n = 0, 1, 2, \ldots$

34. Direto da definição de seno hiperbólico.

35. $\operatorname{arctg}(2i) = \pm\left(n + \frac{1}{2}\right)\pi + \frac{i}{2}\ln 3$. Sugestão: Mostre, primeiramente, que

$$\operatorname{arctg} z = \frac{i}{2}\ln\left(\frac{i+z}{i-z}\right).$$

36. a) $\dfrac{\operatorname{sen} 2x}{\cos 2x + \cosh 2y}$. b) $-\dfrac{2\operatorname{sen} x \operatorname{senh} y}{\cos 2x + \cosh 2y}$.

Capítulo 3

1. $2(i-1)/3$.

2. Basta integrar.

3. a) $z(t) = (1+2i)t$, $0 \le t \le 1$. b) $z(t) = (-2+i) + 3it$, $0 \le t \le 1$.

4. a) $z(t) = (1 + 3\cos t) + i(-2 + 3\operatorname{sen} t)$. b) $z(t) = (1 + 3\cos t) + i(-2 + 2\operatorname{sen} t)$.

5. $2\pi i$.

6. $2i \cos 1 \operatorname{senh} 1$.

7. $-1 + i$ e.

8. a) $\dfrac{32}{3}(1+2i)$. b) $\frac{8}{5}(5+16i)$.

9. a) $2(i-1)$. b) $2(i+1)$.

10. $-2\pi i$.

11. $2\pi i$.

12. Qualquer contorno que não contenha em seu interior os pontos $z = 0$, $z = \pm 1$, $z = \pm i$ e não esteja sobre o próprio contorno dado.

13. Utilizar frações parciais.

14. a) $4\pi i$, b) $8\pi i$.

15. Não, a função não é analítica.

16. a) $2\pi i$. b) πi.

17. Zero.

18. $4\pi i$.

19. a) $2\pi i$. b) $-2\pi i$.

20. $\frac{2}{3}(1 + 4i)$.

21. Zero.

22. $\dfrac{\pi i}{2}$.

23. $\dfrac{\pi}{2}$.

24. $-4\pi i$.

25. Utilizar o teorema de Cauchy.

26. Zero.

27. Zero.

28. Utilize o teorema 6.

29. $2\pi i$.

30. a) $-\pi i$ b) $-\frac{4}{3}\pi i$.

31. $\pi(\operatorname{senh} 1 - 6)$.

32. a) $-\dfrac{\pi i}{2} + \dfrac{9\pi i}{2\,e^4}$ b) $\dfrac{\pi i}{2}$.

33. Utilizar a fórmula integral de Cauchy.

34. Usar a paridade das funções trigonométricas.

35. a) $\dfrac{\pi}{2}$. b) $\dfrac{\pi}{16}$.

36. a) Zero. b) Zero. c) $\frac{\pi}{3}$.

37. $-\frac{2\pi i}{e}$.

38. πi.

39. a) $2(i-1)$; b) $2(1-i)$; c) $-2(1+i)$; d) -4; e) $4i$.

40. a) $4\pi i(6+24z^2+8z^4)\,e^{z^2}$, b) $-\dfrac{40\pi i}{e}$.

Capítulo 4

1. a) Zero. b) Um.

2. a) Dois. b) Infinito.

3. $f(x)=\displaystyle\sum_{k=0}^{\infty}(-1)^k z^{2k}$, $|z|<1$.

4. $f(x)=\cos[\ln(1+z)]=1-\dfrac{z^2}{2}+\dfrac{z^3}{2}+\cdots$

5. $f(z)=-2+z+z^2-\dfrac{3}{2}z^3+\dfrac{4}{3}z^4-\cdots$

6. $f(z)=z+\dfrac{z^2}{2}-\dfrac{z^3}{6}+\cdots$ com $-1<z\leq 1$.

7. $\ln\left(\dfrac{1}{1-z}\right)=\displaystyle\sum_{k=1}^{\infty}\frac{z^k}{k}$, $|z|<1$.

8. $\dfrac{1}{1-z}=1+z+z^2+\cdots$

9. a) Converge absolutamente. b) Converge não absolutamente.

10. Convergente.

11. a) Converge com raio $r=16$. b) Converge com raio $r=64/9$.

13. a) $\displaystyle\sum_{k=0}^{\infty}(-1)^{k+1}\frac{z^{2k}}{(2k+2)!}$. b) $z-\dfrac{z^3}{3}+\dfrac{z^5}{5}-\dfrac{z^7}{7}+\cdots$

14. $-\dfrac{1}{z}+\dfrac{1}{2}-\dfrac{z}{12}-\dfrac{z^2}{24}-\cdots$

15. a) Pólo simples. b) Singularidade removível. c) Ponto de ramificação. d) Singularidade essencial.

16. A função do item (a) tem um pólo de ordem um.

17. $f(z)=-\dfrac{2e}{(1+z)^2}+\dfrac{3e}{1+z}$.

18. Em torno de $z = -1$ o resíduo é e=base dos logaritmos neperianos e em torno de $z = 0$ é um.

19. $f(z) = \dfrac{1}{3}\sum_{k=1}^{\infty} k\left(\dfrac{2}{3}\right)^{k}\left(z - \dfrac{1}{2}\right)^{k-2}$ resíduo 2/9.

$f(z) = \dfrac{1}{3}\sum_{k=0}^{\infty}\left(-\dfrac{2}{3}\right)^{k}(z-2)^{k-2}$ resíduo $-2/9$.

20. a) $z = \pm k\pi$ com $k = 1, 2, 3, \ldots$ b) Zero.

21. Direto da expansão.

22. $\dfrac{w}{c} = -2\sum_{k=0}^{\infty}(-1)^k(\alpha - 1)^{2k+1}$, com $|\alpha - 1| < 1$.

23. $\dfrac{1}{2}gt^2 - \dfrac{1}{8}\dfrac{g^3t^4}{c^2} + \dfrac{1}{16}\dfrac{g^5t^6}{c^4} - \cdots$

24. $P(x) \simeq C\left(\dfrac{x}{3} - \dfrac{x^3}{45} + \cdots\right)$.

25. a) $z = \pm ia$. Pólo simples, $a \neq 0$, caso contrário duplo. b) $z = \pm ia$. Pólo duplo, $a \neq 0$, caso contrário ordem quatro. c) $z = -1$ é pólo simples e $z = 0$ é ponto de ramificação.

26. a) Em torno de $z = ia$ é $-i/2a$ e em torno de $z = -ia$ é $i/2a$. b) Em torno de $z = ia$ é $-i/4a^3$ e em torno de $z = -ia$ é $i/4a^3$. c) Em torno de $z = -1$ é $(-1)^k$.

27. a) Depende de n, na expressão

$$f(z) = \frac{1}{z^{n+1}} - \frac{1}{2z^n} + \frac{1}{12}z^{1-n} - \frac{1}{720}z^{3-n} + \cdots$$

b) Pólos simples em $z = \frac{i\pi}{2}(1 \pm k)$ com $k = 0, 1, 2, \ldots$

28. a) Para $z = \pm a$ temos $\pm\, e^{\pm i a}/2a$. b) Para $z = \pm a$ temos $\pm i\, e^{\pm i a}/4a$.

29. $\sum_{k=0}^{\infty}(-1)^k(z-1)^{k-1}$ para $|z - 1| < 1$.

30. $f(z) = \dfrac{1}{3!} - \dfrac{z^2}{5!} + \dfrac{z^4}{7!} - \cdots$. Singularidade Removível.

31. $f(z) = -z\sum_{k=0}^{\infty}(z+2)^{k-1}$ para $|z + 2| < 1$.

32. Pólo simples.

33. Multiplicar termo a termo as séries para $\operatorname{cotg} z$ e $\coth z$ e dividir por z^3.

34. Em torno de $z = 0$ é 2 e em torno de $z = 1$ é $-3\pi - 2$.

35. $\sum_{n=0}^{\infty} k^n z^{-n-1}$.

36. Identificar partes real com real e imaginária com imaginária.

37. $\frac{1}{z^2}\left(\frac{1}{z} - \frac{z}{3!} + \frac{14}{6!}z^3 - \cdots\right)$, resíduo igual a $-1/6$.

38. a) $-1-2\sum_{k=1}^{\infty} z^k$ com $|z|<1$. b) $1+2\sum_{k=1}^{\infty} z^{-k}$ com $|z|>1$.

39. a) $\sum_{k=0}^{\infty}(1-2^{-k-1})z^k$, com $|z|<1$. b) $-\frac{1}{2}\sum_{k=0}^{\infty}\left(\frac{z}{2}\right)^k - \sum_{k=1}^{\infty}\left(\frac{1}{z}\right)^k$, com $1<|z|<2$.

Capítulo 5

1. a) Ponto singular $z=0$ com resíduo $-9/2$. b) Ponto singular $z=-1$ e resíduo -4. c) Pontos singulares $z=-1$ e $z=2$ com resíduos $7/27$ e $-7/27$, respectivamente. d) Em $z=0$ o resíduo é -1. e) Pontos singulares $z_0=\pm k\pi$ com $k=0,1,2,\ldots$, com resíduo 1 se $\pm 2k\pi$ e -1 se $\pm(2k+1)\pi$. f) Pontos singulares $z_0=\pm(k+1/2)\pi\, i$ com $k=0,1,2,\ldots$ e resíduo 1 se $(2k+1/2)\pi\, i$ e -1 se $-(2k+1/2)\pi\, i$.

2. a) Em $z=\pm i$, resíduo é $1/2$. b) Em $z=\pm 1$, resíduo é, respectivamente, $\mp 1/4$. Em $z=\pm i$ temos $\mp i/4$. c) $z=0$ é pólo de ordem dois com resíduo $-2/3$. d) Em $z=0$ o resíduo é 2 e em $z=1$ é 5. e) Em $z=0$ o resíduo é $-1/3$. f) Os pólos são em $z=-1$ e $z=1/2\pm i\sqrt{3}/2$ com resíduo $1/3$ e $-\frac{1}{6}(1\pm i\sqrt{3})$, respectivamente. Em g), h) e i) os pontos singulares encontram-se todos fora do contorno.

3. a) Zero. b) Zero. c) Para $z=-2i/3$ temos $(2i\pi/3)\cosh(2/3)$. d) Para $z=0$ temos $-\pi i$. e) Para $z=0$ temos $-2\pi i$. f) Para $z=0$ temos $2\pi i\,\mathrm{tgh}^2(1/2)$. g) Zero. h) $8\pi i/15$. i) Zero. j) Zero. k) Zero. l) Zero.

4. a) Zero. b) Zero. c) $5\pi i/2$.

5. a) Zero. b) $-2\pi i\,\mathrm{sen}(\sqrt{2}/2)\,\mathrm{senh}(\sqrt{2}/2)$. c) $\pi\,\mathrm{sen}(1/2)$. d) $\frac{2\pi i}{5}(-\cosh 2\pi+\cosh 3\pi)$. e) $8\pi i\,\mathrm{sen}(1/4)$. f) $-2\pi i$. g) $-2\pi i$. h) Zero.

6. a) $-\pi i/4$. b) $-4i$. c) Zero. d) Zero. e) $-8\pi i/15$. f) $\frac{-2i}{\sqrt{e}}(1+e)$. g) Zero. h) -2. i) $2\pi i$. j) $2\pi i/9$.

7. $2\pi i$.

8. $\pi i\sqrt{2}/2$.

9. Zero.

Capítulo 6

Seção 6.1.15

1. $\pi/2$.
2. $2\pi/3\sqrt{3}$.
3. $\pi/\sqrt{2}$.
4. $\pi/3$.
5. $-2\pi/7$.
6. $-8\pi/3$.
7. $\pi/\sqrt{k^2-1} \quad k > 1$.
8. Zero.
9. $(\pi/\xi)\,\mathrm{e}^{-k\xi} \quad \xi > 0, k > 0$.
10. $\pi(\sqrt{2}-1)/\sqrt{2}$.
11. $-(\pi/2)\,\mathrm{senh}\,\pi$.
12. $\pi(\mathrm{e}-1)/2\mathrm{e}$.
13. Zero.
14. Zero.
15. $(\pi/2b)\ln b$.
16. $\pi\sqrt{2}$.
17. $3\pi/8$.

18. Caso particular do Ex. 30, com $a = 1$.

19. Caso particular do Ex. 31, com $a = 1$.

20. $\pi/\,\mathrm{sen}\,\pi\alpha$.

21. Análogo ao Ex. 32.

22. Tome $\mathrm{sen}\,x = t$ e use o Ex. 23c.

24. Utilize a figura da Seção 6.1.13.

29. Introduzir a mudança de variáveis $x^n = t$.

Seção 6.2.3

1. $\dfrac{1}{2\sqrt{\mu}}\exp[-(\alpha^2 + a^2)/4\mu]\cos\left(\dfrac{\alpha a}{2\mu}\right)$

3. Usar a relação de Euler.

4. Usar a relação de Euler.

5. Tomar $\alpha \to 0$ no exemplo do texto.

6. Raízes imaginárias puras.

7. Raízes imaginárias puras.

8. Comece calculando a transformada de Fourier de $g(t)$ e depois siga os passos efetuados no texto.

9. Faça analogia com o problema do oscilador harmônico amortecido.

10. Faça a mesma analogia do anterior.

11. Escreva o elemento de volume e o produto escalar em coordenadas esféricas e integre nos ângulos.

12. $\dfrac{\cos kr}{r}$

13. $-\dfrac{\sqrt{2\pi}}{\beta}\exp\left(-\dfrac{i\omega\beta}{2\mu}\right)\operatorname{sen}\left(\dfrac{\omega\beta}{2\mu}\right)$

14. $\dfrac{\pi}{a}\exp(-\omega a)$

16. Integre por partes.

17. Integre por partes.

18. $F_s(\omega) = \sqrt{\dfrac{2}{\pi}}\dfrac{\omega}{\omega^2+k^2}$ $\qquad F_c(\omega) = \sqrt{\dfrac{2}{\pi}}\dfrac{k}{\omega^2+k^2}$

19. Após calcular a transformada de Fourier, inverter.

Seção 6.3.5

2. Integrar por partes.

3. a) $2/(s-4)$ b) $3/(s+2)$.

4. Integrar por partes.

5. a) $s/(s^2+a^2)$ b) $a/(s^2+a^2)$.

6. $\operatorname{arcctg} s$.

7. $-\dfrac{t}{2}\cos t + \dfrac{1}{2}\operatorname{sen} t$.

8. $\dfrac{a}{2\sqrt{\pi t^3}}\exp(-a^2/4t)$.

9. $-\mathrm{e}^t + \mathrm{e}^{2t}$.

10. $1/\sqrt{\pi t}$.

12. $P_0\, x(1-x)(1+x-x^2)/24EI$.

13. $6 + (2/25)\exp(-4t)\operatorname{sen} 3t$.

14. Utilize o Ex. 6 para obter $x(t) = (\operatorname{sen} t)/t$.

15. $x(t) = (\operatorname{senh} t)/2 - (t/2)\,\mathrm{e}^{-t}$.

19. Utilize o Ex. 5 para mostrar que $(t/2\omega)\operatorname{sen}\omega t$.

20. Utilize o Ex. 5 para mostrar que $y(t) = -t + 2\operatorname{sen} t$.

21. Procedimento análogo ao da Seção 6.3.4.

Seção 6.4.7

1. a) $z = 3\,\text{sen}\,t + i\,\cos t$ e $\dot{z} = 3\cos t - i\,\text{sen}\,t$ e b) $z = t + i(t+1)$ e $\dot{z} = 1 + i$.

2. a) $z = \dfrac{\pi}{2} + k\pi$ com $k \in R$ e b) $z = \pm i\sqrt{6}/3$.

3. a) $z = 0$ e $z = 1$ e b) $z = \pm 3i$.

4. a) $\text{w} = (z-1)/(z+1)$ e b) $\text{w} = z$.

5. $(4i - 5\text{w})/(i\text{w} - 3)$.

6. $\text{w} = z + 2$.

7. $\text{w} = (z+1)/(z-1)$.

8. $\text{w} = (z+3)/(2z-1)$.

9. Hipérboles.

10. $z = \frac{k\pi i}{2}$ com $k \in R$.

12. a) $z = 1$, três folhas; b) $z = \pm i$, duas folhas; $z = a$, infinitas folhas e d) $z = 0$ e $z = \pm 1$, duas folhas.

13. a) I e IV quadrantes e b) Setor circular de ângulo $\pi/2$ radianos.

14. Primeiramente leve a região do plano z (região angular) para uma região no semiplano superior e depois por uma transformação linear obtenha $\text{w} = f(z) = iz^3 + 1$.

15. Da simetria da figura, para $z = 1 + i \to \text{w} = i$; para $z = i\infty \to \text{w} = -\infty$ e $z = \infty \to \text{w} = \infty$, de onde concluímos que $\text{w} = z^2/2$.

Seção 6.5.7

1. a) Pólos simples e b) Nenhuma.

2. Singularidade removível.

3. a) Analítica e b) $\text{Re}[P(z)] > 0$.

4. Utilize as condições de Cauchy-Riemann e o princípio de reflexão de Schwarz.

5. Analogamente ao anterior.

6. Analogamente ao Ex. 4.

7. Escrever em termos das relações de Euler e utilizar o fato que $\cosh z = \cos(iz)$.

8. $z = 0$ singularidade removível e $z = 1/2$ singularidade essencial.

9. É um caso particular do Ex. 7 onde só temos a contribuição do co-seno hiperbólico.

10. Introduzir uma mudança de variável do tipo $x = 1/\sqrt{t}$ e escolher um contorno de modo a deixar a singularidade essencial fora deste contorno.

11. Mostre que ambas são representadas pela mesma função. Utilize o teste da razão e a série geométrica.

12. Utilize o teste da razão e a parametrização $z = e^{i\theta}$, visto que $|z| = |e^{i\theta}| = 1$.

13. Calcule a soma de $f_1(z)$ para verificar que é igual a $f_2(z)$.

14. Integrar por partes e excluir $z = 0$.

15. Utilize a relação tipo Euler para a função seno e integre de modo a mostrar que $f(z) = z/(z^2 + k^2)$.

16. Expresse $f(x_0)$ e $f(x)$ em termos de suas partes real e imaginária.

17. Utilizar a relação $\text{Re}[f(x_0)]$ obtida no Ex. 16.

18. Escreva $f(x_1)$, $f(x_2)$ e $f(x)$ em termos das partes real e imaginária e identifique-as, isto é, real com real e imaginária com imaginária.

19. Utilize o Ex. 18.

20. Utilize o teorema de Cauchy para mostrar que

$$f(z) = \frac{R}{z - z_0} + \int_0^\infty \frac{F(\xi)}{\xi - z} d\xi.$$

21. $f(z) = \dfrac{1}{z+2} - \dfrac{1}{z^2+1}\left[\dfrac{\pi}{2}z + \ln(-z)\right].$

Apêndice B

(a) $\dfrac{1}{\mu}\Gamma\left(\dfrac{1}{\mu}\right)$ (b) $\Gamma(\mu)$

(c) $\dfrac{1}{300}B\left(\dfrac{1}{300}, \dfrac{299}{300}\right)$ (d) $\dfrac{1}{\lambda}B\left(\dfrac{1}{\lambda}, \mu\right)$

Índice

GRÁFICA PAYM
Tel. (011) 4392-3344
paym@terra.com.br